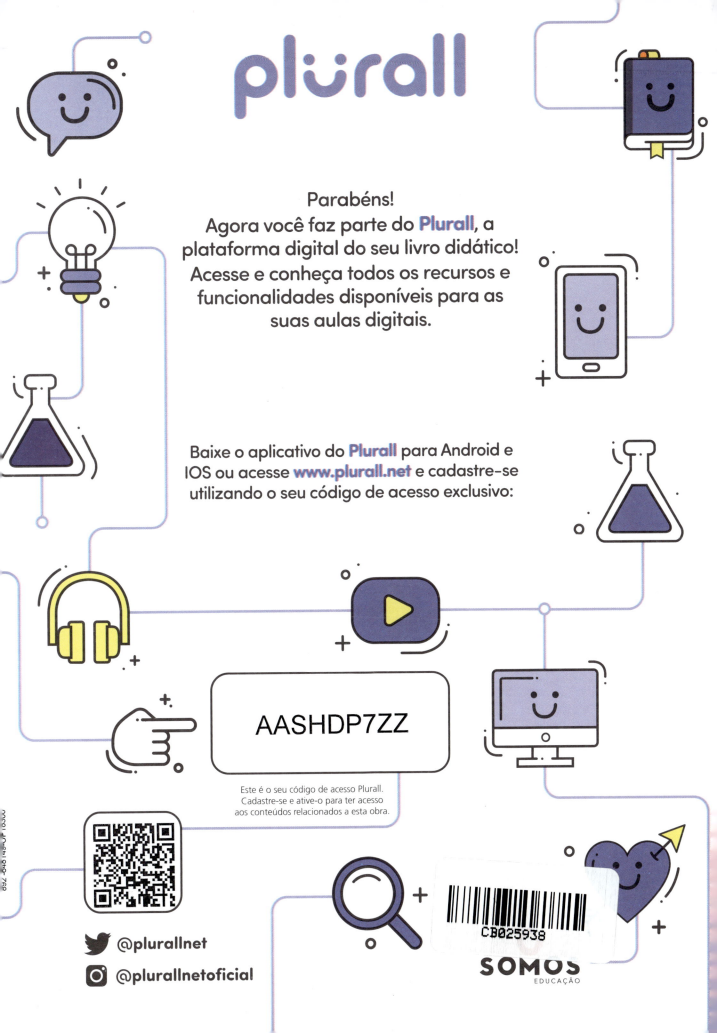

JOÃO USBERCO
Bacharel em Ciências Farmacêuticas pela Universidade de São Paulo (USP)
Especialista em Análises Clínicas e Toxicológicas
Professor de Química na rede particular de ensino (São Paulo, SP)
Autor de Ciências dos anos finais do Ensino Fundamental e de Química do Ensino Médio

JOSÉ MANOEL MARTINS
Bacharel e licenciado em Ciências Biológicas pelo Instituto de Biociências e pela Faculdade de Educação da USP
Mestre e doutor em Ciências (área de Zoologia) pelo Instituto de Biociências da USP
Autor de Ciências dos anos finais do Ensino Fundamental e de Biologia do Ensino Médio

EDUARDO SCHECHTMANN
Bacharel e licenciado em Biologia pela Universidade Estadual de Campinas (Unicamp)
Pós-graduado pela Faculdade de Educação da Unicamp
Coordenador de Ciências na rede particular de ensino
Consultor e palestrante na área de educação
Autor de Ciências dos anos finais do Ensino Fundamental

LUIZ CARLOS FERRER
Licenciado em Ciências Físicas e Biológicas pela Faculdade de Ciências e Letras de Bragança Paulista
Especialista em Instrumentação e Metodologia para o Ensino de Ciências e Matemática e em Ecologia pela Pontifícia Universidade Católica de Campinas (PUCC-SP)
Especialista em Geociências pela Unicamp
Pós-graduado em Ensino de Ciências do Ensino Fundamental pela Unicamp
Professor efetivo aposentado da rede pública (São Paulo, SP)
Autor de Ciências dos anos finais do Ensino Fundamental

HERICK MARTIN VELLOSO
Licenciado em Física pela Universidade Estadual Paulista "Júlio de Mesquita Filho" (Unesp-SP)
Professor de Física na rede particular de ensino (São Paulo, SP)
Autor de Ciências dos anos finais do Ensino Fundamental

EDGARD SALVADOR
Licenciado em Química pela USP
Professor de Química na rede particular de ensino (São Paulo, SP)
Autor de Ciências dos anos finais do Ensino Fundamental e de Química do Ensino Médio

COMPANHIA DAS CIÊNCIAS
8

Editora Saraiva

Direção Presidência: Mario Ghio Júnior
Direção de Conteúdo e Operações: Wilson Troque
Direção executiva: Irina Bullara Martins Lachowski
Direção editorial: Luiz Tonolli e Lidiane Vivaldini Olo
Gestão de projeto editorial: Mirian Senra
Gestão de área: Isabel Rebelo Roque
Coordenação: Fabíola Bovo Mendonça
Edição: Allan Saj Porcacchia, Bianca Von Muller Berneck, Daniella Drusian Gomes, Erich Gonçalves da Silva, Helen Akemi Nomura, Marcela Pontes, Mariana Amélia do Nascimento, Paula Amaral e Regina Melo Garcia
Planejamento e controle de produção: Patrícia Eiras e Adjane Queiroz de Oliveira
Revisão: Hélia de Jesus Gonsaga (ger.), Kátia Scaff Marques (coord.), Rosângela Muricy (coord.), Ana Maria Herrera, Ana Paula C. Malfa, Brenda T. M. Morais, Célia Carvalho, Cesar G. Sacramento, Daniela Lima, Gabriela M. Andrade, Heloísa Schiavo, Hires Heglan, Luciana B. Azevedo, Raquel A. Taveira, Ricardo Miyake, Rita de Cássia C. Queiroz, Sueli Bossi; Amanda T. Silva e Bárbara de M. Genereze (estagiárias)
Arte: Daniela Amaral (ger.), André Gomes Vitale (coord.) e Alexandre Miasato Uehara (edição de arte)
Diagramação: Essencial Design
Iconografia e tratamento de imagem: Sílvio Kligin (ger.), Roberto Silva (coord.), Cristina Akisino (pesquisa iconográfica), Cesar Wolf e Fernanda Crevin (tratamento)
Licenciamento de conteúdos de terceiros: Thiago Fontana (coord.), Luciana Sposito e Angra Marques (licenciamento de textos), Erika Ramires, Luciana Pedrosa Bierbauer, Luciana Cardoso e Claudia Rodrigues (analistas adm.)
Ilustrações: Alex Silva, Dawidson França, Estúdio Ampla Arena, Jurandir Ribeiro, Luis Moura, Paulo Cesar Pereira, Rosangela Stefano Ilustrações, R2 Editorial, Tiago Donizete Leme, YAN Comunicação
Cartografia: Eric Fuzii (coord.), Robson Rosendo da Rocha (edit. arte)
Design: Gláucia Correa Koller (ger.), Luis Vassalo (proj. gráfico e capa), Gustavo Vanini e Tatiane Porusselli (assist. arte)
Foto de capa: ???

Todos os direitos reservados por Saraiva Educação S.A.
Avenida das Nações Unidas, 7221, 1º andar, Setor A –
Espaço 2 – Pinheiros – SP – CEP 05425-902
SAC 0800 011 7875
www.editorasaraiva.com.br

Dados Internacionais de Catalogação na Publicação (CIP)

```
Companhia das ciências 8º ano / João Usberco... [et al.] -
4. ed. - São Paulo : Saraiva, 2019.

  Suplementado pelo manual do professor.
  Bibliografia.
  Outros autores: José Manoel Martins, Eduardo
Schechtmann, Luiz Carlos Ferrer, Herick Martin Velloso,
Edgard Salvador
  ISBN: 978-85-472-3683-0 (aluno)
  ISBN: 978-85-472-3684-7 (professor)

  1.   Ciências (Ensino fundamental). I. Usberco, João.
II. Martins, José Manoel. III. Schechtmann, Eduardo. IV.
Ferrer, Luiz Carlos. V. Velloso, Herick Martin. VI.
Salvador, Edgard.

2019-0063                                   CDD: 372.35
```

Julia do Nascimento - Bibliotecária - CRB-8/010142

2023
Código da obra CL 800973
CAE 648149 (AL) / 648150 (PR)
4ª edição
7ª impressão
De acordo com a BNCC.

Impressão e acabamento: Bercrom Gráfica e Editora

Uma publicação

Ikon Images/Getty Images

Caro estudante,

Nosso cotidiano é repleto de situações que podem ser mais bem entendidas quando conhecemos ciência.

Por que se forma um arco-íris? Por que o céu é azul? Por que os filhos são parecidos com os pais? Por que a gente sempre vê primeiro o raio e só depois ouve o som do trovão?

Nos últimos cem anos, as pessoas produziram mais conhecimentos científicos e tecnológicos do que em toda a história anterior. A velocidade com que novas descobertas e suas aplicações são feitas abre a possibilidade de avançarmos rapidamente na resolução de problemas.

Estamos cada vez mais conscientes da necessidade de explorar de forma sustentável os recursos naturais do planeta, para que a melhora da nossa qualidade de vida possa se estender às futuras gerações.

É isto que queremos propor a você, estudante, nesta coleção: investigar os fenômenos da natureza e procurar entendê-los para tornar o mundo um lugar melhor. Além disso, perceber que a ciência se modifica ao longo do tempo, com as novas descobertas, e que as explicações não podem ser consideradas definitivas: há sempre algo a mais para descobrir, para entender e para propor.

O convite está feito! Teremos o maior prazer em compartilhar essa viagem com você.

Um grande abraço,
Os autores

CONHEÇA SEU LIVRO

ABERTURA DO CAPÍTULO
Imagens e questões iniciam o capítulo, estimulando a troca de ideias e conhecimentos sobre os temas que serão estudados.

ABERTURA DA UNIDADE
O começo de cada unidade traz uma imagem e um texto para sensibilizá-lo e motivá-lo a aprender mais sobre o tema proposto.

UM POUCO MAIS
Ao longo do capítulo, você encontra boxes com assuntos que complementam o conteúdo estudado. São curiosidades, fatos históricos e ampliações dos temas desenvolvidos.

VOCABULÁRIO E GLOSSÁRIO
Para auxiliá-lo na leitura e interpretação dos textos, há palavras e termos destacados cujos significados aparecem em boxes nas laterais da página ou ao longo dos textos.

TEXTO PRINCIPAL
Além de textos que apresentam os temas principais, há esquemas, fotografias, mapas, gráficos e tabelas que ilustram o conteúdo e auxiliam na sua compreensão.

QUADROS INFORMATIVOS
Ao longo do texto são apresentadas informações complementares ao tema estudado, relacionadas a Ciências ou a outras disciplinas, ou mesmo uma retomada de conceitos que você já estudou em anos anteriores.

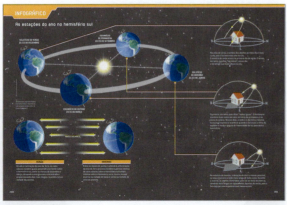

INFOGRÁFICO
Este recurso ajuda você a visualizar e compreender alguns fenômenos naturais.

4

NESTE CAPÍTULO VOCÊ ESTUDOU
Quadro com um resumo dos principais temas estudados em cada capítulo.

ASSISTA TAMBÉM! / LEIA TAMBÉM! / ACESSE TAMBÉM! / VISITE TAMBÉM! / JOGUE TAMBÉM!
Ao longo do capítulo, há boxes com sugestões de livros, *sites*, vídeos, filmes, documentários, jogos e até locais que você pode visitar para enriquecer ainda mais o seu aprendizado.

PENSE E RESOLVA
Exercícios para verificação e organização do aprendizado dos principais conteúdos do capítulo.

SÍNTESE
Uma ou mais atividades que sintetizam os principais conceitos tratados no capítulo.

DESAFIO
Exercícios para você se aprofundar, pesquisar e debater sobre temas relacionados ao que foi estudado.

LEITURA COMPLEMENTAR
Texto para leitura, aprofundamento e atualização das descobertas científicas, com questionamentos para verificar se você compreendeu o que foi lido.

PRÁTICA
Atividades para você colocar em prática o que aprendeu e descobrir mais sobre cada tema.

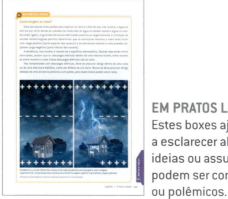

EM PRATOS LIMPOS
Estes boxes ajudam a esclarecer algumas ideias ou assuntos que podem ser confusos ou polêmicos.

5

SUMÁRIO

UNIDADE 1
VIDA E EVOLUÇÃO 8

CAPÍTULO 1 - REPRODUÇÃO NOS SERES VIVOS 10
- A reprodução e a perpetuação das espécies 11
  - A evolução está intimamente ligada à reprodução 11
- Como ocorre a reprodução? 12
  - A reprodução assexuada 12
  - A reprodução sexuada 14
- Reprodução em plantas 15
  - Reprodução das briófitas 16
  - Reprodução das angiospermas 16
- Reprodução em animais 19
  - Partenogênese 22
  - Reprodução nos invertebrados 22
  - Vertebrados e os diferentes ciclos reprodutivos 24
- **Atividades** **27**
- **Pense e resolva** 27
- **Síntese** 28
- **Prática** 30

CAPÍTULO 2 - PUBERDADE 31
- Adolescência, puberdade e sexualidade 32
- Os papéis sociais 34
- Os hormônios, o sistema nervoso e a puberdade 35
  - Hipotálamo 36
  - Hipófise 36
- A puberdade feminina 37
- A puberdade masculina 38
  - Acne 39
  - Ginecomastia 41
- Trabalho infantil e do adolescente 41
- **Atividades** **43**
- **Pense e resolva** 43
- **Síntese** 43
- **Desafios** 43
- **Leitura complementar** **44**

CAPÍTULO 3 - SISTEMA GENITAL 46
- Vamos conversar um pouco? 47
- Os órgãos do sistema genital 48
  - O sistema genital masculino 48
  - O sistema genital feminino 50
- **Atividades** **55**
- **Pense e resolva** 55
- **Síntese** 56
- **Desafio** 56
- **Leitura complementar** **57**

CAPÍTULO 4 - GRAVIDEZ E PARTO 58
- Direitos reprodutivos e sexuais 59

- Gravidez: quando ocorre a fecundação 61
- Parto 65
- Infográfico – Desenvolvimento do embrião
  durante a gravidez 66
  - Gravidez de múltiplos 68
- Amamentação 70
- **Atividades** **72**
- **Pense e resolva** 72
- **Síntese** 73
- **Desafio** 73
- **Leitura complementar** **74**

CAPÍTULO 5 - MÉTODOS CONTRACEPTIVOS 75
- Evitando uma gravidez indesejada 76
- Métodos naturais, de abstinência ou comportamentais 77
  - Tabelinha ou método do calendário 77
  - Temperatura basal 78
  - Método Billings ou muco cervical 78
- Métodos de barreira 79
  - Camisinha masculina 79
  - Camisinha feminina 81
  - Diafragma 82
- Métodos hormonais 83
- Métodos cirúrgicos 83
  - Laqueadura 83
  - Vasectomia 84
- Métodos intrauterinos 84
- A pílula do dia seguinte 85
- **Atividades** **86**
- **Pense e resolva** 86
- **Síntese** 87
- **Desafio** 87
- **Leitura complementar** **88**

CAPÍTULO 6 - INFECÇÕES SEXUALMENTE
  TRANSMISSÍVEIS (ISTs) 90
- O que são ISTs? 91
  - Gonorreia 92
  - Sífilis 93
  - Tricomoníase 93
  - Candidíase 94
  - Herpes genital 94
  - Aids (síndrome da imunodeficiência adquirida) 95
- **Atividades** **98**
- **Pense e resolva** 98
- **Síntese** 98
- **Desafios** 98
- **Leitura complementar** **99**

UNIDADE 2
MATÉRIA E ENERGIA 100

CAPÍTULO 7 - A ELETROSTÁTICA 102
- A história da eletricidade 103
- Eletrização 111
  - Eletrização por atrito 112
  - Eletrização por indução eletrostática 114
  - Eletrização por contato 116
- **Atividades** **117**
- **Pense e resolva** 117
- **Síntese** 119

- **Desafio** 119
- **Prática** 120
- **Leitura complementar** **121**

CAPÍTULO 8 - A ELETRODINÂMICA 122
- O início da Eletrodinâmica 123
- Corrente elétrica 124
  - O sentido da corrente elétrica 125
  - A intensidade de corrente elétrica 125

Tensão elétrica ou diferença de potencial elétrico (ddp).................128
Resistência elétrica.................129
Resistores.................131
Atividades.................132
Pense e resolva.................132
Síntese.................133
Desafio.................133
Prática.................133

CAPÍTULO 9 - CIRCUITOS ELÉTRICOS.................135
Identificando os aparelhos e componentes elétricos......136
Aparelhos resistivos.................140
    Associação em série.................140
    Associação em paralelo.................143
A segurança das instalações elétricas.................146
Atividades.................148
Pense e resolva.................148
Síntese.................149
Prática.................150
Leitura complementar.................151

CAPÍTULO 10 - MAGNETISMO E ELETROMAGNETISMO......152
Magnetismo e ímãs.................153
    Atração e repulsão magnética.................153
    Campo magnético.................154
Eletromagnetismo.................156
    O experimento de Öersted.................156
Geração de energia elétrica.................159
    Outras aplicações do eletromagnetismo.................160

Atividades.................162
Pense e resolva.................162
Síntese.................163
Desafio.................163
Prática.................164

CAPÍTULO 11 - FONTES E MATRIZES ENERGÉTICAS.......165
A energia que utilizamos.................166
Reservas energéticas.................167
Como se obtém a energia elétrica?.................168
Matrizes energéticas.................173
Exploração da energia e problemas socioambientais.....175
Atividades.................177
Pense e resolva.................177
Síntese.................177
Desafio.................178
Leitura complementar.................179

CAPÍTULO 12 - DISTRIBUIÇÃO E CONSUMO DA ENERGIA ELÉTRICA.................180
Energia para todos.................181
Infográfico – Como a energia elétrica chega até nossas casas?.................182
    A transmissão da energia elétrica em alta-tensão.....184
A energia elétrica nas residências.................186
    O custo da energia elétrica.................188
    Economia de energia.................190
Atividades.................191
Pense e resolva.................191
Síntese.................191
Leitura complementar.................193

UNIDADE 3
TERRA E UNIVERSO.................194

CAPÍTULO 13 - SISTEMA SOL-TERRA-LUA.................196
O conceito de movimento.................197
Movimento de rotação da Terra.................198
Movimento de translação da Terra.................198
Estações do ano.................199
Infográfico – As estações do ano no hemisfério sul.......200
A Lua e seus movimentos.................203
    Fases da Lua.................204
Eclipse.................205
    Eclipse da Lua.................205
    Eclipse do Sol.................207
Atividades.................208
Pense e resolva.................208
Síntese.................209
Desafios.................209
Prática.................210

CAPÍTULO 14 - CLIMAS TERRESTRES E SUA FORMAÇÃO.................212
De que precisamos para analisar e prever o clima?.......213
A relação entre a Terra e o Sol.................213
A atmosfera terrestre.................214
    Tempo atmosférico.................215
    Clima atmosférico.................216
    Fatores climáticos.................216
    A circulação geral da atmosfera.................221
Infográfico – Climas do mundo.................222
Atividades.................225
Pense e resolva.................225
Síntese.................227

Leitura complementar.................228

CAPÍTULO 15 - A PREVISÃO DO TEMPO METEOROLÓGICO.................230
Previsão do tempo.................231
    Os aparelhos meteorológicos e seus dados na previsão do tempo.................231
Infográfico – Estação meteorológica.................232
    As novas tecnologias usadas na previsão do tempo....234
Atividades.................237
Pense e resolva.................237
Síntese.................239
Desafios.................239
Prática.................240

CAPÍTULO 16 - RESTAURANDO O EQUILÍBRIO AMBIENTAL.................242
A dinâmica das alterações climáticas globais.................243
Aquecimento global.................246
As alterações climáticas regionais.................246
    As ilhas de calor.................247
    A inversão térmica.................247
    As chuvas ácidas.................248
A busca pelo desenvolvimento sustentável.................249
    Aspectos históricos.................249
    Os objetivos do desenvolvimento sustentável.................251
Atividades.................252
Pense e resolva.................252
Síntese.................254
Leitura complementar.................255
Referências bibliográficas.................256

Unidade 1
Vida e Evolução

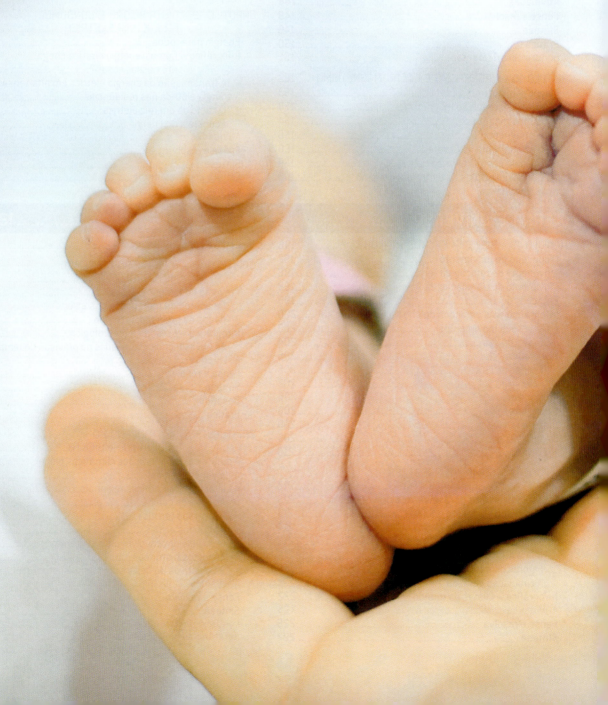

Os seres vivos podem se reproduzir de diferentes maneiras, com ou sem a participação de outro indivíduo, gerando poucos ou muitos descendentes. A reprodução tem como finalidade garantir a perpetuação da espécie. Na espécie humana, as questões relacionadas à sexualidade envolvem não só fatores de natureza biológica, mas também cultural e psicológica – por vezes são permeadas por desinformação e preconceito.

Nesta unidade, você poderá entender melhor como as espécies se reproduzem e, em especial, as várias dimensões da sexualidade humana.

A reprodução é o que garante a sobrevivência das espécies.

Capítulo 1
Reprodução nos seres vivos

Age Fotostock/Easypix Brasil

Eletromicrografia de paramécios (protozoários). Note que, no canto inferior esquerdo da fotografia, há um paramécio com dois núcleos (material mais escuro). Ele está sofrendo uma forma de reprodução. (Aumento de cerca de 800 vezes.)

Quando se fala em reprodução, é bem comum vir à nossa mente um casal de animais e seus filhotes. Essa é uma das formas de reprodução existentes: a reprodução sexuada, isto é, uma reprodução em que dois indivíduos de sexos diferentes originam um novo indivíduo (ou novos indivíduos).

É natural que logo nos lembremos dessa forma de reprodução, afinal somos fruto de um processo de reprodução sexuada. No entanto, seria esse o processo reprodutivo mais comum na natureza? Os seres unicelulares, como os protozoários mostrados na fotografia acima, aparecem se reproduzindo de maneira sexuada como os seres humanos?

São muitas as perguntas que podemos fazer sobre reprodução, como: Que tipos de reprodução existem? Plantas e animais se reproduzem da mesma forma? Quais são os mecanismos usados pelos seres vivos para se reproduzir? Como podem ter evoluído tais mecanismos?

Neste capítulo, vamos responder a essas questões.

❯ A reprodução e a perpetuação das espécies

A reprodução é uma atividade importante para a perpetuação das espécies. Ela permite que novos indivíduos sejam gerados continuamente.

Essa renovação que acontece nas populações geralmente provoca o aparecimento de indivíduos com características diferentes das de seus progenitores.

Essa **variabilidade** em uma população é muito importante, como veremos a seguir.

A evolução está intimamente ligada à reprodução

Os seres vivos estão sujeitos às condições impostas pelo ambiente, isto é, existem mudanças ambientais que podem fazer com que um organismo que antes sobrevivia em um determinado local tenha mais dificuldade em sobreviver no mesmo ambiente diante dessas mudanças. Vejamos um exemplo.

As mariposas têm hábitos noturnos e, por isso, costumam, durante o dia, repousar sobre troncos de árvores. Desse modo, elas ficam vulneráveis ao ataque de predadores. Contudo, mariposas com a coloração similar à dos troncos em que repousam tendem a passar despercebidas pelos seus predadores. Essa capacidade de se "misturar" ao ambiente é, portanto, uma característica importante para a sobrevivência dessas mariposas. A essa característica que melhora a capacidade de sobrevivência e de reprodução de um organismo em um determinado ambiente chamamos **adaptação**. A adaptação pode ser evidenciada em uma estrutura do corpo, na produção de certas substâncias ou até mesmo em um tipo de comportamento.

Uma ocorrência observada na Inglaterra, durante a Revolução Industrial, no século XIX, permite esclarecer esse fato. Nessa região, eram comuns mariposas com cor clara, uma vez que os troncos das árvores também tinham essa característica devido à presença de **liquens**. Com a industrialização, houve um aumento na emissão de poluentes e fuligem das chaminés das indústrias. Isso fez com que a fuligem se dispersasse e se depositasse nos troncos, matando os liquens e tornando os troncos mais escuros. Essa mudança, por sua vez, favoreceu as mariposas que tinham a coloração mais escura e, com o tempo, elas se tornaram predominantes na população de mariposas da região.

Dessa forma, é possível perceber como as adaptações existentes nos seres vivos estão sujeitas às condições impostas pelo ambiente.

> **Variabilidade:** é o conjunto de variações que podem existir nos indivíduos de uma população; por exemplo, dentes maiores, dedos mais longos, frutos mais doces, etc.
>
> **Líquen:** associação entre fungos e algas, ou entre fungos e cianobactérias, na qual ambos os seres vivos se beneficiam e dependem dessa interação para sobreviver.

Em um tronco com liquens, a mariposa de cor clara (A) se confunde com a coloração do ambiente. No entanto, em um tronco mais escuro, a situação se inverte e a mariposa mais escura fica menos evidente em relação à mariposa de coloração clara (B) e se torna menos vulnerável ao ataque de predadores.

A essa sobrevivência dos indivíduos adaptados às condições impostas pelo ambiente, os naturalistas ingleses Charles Darwin (1809-1882) e Alfred Russel Wallace (1823-1913), de maneira independente, deram a mesma explicação: trata-se de **seleção natural**. Veremos esse assunto com mais detalhes no 9º ano.

Segundo a ideia da seleção natural, os seres vivos possuíam variabilidade e o ambiente selecionava os indivíduos com características mais vantajosas àquelas condições. Estes sobreviviam por mais tempo e tinham a chance de passar tais características para seus descendentes. Essa teoria é conhecida como **evolução das espécies por meio de seleção natural**.

Pode-se perceber a importância de existir variabilidade, pois, ocorrendo variação na população, há mais chances de existirem indivíduos nela que possam estar adaptados a novas condições ambientais.

Em um ambiente em constante mudança, o processo de reprodução permite que surjam novos indivíduos que serão selecionados pelo ambiente.

❯ Como ocorre a reprodução?

Há diferentes formas de se reproduzir, mas todas elas podem ser classificadas em dois processos mais gerais: a **reprodução assexuada** e a **reprodução sexuada**.

Na reprodução assexuada, um ser vivo (A) forma dois novos seres vivos (A) idênticos ao progenitor. Na reprodução sexuada, um ser vivo (A) forma gametas (a) e um ser vivo (B) forma gametas (b) que se unem na fecundação e formam um novo ser vivo (C) com características de (A) e de (B).

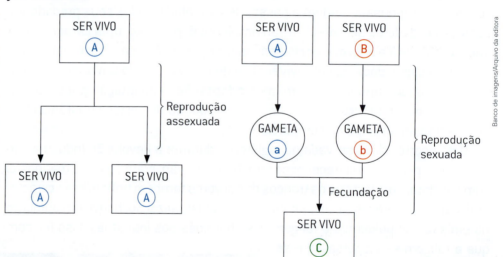

A reprodução assexuada

A reprodução assexuada se caracteriza por existir apenas um progenitor (ser que irá originar novos seres) que logo se tornará adulto, pronto para se reproduzir fazendo cópias idênticas de si mesmo. No entanto, vale ressaltar que podem ocorrer cópias que apresentem algumas diferenças em relação aos seus progenitores. Isso ocorre devido a mutações que podem aparecer no material genético desses indivíduos durante a reprodução, tanto assexuada como sexuada.

> **Mutação:** alteração no material genético de um indivíduo que provoca mudanças de características, que podem ser vantajosas do ponto de vista adaptativo (interessantes para a sobrevivência) ou não (provocam mudanças deletérias, isto é, danosas, nocivas, prejudiciais).

Na reprodução assexuada, não há presença de órgãos ou mesmo células reprodutivas especiais, como veremos em exemplos adiante.

Esse tipo de reprodução é comum em bactérias, protozoários, fungos e algas unicelulares, mas também ocorre em alguns grupos de animais, como por exemplo: cnidários (como as hidras), platelmintos (como as planárias) e equinodermos (como as estrelas-do-mar). Todos esses grupos mencionados também podem realizar reprodução sexuada, principalmente os animais. Nas plantas, em seu ciclo de vida, ocorre uma fase de reprodução assexuada e outra de reprodução sexuada.

Existem algumas formas básicas de reprodução assexuada: a fissão binária (ou divisão binária), o brotamento, a gemulação e a fragmentação.

A **fissão binária** é a forma mais comum de reprodução em bactérias e protozoários. Nela, a célula desses organismos sofre uma divisão celular formando duas células-filhas idênticas à célula original (célula-mãe).

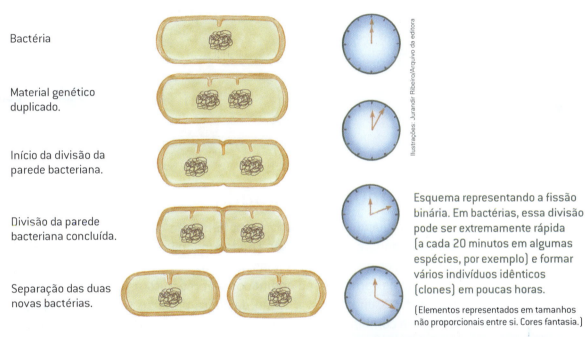

Esquema representando a fissão binária. Em bactérias, essa divisão pode ser extremamente rápida (a cada 20 minutos em algumas espécies, por exemplo) e formar vários indivíduos idênticos (clones) em poucas horas.

(Elementos representados em tamanhos não proporcionais entre si. Cores fantasia.)

O **brotamento** ocorre quando de um organismo se forma um novo indivíduo (o broto) preso ao seu corpo. Essa forma de reprodução ocorre em alguns animais aquáticos, como nas hidras, um cnidário de água doce.

Na **gemulação**, uma série de células se agrupam dentro do corpo do progenitor formando o que se chama **gêmula**. Ao sair do corpo, essa gêmula se fixa no ambiente e dela se desenvolve um novo ser vivo, idêntico ao progenitor. Essa forma de reprodução ocorre em algumas espécies de esponjas e, diferentemente do brotamento (que também ocorre em esponjas), a gêmula é interna, enquanto os brotos são externos ao corpo do progenitor.

Fotografia de uma hidra em processo de brotamento. Note como o broto, preso à parede do corpo da hidra, se assemelha ao seu progenitor. Esse broto desenvolve tentáculos antes de se desprender de seu progenitor.

Capítulo 1 • Reprodução nos seres vivos 13

Na **fragmentação**, um organismo se fragmenta em duas ou mais partes. Essas partes podem se desenvolver e formar, cada uma, um novo indivíduo, idêntico ao progenitor que se fragmentou. Um exemplo desse tipo de reprodução acontece em planárias.

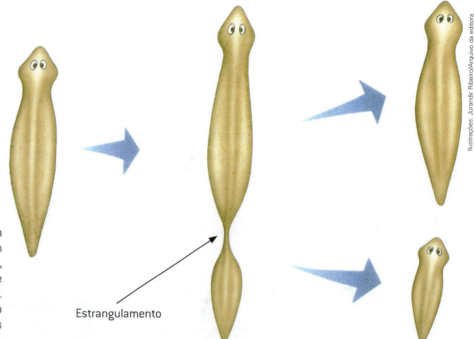

Reprodução assexuada por estrangulamento em planárias. Nesse processo, as planárias podem se fragmentar em dois pedaços. Esses fragmentos irão originar duas novas planárias (comprimento: 1,5 cm).

Estrangulamento

(Elementos representados em tamanhos não proporcionais entre si. Cores fantasia.)

A reprodução sexuada

A reprodução sexuada envolve a formação de novos indivíduos a partir de dois progenitores com a fusão (na fecundação) de suas células reprodutivas especiais, os gametas ou células sexuais.

Como os gametas são originados de progenitores distintos, isto é, com características diferentes, a fusão deles irá produzir um novo indivíduo único, com uma combinação das características de seus pais que não vai ser encontrada em mais nenhum indivíduo. A fusão de gametas acarreta combinações diferentes das características dos indivíduos e permite o aumento da variabilidade dentro de uma população, o que, por sua vez, amplia as chances de sobrevivência da espécie em um ambiente em constante mudança.

> A **reprodução sexuada** leva a uma maior **variabilidade** em uma população, o que permite a evolução de formas diversas, selecionadas naturalmente pelo ambiente.

A forma mais comum de reprodução sexuada é a bissexual (ou biparental), mas também existem em animais o hermafroditismo e a partenogênese.

Em plantas, a reprodução sexuada envolve gametas formados em órgãos reprodutores masculinos e femininos, e pode ocorrer a autofecundação (ou endocruzamento), isto é, uma planta que possua no mesmo indivíduo órgãos reprodutores masculinos e femininos pode se autorreproduzir.

❱ Reprodução em plantas

As plantas podem ser divididas em quatro grupos principais: as briófitas (musgos, hepáticas, etc.), as pteridófitas (samambaias, avencas, etc.), as gimnospermas (pinheiros, sequoias, ciprestes, etc.) e as angiospermas (goiabeira, cactos, orquídeas, bromélias, etc.).

(A) Musgo (briófita); (B) samambaia (pteridófita); (C) araucárias (gimnospermas); (D) pau-brasil (angiosperma).

A reprodução das plantas, de modo geral, passou de uma situação de dependência muito grande da água para a fecundação (união dos gametas masculinos e femininos), como ocorre com briófitas e pteridófitas, para uma situação em que a água não é mais necessária para que ocorra a fecundação, e os gametas masculinos ficam contidos em estruturas que os protegem, até chegarem aos gametas femininos, como ocorre nas gimnospermas e nas angiospermas.

Vamos estudar dois desses ciclos reprodutivos, o de uma briófita e o de uma angiosperma, para entender como este último grupo, mais diversificado em relação aos demais, obteve um sucesso reprodutivo tão grande.

Reprodução das briófitas

As briófitas vivem em locais úmidos e precisam de água para a reprodução. Elas apresentam plantas masculinas e plantas femininas, que produzem, respectivamente, os gametas (células reprodutivas) masculinos e femininos.

A seguir há uma ilustração representando o ciclo de vida dos musgos. Para entendê-la melhor, acompanhe cada etapa com a descrição apresentada e note como o gameta masculino precisa "nadar" até onde está o gameta feminino durante a fase de reprodução sexuada do ciclo. Quando os esporos caem no solo e germinam, originando novos musgos, ocorre a fase assexuada do ciclo.

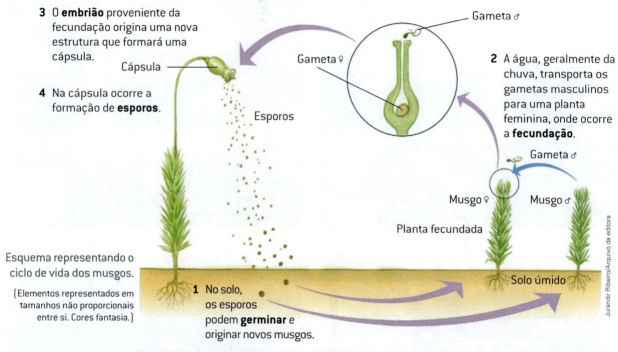

Esquema representando o ciclo de vida dos musgos.
(Elementos representados em tamanhos não proporcionais entre si. Cores fantasia.)

Fonte: CECMG. Disponível em: <https://biologiacecmg.wordpress.com/2008/08/07/ciclo-de-vida-briofitas/> (acesso em: 27 jul. 2018).

Reprodução das angiospermas

Dispersão: é a forma como os organismos se espalham, ocupam mais lugares no ambiente.

O sucesso reprodutivo das angiospermas se deve, principalmente, à presença de estruturas reprodutivas que favorecem sua reprodução e **dispersão** no ambiente terrestre: as flores e os frutos.

Para entender o ciclo reprodutivo de uma angiosperma, antes de mais nada é preciso conhecer melhor uma flor.

Flores

As flores das angiospermas são formadas por folhas modificadas e são as estruturas responsáveis pela reprodução sexuada dessas plantas.

Embora muitas flores sejam hermafroditas, a autofecundação não costuma ocorrer com frequência, pois existem mecanismos que evitam esse processo. São eles que garantem maior variabilidade entre plantas de mesma espécie. Uma das formas de isso acontecer é quando as plantas amadurecem seus órgãos reprodutores masculinos e femininos em tempos diferentes ou, ainda, quando esses órgãos estão dispostos distantes o suficiente na flor para impedir o encontro dos gametas.

16

Observe, na ilustração a seguir, como é a estrutura de uma flor e de um botão floral.

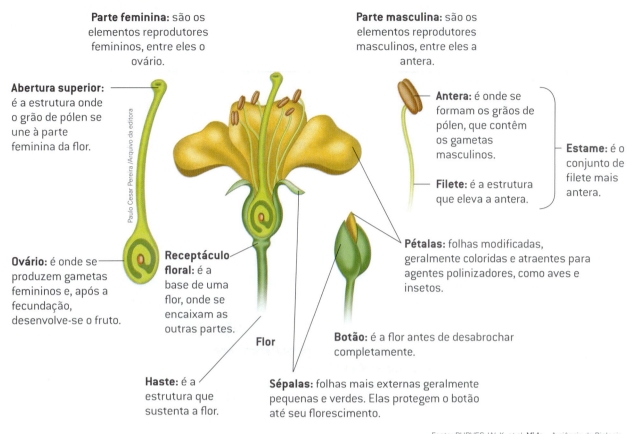

Parte feminina: são os elementos reprodutores femininos, entre eles o ovário.

Parte masculina: são os elementos reprodutores masculinos, entre eles a antera.

Abertura superior: é a estrutura onde o grão de pólen se une à parte feminina da flor.

Antera: é onde se formam os grãos de pólen, que contêm os gametas masculinos.

Filete: é a estrutura que eleva a antera.

Estame: é o conjunto de filete mais antera.

Ovário: é onde se produzem gametas femininos e, após a fecundação, desenvolve-se o fruto.

Receptáculo floral: é a base de uma flor, onde se encaixam as outras partes.

Pétalas: folhas modificadas, geralmente coloridas e atraentes para agentes polinizadores, como aves e insetos.

Botão: é a flor antes de desabrochar completamente.

Flor

Haste: é a estrutura que sustenta a flor.

Sépalas: folhas mais externas geralmente pequenas e verdes. Elas protegem o botão até seu florescimento.

(Elementos representados em tamanhos não proporcionais entre si. Cores fantasia.)

Fonte: PURVES, W. K. et al. **Vida** – A ciência da Biologia. Porto Alegre: Artmed, 2002.

Esquema representativo das estruturas presentes em uma flor de angiosperma.

No interior das anteras – órgãos reprodutores masculinos – formam-se os chamados **grãos de pólen** que contêm os **gametas masculinos**. Eles são transportados até a abertura superior do órgão reprodutor feminino contido no ovário da flor, onde estão os gametas femininos, em um processo chamado **polinização**.

As plantas possuem diversas adaptações à polinização. Plantas como gramíneas, que são polinizadas pelo vento, apresentam flores pequenas e discretas, sem atrativos para polinizadores. Essas plantas produzem grande quantidade de pólen, o que ajuda a compensar a ação do vento, que ocorre de forma aleatória, e aumenta as chances de polinização.

Plantas polinizadas por animais, por outro lado, apresentam atrativos como: cores, formas, odores, período em que se abrem, disponibilidade de néctar e pólen. Por exemplo, os besouros, assim como os morcegos, polinizam flores geralmente claras, com forte odor e que se abrem à noite. Abelhas são atraídas por flores com branco brilhante, azul ou amarelo. Aves são atraídas por cores fortes, e algumas flores possuem um formato adaptado ao seu polinizador, como é o caso de flores tubulares polinizadas por beija-flores.

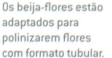

Os beija-flores estão adaptados para polinizarem flores com formato tubular.

Capítulo 1 • Reprodução nos seres vivos

Envoltório: capa, cobertura, casca.

Além dos gametas masculinos, os grãos de pólen possuem uma célula responsável por originar o chamado **tubo polínico**. É por ele que o gameta masculino vai ao encontro do gameta feminino no ovário, onde ocorre a **fecundação**, que vai originar o **embrião**.

Ao redor do embrião, desenvolve-se um tecido nutritivo protegido por um **envoltório**, onde é formada a **semente**. Se essa semente cair no solo e encontrar condições apropriadas, o embrião poderá se desenvolver e, então, formar uma nova planta. A semente fornece alimento ao embrião, que pode se nutrir com as reservas do tecido que o recobre. Desse modo, as sementes podem germinar longe da planta que lhes deu origem, fazendo com que a dispersão dessas plantas seja muito eficiente.

Ao mesmo tempo, a partir do ovário, desenvolve-se o **fruto**, que protege a semente.

Observe o esquema simplificado do ciclo de vida de uma angiosperma.

Esquema simplificado do processo de fecundação em uma angiosperma.

(Elementos representados em tamanhos não proporcionais entre si. Cores fantasia.)

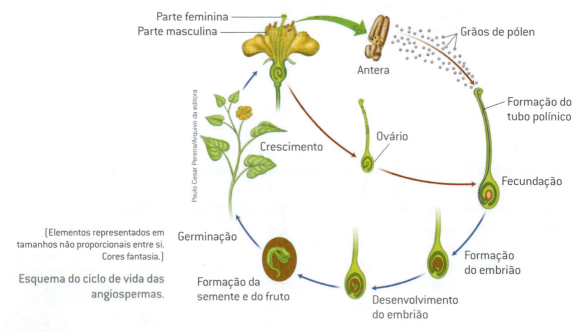

(Elementos representados em tamanhos não proporcionais entre si. Cores fantasia.)

Esquema do ciclo de vida das angiospermas.

Fruto do abacate (*Persea* sp.).

Frutos

Os frutos são estruturas exclusivas das angiospermas. São resultado do desenvolvimento do ovário da flor após a ocorrência da fecundação, pelo encontro dos gametas femininos e masculinos.

A proteção dada pelo fruto às sementes faz com que elas sofram menos impactos de agentes externos, como temperatura e umidade. O fruto também garante maior dispersão da espécie pelos biomas, pela ação do vento, da água ou de animais que dele se alimentam.

❯ Reprodução em animais

Em animais ocorre o predomínio da reprodução sexuada do tipo **bissexuada**, isto é, quando dois progenitores de sexos diferentes (macho e fêmea) se acasalam, seus gametas se encontram no processo de fecundação que origina uma célula-ovo ou zigoto. Desse zigoto forma-se um embrião, que nasce, cresce e se desenvolve até atingir a idade reprodutiva. Nessa fase, o corpo do animal começa a produzir gametas, o que o torna capaz de iniciar um novo ciclo reprodutivo.

Praticamente todos os animais vertebrados (peixes, anfíbios, répteis, aves e mamíferos) e muitos invertebrados (como anelídeos, artrópodes, moluscos, etc.) possuem os sexos em animais separados, por isso são chamados de **dioicos**, que significa 'duas casas', em grego.

Animais que possuem no mesmo indivíduo órgãos masculino e feminino são chamados de **hermafroditas**.

Alguns animais têm essa estratégia reprodutiva, como as tênias (platelmintos que causam a teníase e a cisticercose), as minhocas (anelídeos), a maioria dos caramujos e caracóis (moluscos) e alguns peixes, como a garoupa e o muçum.

O muçum (*Synbranchus marmoratus*), peixe sul-americano que consegue sobreviver enterrado na lama de lagos, córregos, pântanos e rios.

Na reprodução dos moluscos hermafroditas, como nos caracóis, a cópula é recíproca, ou seja, dois animais sexualmente maduros se aproximam e cada um introduz seu pênis na abertura genital do parceiro. Dessa forma, os espermatozoides de um são introduzidos no outro, e vice-versa, durante a cópula. Terminada a cópula, os dois animais se separam e dentro de cada um deles ocorre a fecundação cruzada (encontro de gametas masculinos – os espermatozoides – com femininos – os óvulos), quando então formam-se os ovos. Estes são liberados no ambiente, desenvolvem-se e originam caracóis jovens.

Vale ressaltar que a fecundação cruzada é diferente da autofecundação. Na autofecundação ocorre a união dos gametas masculinos e femininos do mesmo organismo hermafrodita.

Fotografias de algumas etapas da reprodução do gênero *Helix aspersa*, o *escargot* (4 cm-6 cm de comprimento). (A) Cópula entre dois indivíduos; (B) ovos depositados no ambiente.

As minhocas são animais hermafroditas e também realizam fecundação cruzada. Depois da cópula, é formado um **casulo**. Nesse casulo, ocorre a fecundação e a formação dos ovos. Com o tempo, o casulo migra em direção à região da boca até ser liberado completamente. Dentro dele, os ovos originarão pequenas minhocas.

Esquema da reprodução em minhocas, em que apenas a região anterior está representada. Após a cópula, as minhocas separam-se e inicia-se a formação do casulo ao redor do clitelo de cada uma.

(Elementos representados em tamanhos não proporcionais entre si. Cores fantasia.)

O que define o sexo de um animal é o tamanho e a mobilidade dos gametas que produzem.

Os **machos** produzem gametas conhecidos por **espermatozoides**, que são pequenos, numerosos e se movem ativamente com um flagelo.

As **fêmeas** produzem gametas conhecidos por óvulos, com pouca mobilidade e que são muito maiores que os espermatozoides. O tamanho se deve à quantidade de reserva energética (vitelo) armazenada em seu interior, e que irá suprir o desenvolvimento inicial do embrião.

Na maioria dos animais é possível identificar diferenças bem visíveis entre machos e fêmeas, o que é chamado **dimorfismo sexual**.

Em algumas espécies, os machos são maiores, como em muitos mamíferos, enquanto em outras as fêmeas têm maior porte, como ocorre em espécies de nematelmintos.

Ilustração de um casal de *Ascaris lumbricoides*, nematelmintos parasitas. A fêmea, identificada pelo símbolo ♀ (cerca de 50 cm de comprimento), é geralmente maior que o macho, identificado pelo símbolo ♂ (20 cm-30 cm de comprimento).

(Cores fantasia.)

O dimorfismo sexual é bastante evidente na espécie saí-azul (*Dacnis cayana*). O animal que apresenta plumagem azulada é macho (**A**) e o que tem penas verdes é fêmea (**B**). Observe as imagens abaixo.

Fotografias de saí-azul (*Dacnis cayana*). (A) macho; (B) fêmea.

Em certas espécies, machos e fêmeas não são distinguíveis pela sua aparência, como é o caso de algumas aves psitaciformes, como papagaios e araras.

No entanto, identificamos que os sexos são diferentes ao analisarmos os órgãos que produzem os seus gametas, as chamadas **gônadas**. No caso dos machos, a gônada produtora de gametas é o **testículo** e no caso das fêmeas essa gônada é o **ovário**. Associados a essas gônadas há outros órgãos acessórios (como pênis, vagina, útero, etc.) que irão conduzir e receber os gametas, zigotos e embriões.

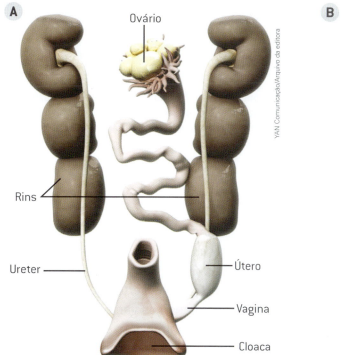

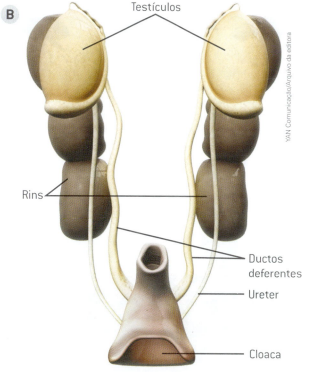

(A) Aparelho reprodutor feminino de uma ave. (B) Aparelho reprodutor masculino de uma ave. Junto aos aparelhos reprodutores também se encontram órgãos do sistema urinário (rins e ureter).
(Elementos representados em tamanhos não proporcionais entre si. Cores fantasia.)

Capítulo 1 • Reprodução nos seres vivos

Partenogênese

Em alguns animais é possível ocorrer o nascimento de um novo ser apenas com o desenvolvimento do óvulo feminino, sem que haja para isso a fecundação pelo espermatozoide de um macho. Esse tipo de reprodução é conhecido como **partenogênese**, que quer dizer 'origem virgem'.

Vários grupos de animais podem se reproduzir por partenogênese, como pulgas-d'água, pulgões, abelhas, lagartos, salamandras, alguns peixes como o tubarão-martelo, entre outras espécies. Existem várias formas de partenogênese e duas delas são bastante conhecidas: a que ocorre em abelhas, em que os machos (zangões) são originados por partenogênese (de óvulos não fecundados); e a que ocorre em certos lagartos, em que as fêmeas produzem clones de si mesmas.

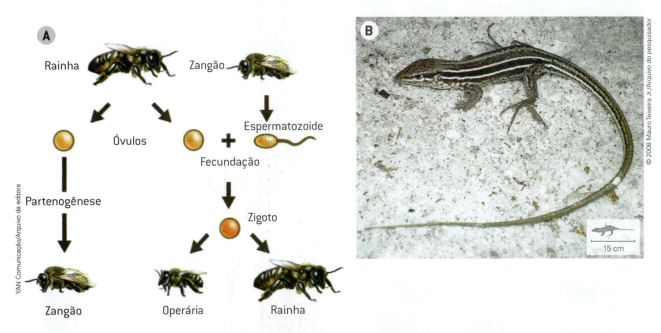

(A) Esquema da reprodução em abelhas. A abelha-rainha forma óvulos que, se forem fecundados pelos espermatozoides formados pelo zangão, irão originar fêmeas (operárias e rainhas); caso não seja fecundado, o óvulo se desenvolve por partenogênese e origina machos (zangões). (B) Lagartinho-de-linhares (*Ameivula nativo*), encontrado nas matas do norte do Espírito Santo e do sul da Bahia e ameaçado de extinção. É uma das poucas espécies de lagartos brasileiros exclusivamente partenogenéticas. (Elementos representados em tamanhos não proporcionais entre si. Cores fantasia.)

Reprodução nos invertebrados

O hábito de vida dos animais ajuda a determinar a forma como vão fazer com que seus gametas se encontrem para que ocorra a fecundação. Isso vale tanto para os invertebrados como para os vertebrados. A **fecundação** pode ser **externa**, quando os gametas masculinos e femininos são liberados no ambiente e se unem fora do corpo do animal, ou **interna**, quando o encontro de gametas ocorre dentro do corpo da fêmea, após ocorrer a **cópula** (ato sexual em que o macho introduz os gametas e a fêmea os recebe por meio de órgãos sexuais acessórios).

Fotografia da cópula (ato sexual) de besouros (artrópodes), nos quais ocorre fecundação interna.

Após a fecundação, formam-se os ovos, que podem se desenvolver de duas formas:

- **desenvolvimento indireto** – quando nascem larvas que passam por diferentes etapas até chegar à forma adulta (metamorfose).
- **desenvolvimento direto** – quando nascem indivíduos semelhantes ao indivíduo adulto.

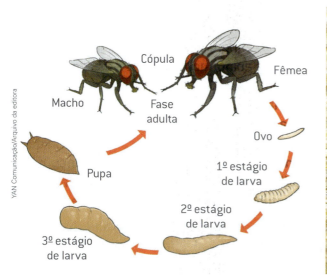

Esquema do **desenvolvimento indireto** em mosca (artrópode).
(Elementos representados em tamanhos não proporcionais entre si. Cores fantasia.)

Fonte: elaborado com base em <http://flymove.uni-muenster.de/Genetics/Flies/LifeCycle/LifeCyclePict/life_cycle.jpg>. Acesso em: 18 jun. 2018.

Escorpião (artrópode) *Tityus serrulatus*, que apresenta **desenvolvimento direto**. Ao nascerem, os jovens escorpiões permanecem sobre o corpo da mãe por cerca de 15 dias, até poderem se defender e buscar alimentos sozinhos.

Nos animais invertebrados aquáticos, por exemplo, a reprodução sexuada ocorre com machos e fêmeas liberando seus gametas masculinos e femininos diretamente na água na época reprodutiva. Esses gametas se encontram e ocorre a fecundação (externa), formam-se os ovos que se desenvolvem e originam formas larvais (que nadam ativamente – desenvolvimento indireto). Estas irão se desenvolver e formar um organismo adulto.

Em invertebrados terrestres, a fecundação interna é a mais observada e o desenvolvimento dos ovos pode ser direto ou indireto.

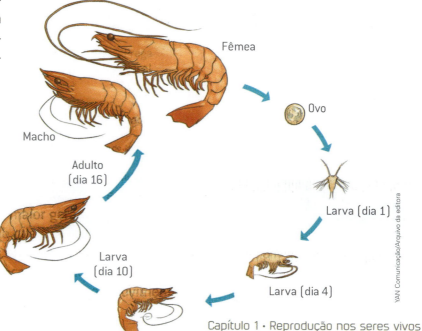

Representação da fecundação em camarões (artrópodes), que é externa, ocorrendo depois que machos e fêmeas liberam, ao mesmo tempo, seus gametas na água.
(Elementos representados em tamanhos não proporcionais entre si. Cores fantasia.)

Capítulo 1 • Reprodução nos seres vivos

Vertebrados e os diferentes ciclos reprodutivos

Peixes

Entre os vertebrados, o grupo dos peixes apresenta uma certa variação em termos reprodutivos. Mesmo sendo aquáticos, os tubarões apresentam fecundação interna. Mas a maioria dos peixes possui fecundação externa. Podem ser **ovíparos**, ou seja, o embrião desses animais se desenvolve dentro de um ovo, que é colocado no ambiente; e existem também formas em que o embrião se desenvolve dentro do corpo da mãe e depende dela para sua nutrição e proteção. Esses animais são chamados **vivíparos**.

Anfíbios

Os anfíbios apresentam dois estágios de vida: uma forma larval obrigatoriamente aquática e uma forma adulta, que pode viver na água, na terra ou nos dois ambientes, dependendo da espécie. Vem daí o seu nome, que significa 'duas vidas' (do grego *amphi* = 'duas', e *bios* = 'vida').

A passagem da fase larval para a fase adulta é chamada **metamorfose**, um processo gradual em que ocorrem grandes transformações no corpo do animal. No caso dos anfíbios, algumas das principais transformações são o aparecimento de pulmões e de pernas.

(Elementos representados em tamanhos não proporcionais entre si. Cores fantasia.)

Ilustração simplificada dos estágios da metamorfose da rã. A desova e a fecundação dos ovos acontecem na água. Dos ovos (em destaque), formam-se embriões e, após algum tempo, eclodem os girinos. Esses girinos passam por várias metamorfoses, representadas pelas fases larvais, até se tornarem jovens e posteriormente adultos, já ocupando o ambiente terrestre.

Répteis e aves

Os répteis foram o primeiro grupo, em termos evolutivos, a obter grande sucesso em sobreviver no ambiente terrestre, pois, entre outros fatores, possuem seus ovos revestidos por uma **casca** rígida. Essa casca é formada principalmente por uma substância conhecida por carbonato de cálcio, que protege o embrião da perda de água e, por ser porosa, permite as trocas gasosas com o ambiente. Essa adaptação foi fundamental não só para os répteis como para os próximos grupos de vertebrados evoluírem no ambiente terrestre.

No interior dos ovos dos répteis encontra-se uma bolsa chamada **saco vitelínico**, que contém grande quantidade de nutrientes, o **vitelo**, e constitui a gema dos ovos. Os nutrientes do vitelo são usados para garantir o desenvolvimento do embrião. Esse saco vitelínico aparece em todos os vertebrados, variando em cada grupo.

Por estarem isolados dentro dos ovos com casca, os embriões dos répteis apresentam estruturas para realizar as trocas gasosas com o ambiente, a eliminação das excretas e outras funções necessárias ao seu desenvolvimento. O embrião, ao consumir as substâncias contidas no vitelo durante seu desenvolvimento, elimina excretas que são armazenadas no **alantoide**, estrutura também presente em aves e mamíferos monotremados (veja adiante, na próxima página).

Ovos de tartaruga marinha *Caretta caretta* (exemplo de réptil) sendo depositados na areia da praia, onde serão enterrados. Diâmetro dos ovos: 4 cm a 5 cm.

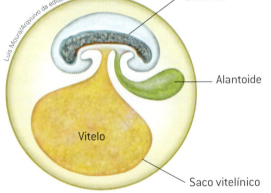

Algumas estruturas presentes em ovos de répteis. Note que o saco vitelínico contém grande quantidade de vitelo.

(Elementos representados em tamanhos não proporcionais entre si. Cores fantasia.)

Em terra firme, o encontro dos gametas acontece por meio da **fecundação interna**, isto é, o encontro dos gametas masculino e feminino se dá dentro do corpo da fêmea e não mais na água, como na maioria dos anfíbios. Esse tipo de fecundação também ajudou os répteis a habitarem ambientes cada vez mais secos, pois dependiam menos da água para a reprodução.

Outra diferença em relação aos anfíbios é que os embriões dos répteis não passam pela fase larval. Seu **desenvolvimento** é **direto**, ou seja, os embriões se desenvolvem originando um ser semelhante a um adulto da mesma espécie, outra característica que permite a sobrevivência no ambiente terrestre.

As aves são ovíparas e sua fecundação é interna. Uma das características marcantes desse grupo, além da corte (veja boxe *Um pouco mais*, na página a seguir), é o cuidado com seus filhotes ao construir ninhos para se reproduzirem. Em várias espécies ambos os pais cuidam de seus filhotes, alimentando-os e ensinando-lhes vários comportamentos. O cuidado parental também é observado em outros grupos, principalmente nos mamíferos.

Capítulo 1 • Reprodução nos seres vivos   25

UM POUCO MAIS

Seleção sexual

A chamada **seleção sexual**, definida por Darwin, é uma forma de seleção em que os indivíduos, geralmente os machos, competem com outros machos por suas parceiras para conseguirem se reproduzir. O macho que ganha a **competição**, depois de uma luta, pode se acasalar com as fêmeas. Em outra forma de seleção sexual são as fêmeas que escolhem com qual macho querem se acasalar. Nesses casos, é comum que os machos se exibam para as fêmeas, como ocorre em muitas espécies de aves, num comportamento conhecido como **corte**.

Mamíferos

A equidna (*Tachyglossus aculeatus*) é um representante dos monotremados, natural da Austrália e da Nova Zelândia.

Os mamíferos podem ser classificados de acordo com a forma como se reproduzem: os monotremados, os marsupiais e os placentários.

Os **monotremados** (do grego *monos* = 'um'; *trema* = 'abertura'), como o ornitorrinco e a equidna, são mamíferos que botam ovos.

Os **marsupiais** podem ser reconhecidos pela presença do marsúpio – uma bolsa no corpo das fêmeas, onde estão as glândulas mamárias. Ao nascer, os filhotes se instalam no marsúpio e lá permanecem, alimentando-se do leite da mãe, até completar seu desenvolvimento. Exemplos de marsupiais são o canguru, o coala, o gambá e a catita.

Os **placentários** são os mamíferos cujos filhotes desenvolvem-se inteiramente no interior do corpo da fêmea, no órgão chamado útero. No início de seu desenvolvimento, forma-se a placenta, por onde os filhotes desses mamíferos realizam as trocas com a mãe: alimentando-se, respirando e excretando os resíduos do seu metabolismo. A conexão entre o embrião e a placenta se dá pelo cordão umbilical.

Exemplos de placentários são o rato, a onça, a baleia, o morcego e o ser humano.

NESTE CAPÍTULO VOCÊ ESTUDOU

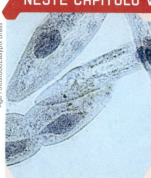

- A relação entre variabilidade, adaptação, seleção natural e evolução.
- As semelhanças e diferenças entre reprodução assexuada e sexuada.
- Formas de reprodução sexuada.
- O papel de flores, frutos e sementes na reprodução e dispersão.
- As principais etapas do ciclo reprodutivo de briófitas e angiospermas.
- A polinização e a dispersão de frutos.
- O significado de dimorfismo sexual.
- As formas de desenvolvimento do embrião em animais.
- Ciclos reprodutivos de animais invertebrados e vertebrados.
- A diferença entre animais ovíparos e vivíparos.
- A importância do ovo com casca rígida para a ocupação do ambiente terrestre.

ATIVIDADES

PENSE E RESOLVA

1. Que relação se pode estabelecer entre variabilidade em uma população de seres vivos e a adaptação desses ao ambiente em constante mudança?

2. No exemplo das mariposas claras e escuras, o que deveria acontecer com a proporção dessas variedades na população da floresta caso as indústrias instaladas ao seu redor deixassem de emitir poluentes na atmosfera? Justifique utilizando também o conceito de seleção natural.

3. Em condições apropriadas, as bactérias podem formar colônias. Na fotografia, cada ponto é uma colônia crescendo sobre um meio de cultura gelatinoso.

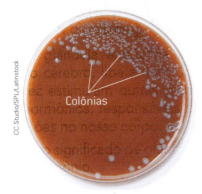

Explique como a reprodução assexuada das bactérias está relacionada com a formação de colônias na fotografia.

4. Assinale a alternativa correta em relação às formas de reprodução assexuada e sexuada:

   a) A reprodução assexuada forma indivíduos mais bem adaptados que seu progenitor.
   b) A reprodução assexuada é relativamente lenta em relação à reprodução sexuada.
   c) A reprodução sexuada é a forma pela qual ocorre mais rapidamente aumento da população.
   d) A reprodução sexuada permite que haja maior variabilidade na população de uma espécie.
   e) Ambas as formas de reprodução, assexuada e sexuada, necessitam de células especiais para ocorrer.

5. As fotografias a seguir mostram espécies de quatro representantes de vegetais (reino Plantae).

Musgo.

Pinheiro.

Abacateiro.

Avenca.

Com base nas fotografias, responda aos itens a seguir:

a) A qual grupo pertence cada uma das espécies?

b) Uma das adaptações das plantas ao ambiente terrestre é a presença de vasos condutores. Que outra característica das plantas também está associada à vida terrestre?

c) Qual é o grupo que apresenta suas sementes protegidas por um fruto? Quais os principais componentes de um fruto?

6 Em quais grupos vegetais a polinização é uma etapa da reprodução? Explique o que é polinização e cite três agentes polinizadores. Qual gameta está presente no grão de pólen?

7 Identifique no desenho a seguir as estruturas do aparelho reprodutor de mamíferos indicadas por A, B e C e faça uma comparação entre essas estruturas nos diferentes grupos.

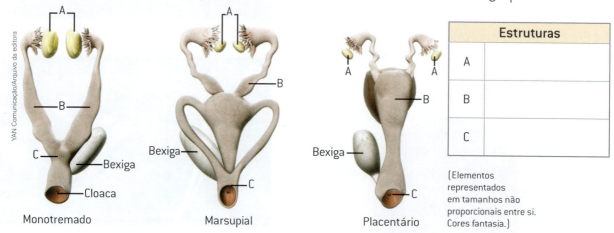

(Elementos representados em tamanhos não proporcionais entre si. Cores fantasia.)

8 Os escorpiões amarelos (*Tityus serrulatus*) (veja na página 23) são animais que só possuem fêmeas em sua população. Como se pode explicar esse fenômeno e quais as consequências em termos de variabilidade para essa espécie?

SÍNTESE

1 Complete corretamente o esquema com os seguintes conceitos:

(A) adaptação
(B) variabilidade
(C) evolução
(D) seleção natural
(E) reprodução sexuada
(F) reprodução assexuada

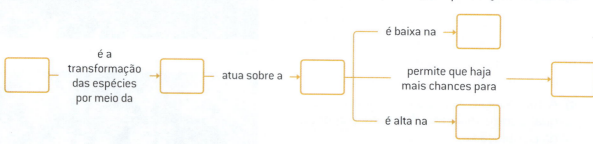

2 Comente as diferenças que existem entre reprodução assexuada e sexuada quanto aos seguintes fatores:
- número de progenitores envolvidos
- utilização de células especiais
- variabilidade
- velocidade
- crescimento da população

28

3 Construa um quadro comparativo. Na primeira coluna, indique o grupo dos seres vivos:
- briófitas (musgos)
- angiospermas (goiabeira)
- anelídeos (minhoca)
- artrópodes – insetos (besouro)
- anfíbios (rã)
- peixes ovíparos (pacu)
- répteis (tartaruga marinha)
- mamíferos placentários (veado)

Na segunda coluna, descreva como ocorre a fecundação, detalhando o encontro entre os gametas nesse processo. Veja o exemplo abaixo:

Grupo de seres vivos	Como ocorre o encontro entre os gametas masculino e feminino na fecundação
Artrópodes – crustáceos (camarão)	Machos e fêmeas se encontram e liberam simultaneamente seus gametas na água, onde ocorre a fecundação externa.

4 Observe a ilustração a seguir do ciclo de vida de uma tartaruga marinha. Compare esse ciclo ao dos anfíbios (página 24) quanto aos ambientes em que ocorrem as diferentes fases do ciclo e as adaptações encontradas nos ovos.

Ciclo de vida das tartarugas marinhas
Atingem a fase reprodutiva entre os 20 e os 30 anos

Ambiente pelágico: é a região abaixo da zona de marés e acima do fundo do mar, onde vivem organismos que nadam e flutuam na água.

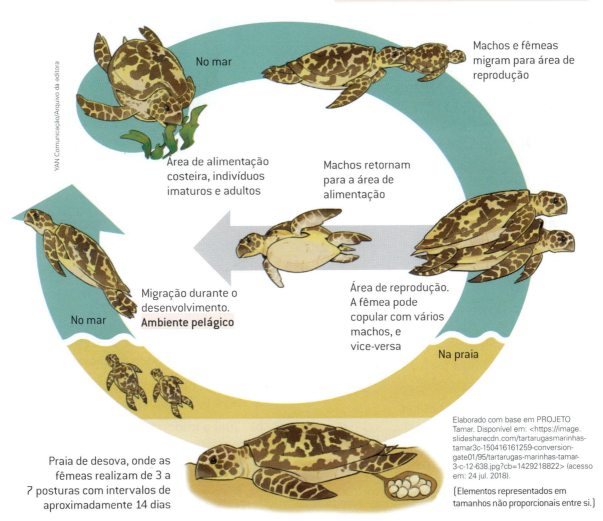

Elaborado com base em PROJETO Tamar. Disponível em: <https://image.slidesharecdn.com/tartarugasmarinhas-tamar3c-150416161259-conversion-gate01/95/tartarugas-marinhas-tamar-3-c-12-638.jpg?cb=1429218822> (acesso em: 24 jul. 2018).

(Elementos representados em tamanhos não proporcionais entre si.)

Capítulo 1 • Reprodução nos seres vivos

PRÁTICA
Por dentro da flor

Objetivo
Identificar os componentes de uma flor, relacionando-os com suas respectivas funções.

Material
- Uma ou duas flores diferentes (cedidas pelo professor).

Procedimento
1. Forme um grupo de 4 ou 5 pessoas. Observe atentamente uma ou duas flores diferentes do grupo das angiospermas. Utilize a figura que aparece na página 17 para identificar os componentes da flor, sem ainda retirar nenhuma parte dela.
2. Após a identificação das partes feminina e masculina da flor, comece a "desmontá-la", mas atente para não perder nenhuma parte dela. Faça isso com muito cuidado. Retire primeiro as pétalas (e sépalas, dependendo da flor), depois as partes masculinas e por último as partes femininas.
3. Faça uma lista com os itens abaixo e indique as características de cada uma das flores analisadas. Se preferir, você poderá construir uma tabela e identificar cada flor em uma coluna.
   - Conjunto de pétala + sépala
   - Sépalas – posição
   - Pétalas – posição
   - Organização das pétalas (segundo seu número)
   - Estames
   - Distribuição do sexo

Características
1. Pétala + sépala
   a) sem sépalas ou pétalas
   b) apenas sépalas ou pétalas
   c) com sépalas e pétalas diferentes
   d) com sépalas e pétalas iguais
2. sépalas – posição
   a) sépalas fundidas   b) sépalas livres

3. Pétalas – posição
   a) pétalas fundidas   b) pétalas livres

4. Organização das pétalas
   a) dímera (duas pétalas)
   b) trímera (três pétalas)
   c) tetrâmera (quatro pétalas)
   d) pentâmera (cinco pétalas)

5. Estames
   a) soldados ou fundidos   b) livres

    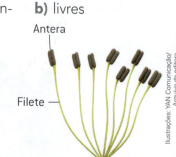

6. Distribuição do sexo
   a) Flor só com um sexo (unissexual masculina ou unissexual feminina)
      1. Flores reunidas em uma mesma planta
      2. Flores em plantas separadas
   b) Flor com partes masculina e feminina na mesma flor (hermafrodita)

Discussão final
Para cada flor analisada, com base em suas características, responda às questões a seguir:
a) Qual o tipo de polinização que essa flor deve ter? Justifique.
b) Qual a importância desse tipo de polinização para a reprodução dessa planta?
c) É possível que a planta sofra autofecundação? Se sim, como essa possibilidade pode ser evitada?

Capítulo 2

Puberdade

Arthur Tilley/ Getty Images

Meninos e meninas passam por mudanças físicas, psicológicas e sociais durante a fase da vida chamada adolescência.

Neste capítulo e nos próximos desta unidade, estudaremos os aspectos relativos à reprodução e à sexualidade humana.

O corpo do ser humano está em constante transformação. Desde o nascimento, dia após dia, sofremos pequenas mudanças que nos tornam capazes de realizar muitas coisas, embora sempre com determinadas limitações. Em certo momento da nossa vida, começamos a fazer a passagem da fase de criança para o mundo adulto. É um período de transformações marcantes, não só do ponto de vista físico, mas também nos aspectos psicológicos e sociais. Esse período de transição é conhecido como **adolescência**.

Quais as transformações físicas, psicológicas e sociais que ocorrem nessa fase? Por que ocorrem? Como podemos lidar de maneira positiva com as dúvidas e os conflitos que surgem? Como ser aceitos pelos outros, respeitando nossos sentimentos, valores e limitações?

Vamos estudar essas e muitas outras questões e refletir sobre elas.

Vida e Evolução

Capítulo 2 • Puberdade 31

❯ Adolescência, puberdade e sexualidade

Desde o nascimento, o ser humano apresenta características sexuais externas e internas. As características sexuais externas são chamadas **características sexuais primárias**.

O período de transição entre a infância e a vida adulta é chamado de **adolescência**. A entrada na adolescência ocorre de maneira lenta e gradual, variando muito entre as pessoas, e não tem um tempo determinado para começar ou terminar. É uma fase geralmente caracterizada por dúvidas e conflitos.

O conceito atribuído à adolescência é bastante amplo e envolve não apenas transformações físicas e **fisiológicas**, mas também comportamentais, influenciadas por elementos culturais que variam nas diversas sociedades e sofrem mudanças com o passar do tempo.

> **Fisiológico:** relacionado ao funcionamento do organismo.

Na adolescência passamos por questões que envolvem ora a vida adulta, ora a vida infantil: há necessidade da liberdade e da responsabilidade do mundo dos adultos, mas ainda existe o medo de deixar a infância e assumir riscos. Sentimos necessidade de nos diferenciar, de construir a própria identidade, diferente da identidade dos pais e da família, mas existem conflitos sobre como conviver com algumas diferenças apresentadas por outras pessoas ou outros grupos de adolescentes.

Os adolescentes têm necessidade de buscar a própria identidade, muitas vezes com a aprovação de um grupo social.

Durante a adolescência ocorrem mudanças físicas e fisiológicas, responsáveis pelo amadurecimento dos órgãos do sistema genital e pelo aparecimento de diferenças mais acentuadas entre os sexos, as chamadas **características sexuais secundárias**, que caracterizam a **puberdade**.

A puberdade indica que o organismo em breve estará apto para a reprodução. É uma fase da adolescência que se manifesta de maneira diferente nos meninos e nas meninas. O seu início pode variar muito de uma pessoa para outra, podendo ocorrer, em média, entre os 9 e os 15 anos para o sexo feminino e entre os 10 e os 14 anos para o sexo masculino.

Diferentemente dos outros animais, o amadurecimento sexual nos seres humanos é marcado por questões de natureza cultural e psicológica e não apenas biológica. As mudanças que ocorrem no corpo e a interação com outras pessoas podem trazer sentimentos muitas vezes contraditórios.

Tudo isso é natural e faz parte da vida.

Com o amadurecimento, aprendemos a conviver melhor com os conflitos e as dúvidas e a administrar os sentimentos. Poder conversar sobre questões relacionadas à sexualidade de forma aberta e sincera, com familiares, profissionais da saúde, professores e amigos, evitando preconceitos e respeitando a todos, é essencial para ajudar na construção de uma sociedade mais justa e saudável.

Assista também!

"Que corpo é esse?". Estereótipos de gênero. Animação. 2018. 3 min. Disponível em: <www.futuraplay.org/video/estereotipos-de-genero/422137/> (acesso em: 14 jun. 2018).

Nessa animação uma família brasileira vivencia situações e reflete sobre assuntos importantes para o desenvolvimento sexual dos adolescentes. Esta série faz parte do Projeto Crescer sem Violência, parceria com o Unicef e Childhood, de enfrentamento às violências sexuais contra crianças e adolescentes. Este episódio aborda o respeito às diferenças e as relações de amizade.

EM PRATOS LIMPOS

Diversidade sexual: respeito acima de tudo

A sexualidade humana difere da dos outros animais por envolver aspectos que vão além dos biológicos, envolvendo também dimensões sociais e psicológicas.

A necessidade de corresponder a um padrão de comportamento social já levou e ainda leva várias pessoas a muito sofrimento, por não se sentirem aceitas pelos grupos sociais (escola, família, igreja, clube social, etc.)

Imagem criada com base em <https://intertvweb.com.br/no-diva/diversidade-sexual-e-de-genero/> (acesso em: 25 jul. 2018).

dos quais fazem parte. No entanto, aos poucos, a sociedade contemporânea tem assumido que existem diversas formas de expressão da sexualidade humana e todas elas devem ser igualmente respeitadas, não existindo um padrão de comportamento que deva ser seguido por todos.

Gradativamente estamos substituindo o conceito de normalidade pelo conceito de pluralidade. Nesse processo de transição que vivemos, é comum termos muitas dúvidas, sentirmos medo e vergonha de expor nossos sentimentos e presenciamos, ainda, atitudes de discriminação, muitas vezes de maneira violenta. Infelizmente, no Brasil, a discriminação e o preconceito têm sido apontados como algumas das principais causas de evasão (abandono) escolar por jovens que se sentem alvo de preconceito e discriminação por expressarem sua sexualidade de uma forma diversa da da maioria, embora a Constituição brasileira vede qualquer tipo de discriminação.

Conversar com adultos (familiares, profissionais de saúde, professores) e com colegas de maneira tranquila, transparente, procurando tirar suas dúvidas e exercer a empatia, ou seja, colocar-se no lugar do outro, para tentar compreender seus sentimentos e suas emoções, deve ser o caminho para a construção de uma sociedade menos preconceituosa, na qual cada um possa ter a liberdade de exercer plenamente a sua sexualidade e ser respeitado.

❯ Os papéis sociais

Você já parou para pensar sobre o que é ser homem ou ser mulher na nossa sociedade?

O comportamento dos seres humanos tem uma forte influência social. Nas diferentes sociedades humanas, homens e mulheres podem ter papéis diferentes, ou seja, alguns trabalhos podem ser atribuídos às mulheres e outros, aos homens. Nas sociedades tradicionais e antigas, essas divisões eram mais rígidas. Já nas sociedades modernas, como a nossa, não há essa rigidez – homens e mulheres podem desempenhar os mesmos trabalhos. Antigamente, as mulheres não tinham direitos básicos – por exemplo, não podiam votar e não podiam estudar. Com o passar dos anos, as mulheres conquistaram esses direitos.

Mas, apesar dos enormes avanços ocorridos nas últimas décadas, a mulher ainda enfrenta preconceitos e diversos tipos de violência social. Pesquisas mostram que as mulheres chegam a ganhar até 30% menos que os homens para desempenhar as mesmas atividades profissionais. A conquista do mercado de trabalho não representou, em muitos casos, uma melhoria da qualidade de vida das mulheres, pois muitas delas passaram a ter duas (às vezes, três!) jornadas de trabalho – dentro e fora de casa.

Nos dias de hoje, as mulheres podem ter mais segurança para expor suas ideias e sentimentos e vêm lutando pelos seus direitos. A Lei Maria da Penha, por exemplo, promulgada em 2006, é um instrumento legal importante para impedir que a violência doméstica e familiar continue. Ela é uma ferramenta que permite às mulheres brasileiras, independentemente de classe, etnia, orientação sexual, renda, cultura, nível educacional, idade e religião, terem garantidos os seus direitos fundamentais, assegurando-lhes a oportunidade de viver sem violência, de preservar sua saúde física e mental e de desenvolver seu aperfeiçoamento pessoal, intelectual e social.

Atualmente as mulheres desempenham atividades no mercado de trabalho que eram exclusivamente masculinas.

❯ Os hormônios, o sistema nervoso e a puberdade

A puberdade está diretamente associada à produção de determinados hormônios, que são substâncias químicas produzidas por alguns órgãos do corpo humano que podem inibir ou induzir a atividade de outros órgãos. Isso quer dizer que os hormônios são substâncias reguladoras do crescimento, do metabolismo, da reprodução e do desenvolvimento do corpo humano.

Os hormônios são produzidos em órgãos chamados **glândulas endócrinas** e são liberados na corrente sanguínea, por onde circularão até chegar às regiões do corpo onde terão efeito. O conjunto das glândulas constitui o sistema endócrino.

O sistema endócrino, em conjunto com o sistema nervoso, é responsável pela manutenção do equilíbrio interno do corpo e atua coordenando e controlando diversas funções do organismo. Além disso, o sistema endócrino é responsável pela regulação de processos como crescimento, desenvolvimento e metabolismo.

As principais glândulas do sistema endócrino são o hipotálamo, a hipófise, as glândulas tireóideas, as glândulas paratireóideas, as suprarrenais, o timo, o pâncreas, os ovários e os testículos.

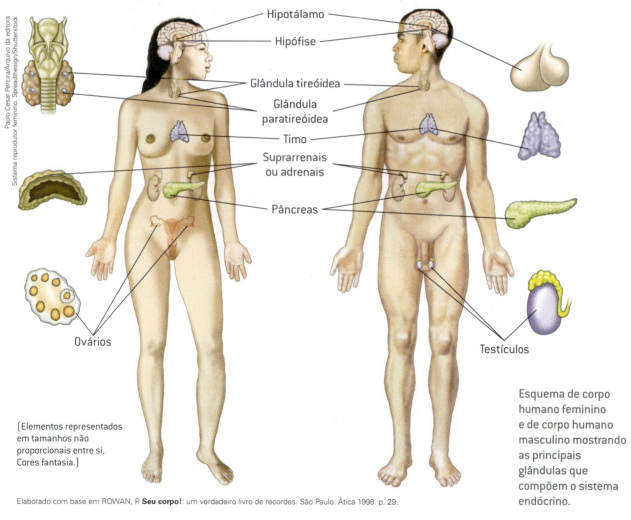

(Elementos representados em tamanhos não proporcionais entre si. Cores fantasia.)

Elaborado com base em ROWAN, P. **Seu corpo!**: um verdadeiro livro de recordes. São Paulo: Ática 1998. p. 29.

Esquema de corpo humano feminino e de corpo humano masculino mostrando as principais glândulas que compõem o sistema endócrino.

Hipotálamo

O hipotálamo localiza-se no **cérebro** (órgão do sistema nervoso central) e faz a maior parte da integração entre o sistema nervoso e o sistema endócrino.

Os hormônios produzidos no hipotálamo atuam sobre outra glândula endócrina, a hipófise (veja a seguir). Dessa maneira, o hipotálamo tem um papel fundamental no controle do equilíbrio interno do corpo, pois sua ação estende-se por muitos órgãos, como num efeito dominó.

O hipotálamo também produz hormônios que são armazenados e liberados pela hipófise, mas que atuam na regulação de outros órgãos e tecidos. São eles:

- a ocitocina, que estimula as contrações do útero na hora do parto e a liberação de leite durante a amamentação;
- o hormônio antidiurético (ADH), que, nos rins, regula a retenção da água no organismo.

Hipófise

A glândula hipófise localiza-se abaixo do hipotálamo, na base do cérebro. Tem massa de 0,5 g a 1 g e o tamanho de uma ervilha. Essa glândula produz e libera vários hormônios, sob o comando do hipotálamo. Sua atividade pode ser inibida ou estimulada, dependendo das informações vindas do sistema nervoso.

Os hormônios produzidos pela hipófise podem atuar sobre outras glândulas endócrinas ou diretamente em células e órgãos. Veja os órgãos sobre os quais os hormônios produzidos pela hipófise podem atuar e qual é a ação produzida:

Localização e atuação da glândula hipófise. Os hormônios produzidos pela hipófise agem sobre outras glândulas endócrinas e também sobre órgãos e tecidos.

Cérebro
Hipotálamo
Hipófise

Órgão: **glândula mamária**
Ação: produção de leite

Órgão: **rim**
Ação: controle da quantidade de água no corpo

Órgão: **glândula tireóidea**
Ação: controle do metabolismo

Órgão: **glândulas sexuais** (ovários e testículos)
Ação: amadurecimento dos gametas (células sexuais) e produção de hormônios sexuais

Órgão: **útero**
Ação: contrações durante o parto

Órgão: **osso**
Ação: crescimento

Órgão: **pele**
Ação: produção de melanina

Órgão: **glândula suprarrenal**
Ação: produção de hormônios que controlam a resposta ao estresse

(Elementos representados em tamanhos não proporcionais entre si. Cores fantasia.)

Elaborado com base em TORTORA, G. J.; GRABOWSKI, S. R. **Corpo humano:** fundamentos de anatomia e fisiologia. 6. ed. Porto Alegre: Artmed, 2006. p. 327.

❯ A puberdade feminina

No organismo feminino, as glândulas do sistema genital, ou seja, os ovários, passam a produzir os hormônios sexuais, principalmente o estrógeno e a progesterona, sob o estímulo de hormônios liberados pela hipófise.

O estrógeno e a progesterona são responsáveis pelo aparecimento das características sexuais secundárias femininas:

- acúmulo de gordura nas regiões das nádegas, das coxas e dos quadris, que ficam mais arredondadas;
- desenvolvimento das mamas;
- aparecimento de pelos na região pubiana e nas axilas;
- alargamento dos ossos da bacia.

As alterações hormonais provocam muitas mudanças no metabolismo, ou seja, nas reações químicas que ocorrem no corpo. Na puberdade, é comum a menina transpirar mais devido ao aumento de atividade das glândulas sudoríferas. A pele pode ficar mais oleosa, pelo aumento de atividade das glândulas sebáceas, e frequentemente surgem cravos e espinhas.

Um dos momentos mais marcantes da puberdade feminina é a primeira **menstruação**, chamada **menarca**. A menstruação caracteriza-se pela eliminação de parte do tecido de revestimento interno do útero, que estava preparado para uma possível gravidez. A eliminação desse tecido provoca sangramento e ocorre pela abertura da vagina.

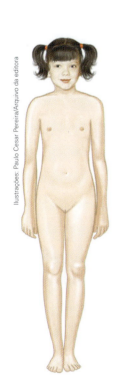
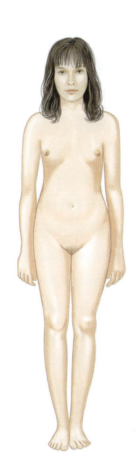
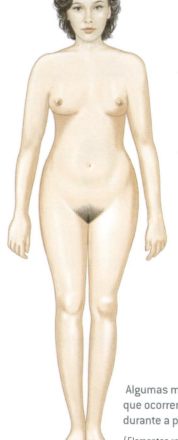

Algumas modificações externas que ocorrem no corpo feminino durante a puberdade.

(Elementos representados em tamanhos não proporcionais entre si. Cores fantasia.)

Ilustrações: Paulo Cesar Pereira/Arquivo da editora

❯ A puberdade masculina

No organismo masculino, os hormônios produzidos pela hipófise estimulam os testículos – as glândulas do sistema genital masculino – a produzir hormônios sexuais, principalmente a testosterona. Esse hormônio é o responsável pelo desenvolvimento das características sexuais secundárias masculinas, como:

- alargamento dos ombros e do tórax;
- surgimento de pelos em várias regiões do corpo, como nas axilas, no peito, nos braços, nas pernas, na região pubiana e no rosto;
- desenvolvimento do pênis e dos testículos.

É na puberdade que o menino começa a produzir e liberar o sêmen (ou esperma). O sêmen é uma mistura de líquidos e espermatozoides (os gametas masculinos).

A eliminação do sêmen é chamada ejaculação. Na puberdade, e na fase adulta, é comum que ocorra ejaculação durante o sono, conhecida como polução noturna.

Da mesma maneira que nas meninas, as glândulas sudoríferas e as glândulas sebáceas ficam mais ativas na puberdade, aumentando a sudorese e a oleosidade da pele, com o frequente surgimento de cravos e espinhas.

Outra mudança que ocorre nos meninos no período da puberdade é o engrossamento das pregas vocais, tornando a voz mais grave. Como o processo é gradual, é comum os meninos dessa faixa etária, ao falar, emitirem alguns sons mais agudos de forma involuntária.

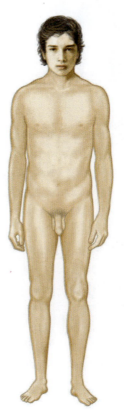
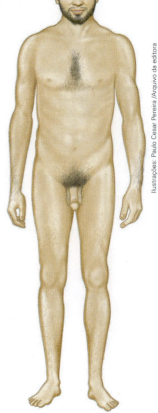

Algumas modificações externas que ocorrem no corpo masculino durante a puberdade.

(Elementos representados em tamanhos não proporcionais entre si. Cores fantasia.)

Ilustrações: Paulo Cesar Pereira/Arquivo da editora

Acne

A acne, popularmente chamada de cravos e espinhas, é resultado da maior liberação de uma substância oleosa, secretada pelas glândulas sebáceas, que se mistura com células mortas da pele e fecha os poros. Essa mistura pode ser invadida por microrganismos, que provocam inflamações.

Isso acontece principalmente durante a puberdade, em decorrência da maior oscilação na liberação de hormônios. A acne pode aparecer no rosto, no peito, nos ombros e nas costas, locais onde as glândulas sebáceas ocorrem em maior quantidade. A maior ou menor manifestação depende da sensibilidade de cada um em relação à ação dos hormônios e de fatores genéticos.

Para amenizar a presença da acne, deve-se manter a higiene da pele e evitar o uso de maquiagens e produtos cosméticos à base de gorduras, além de não coçar o local para não provocar feridas e cicatrizes. E nada de espremer as espinhas!

Quando a acne estiver provocando incômodo físico e/ou psicológico, deve-se procurar um dermatologista para uma avaliação e indicação de possíveis tratamentos e o uso de equipamentos e produtos adequados.

EM PRATOS LIMPOS

Por que geralmente a voz dos homens é mais grave do que a das mulheres?

As **pregas** ou **cordas vocais** estão localizadas na parte interna da laringe e são formadas por fibras ligadas ao seu tecido muscular. Essas fibras vibram com a passagem do ar, produzindo sons.

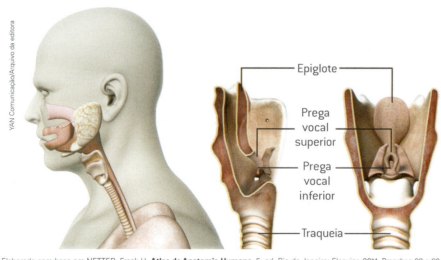

Localização das pregas vocais no ser humano. Em vista lateral (**A**) e em vista frontal (**B**).

(Elementos representados em tamanhos não proporcionais entre si. Cores fantasia.)

Elaborado com base em NETTER, Frank H. **Atlas de Anatomia Humana**. 5. ed. Rio de Janeiro: Elsevier, 2011. Pranchas 63 e 80.

O comprimento das pregas vocais está relacionado com o timbre da voz. De maneira geral, as mulheres têm pregas vocais mais curtas e finas do que as dos homens e por esse motivo vibram com uma frequência maior gerando sons mais agudos. Dessa forma, a voz feminina, geralmente, é mais aguda do que a masculina. As crianças têm voz mais aguda do que a dos adultos por terem as pregas vocais ainda mais curtas. Os sons variam em função das características das pregas vocais de cada indivíduo. A voz é resultado de muitos outros fatores, como a quantidade e a pressão do ar expirado e os movimentos da boca e da língua.

Os seres humanos possuem uma saliência na garganta chamada de proeminência laríngea, popularmente conhecida como **pomo de adão** ou **gogó**. Ela é formada pelas cartilagens da laringe e da glândula tireóidea, na altura do pescoço. Apesar de ser muito mais visível em pessoas do sexo masculino, a proeminência laríngea também está presente nas mulheres, porém em tamanho menor se comparada à dos homens. Isso se deve ao fato de que a estrutura óssea masculina é, em geral, maior do que a feminina. A cartilagem da glândula tireóidea cresce de maneira a acompanhar a estrutura óssea, deixando a ponta da cartilagem da glândula tireóidea mais proeminente nos homens.

Durante a puberdade passamos por muitas mudanças psicológicas e físicas. Uma delas é a mudança de voz.

A proeminência laríngea em pessoas do sexo masculino cresce e fica visível na puberdade. Nessa fase, a laringe aumenta de tamanho e auxilia no processo de amadurecimento vocal.

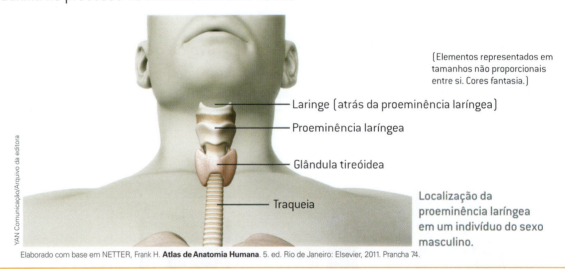

(Elementos representados em tamanhos não proporcionais entre si. Cores fantasia.)

Laringe (atrás da proeminência laríngea)
Proeminência laríngea
Glândula tireóidea
Traqueia
Localização da proeminência laríngea em um indivíduo do sexo masculino.

Elaborado com base em NETTER, Frank H. **Atlas de Anatomia Humana**. 5. ed. Rio de Janeiro: Elsevier, 2011. Prancha 74.

UM POUCO MAIS

Glândulas exócrinas e mistas

No corpo humano, existem, além das glândulas endócrinas, outros dois tipos de glândula.

As **glândulas exócrinas** produzem substâncias que são liberadas em cavidades do corpo (e não na corrente sanguínea, ao contrário do que acontece com as glândulas endócrinas). Um exemplo são as glândulas salivares, que secretam saliva na boca. Há outros exemplos já mencionados neste capítulo, como as glândulas sudoríferas, que lançam a sua secreção, o suor, fora do corpo, auxiliando na regulação térmica; além das glândulas sebáceas, cuja secreção gordurosa atua como "filme" protetor na pele.

As **glândulas mistas** têm dupla função: produzem hormônios que são lançados na corrente sanguínea e secreções que são lançadas em cavidades do corpo. O pâncreas, por exemplo, além de produzir hormônios, produz o suco pancreático, que é secretado no duodeno e atua na digestão.

Ginecomastia

As alterações hormonais que ocorrem durante a puberdade podem causar o desenvolvimento das mamas nos meninos. Além disso, o acúmulo de gordura localizada, o consumo de álcool em excesso, em homens adultos, drogas ou certos tipos de medicamento também podem causar essa disfunção. A esse desenvolvimento acentuado das mamas dá-se o nome de ginecomastia (termo que significa "mamas com aspecto feminino"), e acontece em aproximadamente 40% a 60% dos homens.

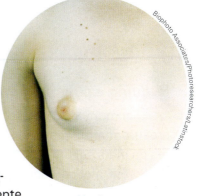

Menino com ginecomastia.

Muitos garotos se sentem tão incomodados com a aparência de suas mamas que podem deixar de praticar atividades esportivas — como natação — ou atividades de lazer, como ir à praia. Até um jogo de futebol dos "com camiseta" contra os "sem camiseta" pode ser motivo de vergonha.

Entretanto, na maioria dos casos, não há motivos para preocupação. Além de muito comum na população masculina, o aumento das mamas é geralmente temporário e não interfere no desenvolvimento e na virilidade. Na maior parte dos casos, o crescimento do corpo e a maior produção de testosterona são responsáveis pela regressão natural das mamas.

❯ Trabalho infantil e do adolescente

Vimos até aqui como acontece a puberdade nos adolescentes, do ponto de vista fisiológico e comportamental. No entanto, do ponto de vista social, no Brasil e em muitos países, crianças podem ser privadas da vivência dessa fase de transição e podem assumir tarefas e responsabilidades próprias dos adultos. Algumas delas até deixam de estudar e abandonam a escola por conta disso.

Segundo a Constituição Federal do Brasil de 1988, o trabalho é admitido a partir dos 16 anos, exceto nos casos de trabalho noturno, perigoso ou insalubre, para os quais a idade mínima é 18 anos. Trabalhos a partir dos 14 anos são permitidos, mas somente na condição de aprendiz.

O trabalho infantil não é permitido pela Constituição Federal do Brasil. Fotografia de menino com caixa de engraxate, tirada no aeroporto de Guarulhos, em São Paulo (SP), 2014.

Algumas formas nocivas de trabalho infantil e do adolescente incluem trabalhar na agricultura, em fazendas de corte, em madeireiras, em minas de carvão, em funilarias, em cutelarias, na metalurgia e na construção civil.

O principal motivo que leva a criança e o adolescente ao trabalho é a necessidade de ajudar financeiramente a família.

Para que esse quadro se reverta, são necessárias ações públicas mais eficazes e que permitam às famílias obter renda de forma digna, possibilitando aos filhos manterem-se na escola, absorvendo educação e cultura, preparando-se para o futuro. Devem ser criadas estratégias que permitam que as famílias possam evitar que suas crianças e seus adolescentes tenham de abandonar os estudos e de entrar precocemente no mercado de trabalho informal (sem carteira de trabalho assinada, sem salário digno e sem direitos assegurados).

UM POUCO MAIS

Bullying e cyberbullying

É comum na adolescência a formação de grupos com características próprias, que procuram afirmar sua identidade perante a sociedade. A convivência com outros adolescentes dá mais segurança para enfrentar as mudanças típicas dessa fase.

Porém alguns adolescentes (ou grupos de adolescentes) podem apresentar comportamentos agressivos, tanto verbais quanto físicos, procurando impor ao(s) outro(s) sua maneira de pensar e de agir. Quando esses comportamentos são assumidos de forma intencional e repetitiva, marcando uma relação desigual de poder com outras pessoas e causando na vítima dor, angústia e medo, chamamos de *bullying* (uma palavra originária do inglês). No Brasil, esses comportamentos podem resultar em processo judicial de danos morais contra o agressor.

A crescente possibilidade de estar conectado com outras pessoas, por meio da internet, permitiu aos adolescentes acesso a uma quantidade inimaginável de informações e de pessoas espalhadas pelo mundo. Além disso, as redes sociais proporcionam ainda mais acesso às informações e mais interação entre seus usuários.

No entanto, é importante destacar também os riscos envolvidos no acesso a essa gama de informações e de pessoas. É preciso entender que essa grande rede tecnológica também dá espaço para informações distorcidas e dissemina preconceitos, além do contato com pessoas mal-intencionadas. Por isso, há de se ter bastante bom senso e avaliar com clareza as informações.

Por outro lado, a internet gerou o risco da invasão da privacidade e diversas formas de *bullying* – o *cyberbullying* (veja a seção *Leitura Complementar*, no final deste capítulo). Não são incomuns casos de veiculação de mensagens e imagens preconceituosas e agressivas em relação a pessoas e grupos sociais. Esse comportamento demonstra que ainda temos um longo caminho a percorrer para a construção de uma sociedade que respeite e saiba conviver de maneira pacífica com opiniões e modos de vida diferentes.

Assista também!

"Que corpo é esse?". Animação. 2018. 3 min. Disponível em: <www.futuraplay.org/video/internet/422143/> (acesso em: 14 jun. 2018).

Nessa animação uma família vivencia situações e reflete sobre assuntos importantes para o desenvolvimento sexual dos adolescentes. Esta série faz parte do Projeto Crescer sem Violência, parceria com o Unicef e Childhood, de enfrentamento à violência sexual contra crianças e adolescentes. Este episódio aborda o *cyberbullying* e *nudes*.

NESTE CAPÍTULO VOCÊ ESTUDOU

- A adolescência e a puberdade.
- Aspectos sociais e psicológicos relacionados à adolescência.
- Aspectos gerais do sistema endócrino.
- A relação entre os sistemas endócrino e nervoso e a puberdade.
- O papel dos hormônios sexuais nas puberdades masculina e feminina.
- Características sexuais secundárias femininas e masculinas.
- Trabalho infantil e do adolescente.
- *Bullying* e *cyberbullying*.

ATIVIDADES

PENSE E RESOLVA

1. Forme um pequeno grupo, de 3 a 4 componentes, com seus colegas. Discuta os principais conflitos que os adolescentes vivem durante a puberdade e como, na opinião do grupo, devem enfrentá-los. Anote as respostas e apresente para a classe uma síntese do que foi discutido pelo seu grupo.

2. Explique de que maneira o sistema nervoso central e o sistema endócrino estão relacionados com a puberdade.

3. Quais são as principais alterações que ocorrem no corpo dos homens e das mulheres durante a puberdade?

4. Explique por que durante a adolescência é comum o aparecimento de cravos e espinhas e quais são os cuidados que devemos ter para não agravar o problema.

5. A hipófise, glândula endócrina localizada na base do cérebro, libera hormônios que por sua vez estimulam outras glândulas a produzir hormônios, responsáveis por uma série de ações no nosso corpo.
   a) Explique o significado de glândula endócrina e hormônio.
   b) Organize uma tabela com as glândulas e outros órgãos que são estimulados pela hipófise e seus efeitos.

SÍNTESE

Forme frases relacionando os termos a seguir.
a) Puberdade; adolescência; mudanças psicológicas, físicas e sociais.
b) Glândulas endócrinas; hormônios; sangue.
c) Características sexuais secundárias; hormônios; puberdade.
d) Cyberbullying; autoestima; agressão.

DESAFIOS

1. Do ponto de vista social, no Brasil e em muitos países, muitas crianças podem ser privadas da adolescência e assumir precocemente tarefas e responsabilidades próprias dos adultos. Algumas delas até abandonam a escola por causa disso.

Observe o gráfico abaixo e responda:

Fonte: IBGE. Disponível em: <https://censo2010.ibge.gov.br/apps/trabalhoinfantil/outros/graficos.html> (acesso em: 12 jun. 2018).

a) Segundo os dados apresentados pelo gráfico, o que podemos afirmar com relação ao trabalho infantil no Brasil?

b) Em quais regiões do Brasil ocorreu uma diminuição do trabalho infantil? Levante hipóteses que possam justificar essa mudança.

c) Em quais regiões praticamente não houve alteração na situação do trabalho infantil?

d) Em sua opinião, quais os fatores que podem contribuir para a diminuição do trabalho infantil no nosso país?

2. A PeNSE (Pesquisa Nacional de Saúde Escolar) realizada pelo IBGE com alunos do 9º ano de escolas públicas revelou que:

Quase 195 mil alunos do 9º ano (7,4%) afirmaram ter sofrido *bullying* [...] por parte de colegas de escola [...]. Por outro lado, cerca de 520,9 mil alunos (19,8%) disseram já ter praticado *bullying*. Dentre os meninos, esse percentual foi de 24,2% e, entre as meninas, 15,6%.

Reúna-se com quatro colegas e discuta o que acontece na sua classe e na escola. Organizem uma síntese das conclusões do grupo, avaliem os resultados e façam uma apresentação para a classe.

LEITURA COMPLEMENTAR

Cyberbullying: uma ameaça digital

Você recebe uma foto constrangedora de um colega e, sem pensar, compartilha com os amigos. Alguém faz uma piada com outro amigo [em uma rede social], e você não vê problema em curtir, comentar e repercutir. A "zoeira" não tem limites, né?

Por trás de brincadeiras aparentemente inocentes, pode haver um comportamento social perverso. Quando os envolvidos são jovens e crianças, o problema aumenta. As agressões podem trazer consequências irreversíveis para seu desenvolvimento e, em casos extremos, levar ao suicídio. Mas, afinal, por que o bullying e o cyberbullying acontecem?

Diversos estudos associam o problema ao baixo repertório de habilidades sociais. Trocando em miúdos, trata-se da boa e velha **empatia**, que anda em falta, principalmente entre crianças e adolescentes, devido à imaturidade emocional. [...]

Em tempo de internet, a falta de maturidade emocional tende a gerar agressões ainda mais fortes. Afinal, a rede oferece agilidade e alcance para difamar qualquer pessoa, e o fato de estar escondido atrás de um computador, com a ilusão de que não será descoberto, torna o agressor mais ousado e impiedoso. O bullying é um fenômeno que tem sido associado à depressão e à baixa autoestima, bem como a problemas na vida adulta relacionados a comportamentos antissociais, instabilidade no trabalho e relacionamentos afetivos pouco duradouros. Além disso, quando o bullying ocorre na infância, pode agravar problemas já existentes ou desencadear novos. Transtornos psicológicos e dificuldades de aprendizagem são efeitos comuns. [...]

Para se ter uma ideia do tamanho do problema, uma pesquisa comandada por especialistas das universidades britânicas de Sheffield e Nottingham mostra que 80% dos entrevistados passaram por, pelo menos, uma situação constrangedora de cyberbullying no trabalho. Mas o alto índice de pessoas atingidas por essa prática não é uma exclusividade de países que já convivem com a tecnologia há mais tempo. No Brasil, um em cada cinco adolescentes pratica bullying, segundo dados do IBGE apurados em 2012. Outra pesquisa, realizada pela ONG Plan Brasil em 2010, mostrou que 10% dos alunos de escolas públicas e particulares disseram ter sofrido com o bullying.

Empatia: capacidade de colocar-se no lugar do outro e imaginar o que ele está sentindo.

Assim como o bullying, o cyberbullying é uma forma cruel e covarde de agredir e intimidar as pessoas, sob a forma de divulgação de imagens ou de textos maldosos, na internet ou no celular, que só servem para constranger o outro.

Punir é possível

Um dos principais problemas para a vítima do *cyberbullying* na hora de denunciar é a dificuldade de reconhecer o agressor, que normalmente se esconde por trás de perfis falsos e contas fictícias de *e-mail* para difamar, ridicularizar e humilhar seus alvos.

Mas, conforme as tecnologias avançam, surgem novas medidas de proteção às vítimas, o que tende a diminuir a impunidade. "Tudo deixa rastro. É possível mapear as comunicações virtuais, mediante autorização judicial. Isso ocorre muito em casos de ofensas pelas redes sociais", exemplifica a delegada e professora de Direito da Unisinos, Elisangela Reghelin. "Os vestígios do crime permanecem, mesmo que apagado o perfil", garante.

Ela ressalta a importância de denunciar o *cyberbullying* para que o agressor seja punido. "É necessário que a vítima procure a Delegacia de Polícia mais próxima e faça o registro. O registro dos casos de crimes pela internet em cartório é um importante mecanismo de prova. A vítima poderá tomar tais medidas a qualquer tempo, ainda que nem saiba a autoria das agressões", acrescenta Elisangela. A legislação brasileira prevê uma pena de até dois anos de detenção, dependendo do crime praticado na internet – os crimes menos graves, como invasão de dispositivos, podem ser punidos com prisão de três meses a um ano, além de multa. Condutas mais danosas, como obter, pela invasão, informações sigilosas, privadas, comerciais ou industriais, podem ter pena de seis meses a dois anos de prisão, além de multa. O mesmo ocorre se o delito envolver a divulgação, comercialização ou transmissão a terceiros, por meio de venda ou repasse gratuito, do material obtido com a invasão.

Caminhos para solucionar o problema

Colocar-se no lugar do outro e entender as consequências do *cyberbullying* pode ser um bom começo para acabar com o problema. Nesse contexto, a família e a escola têm papel fundamental. [...]

Além do diálogo – na escola, universidade ou ambiente de trabalho –, é importante que as instituições invistam em Segurança da Informação e mantenham suas ferramentas sempre atualizadas. [...]

[...] Todos nós temos responsabilidade pelo *bullying* e pelo *cyberbullying*, a partir do momento em que julgamos o outro, expomos nossas opiniões de maneira pejorativa, desrespeitamos o jeito de ser das outras pessoas. Por isso, o problema só será solucionado quando mudarmos a postura.

Cyberbullying: uma ameaça digital. Revista **Galileu**. Publicado em: 20/10/2016. Disponível em: <https://revistagalileu.globo.com/Sociedade/noticia/2016/10/cyberbullying-uma-ameaca-digital.html> (acesso em: 29 maio 2018).

Questões

1. Explique o significado de *cyberbullying*.
2. Quais são as principais características do *cyberbullying* que o tornam muitas vezes mais ofensivo do que o *bullying*?
3. O *cyberbullying* é considerado um crime? O que uma pessoa pode fazer caso sofra agressões pelas redes sociais?
4. Forme um grupo com quatro colegas e discuta caso(s) de *cyberbullying* que você já vivenciou ou de que tomou conhecimento. Dos possíveis casos relatados pelo seu grupo, escolha pelo menos um para apresentar para o restante da classe. Reflita com o grupo sobre esse problema e aponte medidas para ajudar a resolvê-lo.

Capítulo 3

Sistema genital

M. Business Images/Shutterstock

A reprodução garante a preservação das espécies. Cada ser humano foi originado da fusão de células sexuais.

Você estudou no capítulo 1 que a reprodução é necessária para a perpetuação de todas as espécies de seres vivos. Na nossa espécie, porém, a reprodução tem uma dimensão que vai além do aspecto biológico. Questões de natureza cultural, social e emocional interferem na nossa maneira de pensar e agir em todas as situações da vida.

Também estudamos no capítulo anterior alguns aspectos ligados à puberdade, sua relação com o desenvolvimento da sexualidade e o amadurecimento do corpo humano até que, em determinado momento que varia de pessoa para pessoa, seja possível gerar descendentes.

Neste capítulo vamos aprofundar o nosso conhecimento sobre esses temas e algumas questões de natureza cultural relacionadas a eles. Estudaremos, agora, os sistemas genitais do homem e da mulher. Quais são os órgãos que compõem os sistemas genitais masculino e feminino e quais são suas funções? O que é circuncisão? Como ocorre o processo de ereção masculina? O que é impotência sexual? A impotência sexual pode ocorrer nas mulheres?

Você poderá responder a essas e a outras questões ao estudar este capítulo.

❯ Vamos conversar um pouco?

Você já deve ter ouvido histórias de seus pais e avós contando que falar sobre o próprio corpo e sobre sexo antigamente era muito difícil. Muitas vezes, os jovens só conseguiam esclarecer suas dúvidas (ou curiosidades) com os irmãos e primos mais velhos, ou mesmo com os colegas da vizinhança ou da escola. Eram conversas que geralmente aconteciam "às escondidas" e as informações — muitas vezes — eram repassadas sem clareza. Com isso, as dúvidas persistiam por muito tempo na cabeça dos jovens.

Hoje em dia, falar sobre esses assuntos já não é tão difícil assim. É possível obter informações mais claras e precisas, sem nenhum constrangimento, com a família, os professores, os médicos e por meio de livros e de *sites* confiáveis na internet. Mas ainda existem pessoas que evitam falar sobre esse tema por vergonha, por questões culturais ou por pura falta de esclarecimento sobre o assunto.

O mais importante a saber é que devemos sempre buscar informações em fontes seguras e confiáveis. Muitos textos que encontramos, principalmente na internet, são escritos por pessoas que — da mesma forma como acontecia antigamente —, às vezes, não têm muito conhecimento sobre o assunto e repassam informações cheias de imprecisões e preconceitos.

À medida que aprendemos sobre o nosso corpo, compreendemos melhor as mudanças biológicas que nele acontecem. Passamos a entender que elas fazem parte de um processo de desenvolvimento pelo qual passam todos os seres humanos, mas não necessariamente quando se tem a mesma idade. Cada um de nós é de um jeito! Cada organismo tem um ciclo biológico diferente e, portanto, cada pessoa pode começar a manifestar a sua sexualidade em um momento diferente do outro. Por isso, o mais importante é sempre respeitar o seu próprio tempo, sentir-se livre de pressões e agir, acima de tudo, com responsabilidade.

Devemos também compreender que a sexualidade é algo pessoal e que se manifesta de maneira diferente em cada pessoa.

Nesse processo natural que ocorre na puberdade, o corpo passa por transformações acentuadas que o preparam para a reprodução. Contudo, esse desenvolvimento envolve inúmeros fatores (sociais, culturais, fisiológicos e psicológicos). Mas um deles está diretamente relacionado com as características biológicas do ser humano: os sistemas genitais (também conhecidos como sistemas reprodutores).

Vamos, a seguir, entender como eles funcionam.

> **Assista também!**
> "Que corpo é esse?". Meu corpo, minhas regras. Animação. 2018. 3 min. Disponível em: <www.futuraplay.org/video/meu-corpo-minhas-regras/422146/> (acesso em: 14 jun. 2018).
>
> Nessa animação uma família brasileira vivencia situações e reflete sobre assuntos importantes para o desenvolvimento sexual dos adolescentes. Esta série faz parte do Projeto Crescer sem Violência, parceria entre o Unicef e a Childhood Brasil, de enfrentamento à violência sexual contra crianças e adolescentes. Esse episódio aborda aspectos que envolvem a primeira relação sexual.

A internet facilita muito a pesquisa sobre diversos temas, mas é essencial sempre consultar fontes de pesquisa confiáveis e recomendadas pelo professor.

Capítulo 3 • Sistema genital 47

Vida e Evolução

❯ Os órgãos do sistema genital

Os sistemas genitais masculino e feminino são formados por um conjunto de órgãos externos e internos, chamados de **órgãos genitais**. Como você viu no capítulo anterior, durante o processo de puberdade, nosso corpo passa por diversas mudanças. Durante essas mudanças, ocorre o amadurecimento dos órgãos que compõem o sistema genital masculino e o sistema genital feminino. Vamos, agora, estudar esses órgãos e entender o seu funcionamento.

O sistema genital masculino

Órgãos externos

O **pênis** e o **escroto**, também chamado de **bolsa escrotal**, são os órgãos externos do sistema genital masculino.

O pênis é um órgão de forma cilíndrica, coberto por uma pele frouxa que, na porção final, perto da **glande** (porção dilatada do pênis), forma uma dobra ou prega chamada de **prepúcio**.

O prepúcio é retrátil, ou seja, ao ser puxado para trás ou removido cirurgicamente, expõe a glande. A glande apresenta uma abertura por onde ocorre a ejaculação do sêmen e a eliminação da urina.

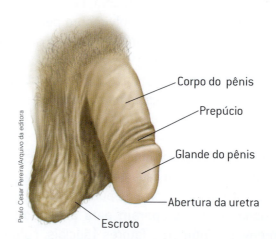

Órgãos externos do sistema genital masculino. Visão lateral.

(Os elementos representados não apresentam proporção de tamanho entre si. Cores fantasia.)

O escroto é uma bolsa de pele que contém os testículos, órgãos responsáveis pela produção dos espermatozoides e do hormônio testosterona, como estudamos no capítulo 2. A produção adequada e a sobrevivência dos espermatozoides dependem de uma temperatura um pouco abaixo da temperatura interna do corpo (em torno de 2 °C a menos). Assim, quando está frio, o escroto se eleva, ficando mais perto do abdômen, recebendo o calor do corpo. Quando está calor, ele desce, afastando-se da região abdominal, o que causa a exposição ao ambiente e a diminuição da temperatura dos testículos.

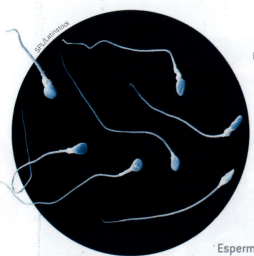

(Ampliação aproximada de 2 000 vezes. Cores artificiais.)

Espermatozoides vistos pela lente de um microscópio eletrônico. Observe que os espermatozoides apresentam uma parte anterior, a cabeça, e uma posterior, a cauda, que permite a sua locomoção.

UM POUCO MAIS

Circuncisão masculina

A circuncisão é uma prática milenar realizada por motivos culturais e religiosos, entre judeus e muçulmanos. Mas também pode ser realizada por motivos profiláticos, ou seja, para evitar a possibilidade de infecções ou de outras doenças.

Trata-se da retirada total ou parcial do prepúcio do pênis e é feita cirurgicamente logo nos primeiros dias de vida da criança.

Essa cirurgia também pode ser indicada quando, por exemplo, existe a dificuldade ou a impossibilidade de expor a glande pela manipulação do prepúcio. Essa limitação recebe o nome de **fimose** e pode aumentar o risco de infecções no sistema urinário.

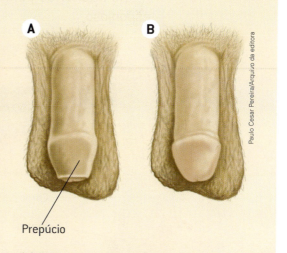

(A) Pênis com prepúcio. (B) Pênis sem prepúcio (circuncisão realizada). Visão frontal.

Órgãos internos

Entre os órgãos internos do sistema genital masculino estão os **testículos**, os **epidídimos**, a **próstata**, os **ductos deferentes**, a **uretra**, as **glândulas seminais** (vesículas seminais) e as **glândulas bulbouretrais**.

A partir da puberdade, os espermatozoides começam a ser produzidos nos testículos, de onde passam para os epidídimos, pequenos órgãos localizados acima de cada um dos testículos, onde desenvolvem a capacidade de movimento. Nesses órgãos, os espermatozoides completam, em alguns dias, o seu processo de amadurecimento e ficam armazenados nos chamados ductos deferentes.

Durante o processo de excitação sexual masculina, o pênis fica ereto (por um mecanismo que vamos estudar ainda neste capítulo). No auge desse processo, contrações musculares levam os espermatozoides até a uretra. Nesse percurso, eles recebem líquidos das glândulas seminais e da próstata, formando o sêmen (ou esperma). Esses líquidos têm como função nutrir os espermatozoides, ajudar a diminuir a acidez da uretra e da vagina (prejudicial aos espermatozoides) e facilitar a movimentação dos gametas masculinos durante o ato sexual, quando, por meio da ejaculação, o sêmen é lançado dentro do canal vaginal, que pertence ao sistema genital feminino.

Junto à uretra, existem ainda duas pequenas glândulas, chamadas de bulbouretrais. Elas secretam um líquido transparente que protege os espermatozoides e facilita a passagem deles pela uretra.

(Os elementos representados não apresentam proporção de tamanho entre si. Cores fantasia.)

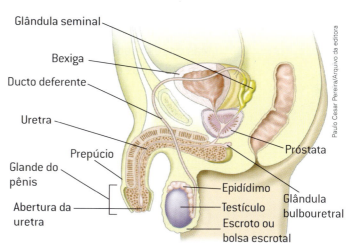

Esquema dos órgãos externos e internos do sistema genital masculino. Visão lateral em corte. Observe que, apesar de estar representada na figura, a bexiga não faz parte do sistema genital, mas sim do sistema urinário.

Elaborado com base em TORTORA, G. J.; GRABOWSKI, S. R. **Corpo humano**: fundamentos de anatomia e fisiologia. 6. ed. Porto Alegre: Artmed, 2006. p. 565.

O mecanismo da ereção

No interior do pênis há tecidos chamados de corpo cavernoso e corpo esponjoso.

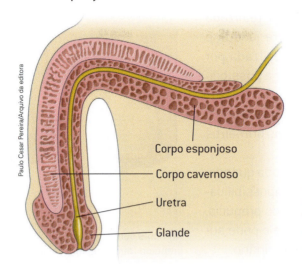

A ereção (aumento do comprimento e do volume do pênis) acontece devido ao acúmulo de sangue nesses tecidos e geralmente ocorre quando o indivíduo fica sexualmente excitado. Quando o sangue reflui, isto é, quando volta para a circulação geral, o pênis fica flácido e a ereção desaparece.

Esquema do pênis em corte longitudinal, mostrando o corpo esponjoso e o corpo cavernoso.

(Os elementos representados não apresentam proporção de tamanho entre si. Cores fantasia.)

Disfunção erétil

A disfunção erétil é a incapacidade de um indivíduo ter uma relação sexual.

Nos homens, pode acontecer em função da perda de ereção ou da ejaculação precoce. Na ejaculação precoce, o homem tem ereção, mas ejacula antes de conseguir a penetração.

A disfunção erétil masculina pode ser causada por fatores psicológicos, como ansiedade, depressão, autoestima baixa; uso de drogas lícitas ou ilícitas; medicamentos; distúrbios hormonais ou problemas físicos (má-formação do pênis, acidentes, problemas vasculares, entre outros).

É importante não confundir disfunção erétil com a perda ocasional da ereção, que pode ocorrer, por exemplo, em decorrência de fatores que geram ansiedade ou perda de autoconfiança. Atualmente existem no mercado determinados medicamentos que atuam, em alguns casos, mantendo a ereção no homem adulto. Mas esses medicamentos podem causar sérios danos ao organismo se não forem utilizados corretamente por indicação médica e com acompanhamento.

> Importante: independentemente de qual seja a disfunção sexual que o homem ou a mulher apresente, e que em ambos os casos esteja prejudicando o seu bem-estar, o mais aconselhável é sempre procurar ajuda médica ou psicológica.

O sistema genital feminino

Órgãos externos

Diferentemente do corpo do homem, que apresenta alguns dos órgãos genitais externos bem visíveis, o corpo da mulher tem um conjunto de órgãos externos não tão evidentes.

Os órgãos externos do sistema genital feminino são os **lábios maiores** e os **lábios menores**, dobras de pele que protegem a entrada da vagina e da uretra. Acima dos lábios maiores, está presente um pequeno órgão identificado como **clitóris**, que proporciona prazer à mulher quando estimulado. Na realidade, o clitóris é a parte visível desse órgão e corresponde à glande do pênis. Durante o processo de excitação feminina, o clitóris passa por uma ereção, similar à do pênis.

O conjunto dos órgãos genitais externos da mulher é chamado de pudendo feminino. O monte do púbis (monte de Vênus) encontra-se na parte anterior do pudendo feminino. É um acúmulo de tecido adiposo subcutâneo. A pele do monte do púbis é recoberta por pelos.

Hímen

O hímen é uma fina membrana localizada na entrada da vagina. Essa membrana apresenta um ou mais orifícios por onde é expelido o fluxo menstrual. Em alguns casos, o hímen pode não apresentar abertura, necessitando de uma pequena cirurgia. Essa membrana não apresenta nenhuma função fisiológica relacionada à reprodução e geralmente rompe-se na primeira relação sexual. Sua ruptura nem sempre é acompanhada de sangramento.

Algumas mulheres têm o hímen muito frágil, que pode se romper sem que tenha havido relação sexual. Em outros casos, o hímen é muito elástico e resistente e não se rompe, mesmo após uma relação sexual. Diferentemente do que muitas mulheres jovens pensam, a presença do hímen não impede que uma mulher engravide em sua primeira relação sexual com um homem.

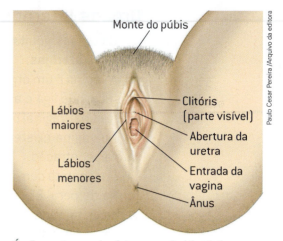

Órgãos externos do sistema genital feminino, que constituem o pudendo. Observe que, apesar de estarem representados na figura, a uretra e o ânus não fazem parte do sistema genital, mas sim dos sistemas urinário e digestório, respectivamente.

Elaborado com base em TORTORA, G. J.; GRABOWSKI, S. R. **Corpo humano**: fundamentos de anatomia e fisiologia. 6. ed. Porto Alegre: Artmed, 2006. p. 576.

(Os elementos representados não apresentam proporção de tamanho entre si. Cores fantasia.)

 UM POUCO MAIS

Mutilação ou circuncisão feminina

A circuncisão feminina, também chamada de excisão ou mutilação do clitóris, é a retirada da parte visível do clitóris. Por vezes, essa retirada inclui também os lábios menores e até os lábios maiores.

A Organização das Nações Unidas (ONU) decretou o dia 6 de fevereiro como o dia de Tolerância Zero à Mutilação Genital Feminina, uma prática que atinge milhões de mulheres ao redor do planeta, principalmente em países dos continentes africano e asiático, e que traz resultados dramáticos sobre a saúde mental e sexual daquelas que passam por esse processo. Além disso, esse ato pode levá-las à morte por infecções e por outras doenças decorrentes dessa prática.

Segundo pesquisa realizada pelo Fundo de População das Nações Unidas (UNFPA), essa prática é realizada por motivos culturais e/ou religiosos e estima-se que 3,9 milhões de mulheres são mutiladas anualmente, sem seu consentimento e sem condições adequadas de higiene.

Elaborado com base em ORGANIZAÇÃO DAS NAÇÕES UNIDAS BRASIL (ONU-BR). Cerca de 68 milhões de meninas e mulheres sofrerão mutilação genital até 2030. Publicado em: 6/2/2018. Disponível em: <https://nacoesunidas.org/cerca-de-68-milhoes-de-meninas-e-mulheres-sofrerao-mutilacao-genital-ate-2030-diz-fundo-de-populacao-da-onu/> (acesso em: 13 jun. 2018).

Órgãos internos

Os órgãos genitais femininos internos são a **vagina**, o **útero**, os **ovários** e as **tubas uterinas**.

A vagina é um órgão tubular com cerca de 10 cm de comprimento, bastante elástico, que liga o ambiente externo ao útero. Em conjunto com o útero, compõe o canal vaginal ou o canal do parto, por onde passa o bebê no parto normal.

Na vagina existem duas glândulas com função de lubrificação, que facilitam a penetração.

Em contato com a parte superior da vagina fica o útero, órgão muscular em forma de pera. Ele apresenta grande elasticidade, podendo aumentar muitas vezes de tamanho durante a gravidez. O colo uterino é sua porção mais estreita e está em contato com a vagina. Internamente, o útero é revestido por um tecido chamado endométrio, que é ricamente **vascularizado**.

> **Vascularizado:** rico em vasos sanguíneos.

Ligadas ao útero e estendendo-se até próximo aos ovários estão as tubas uterinas, que apresentam tecido de revestimento interno com cílios. Os cílios movimentam-se de forma coordenada e, em conjunto com os movimentos da musculatura das tubas uterinas, deslocam a célula sexual feminina do ovário para o útero.

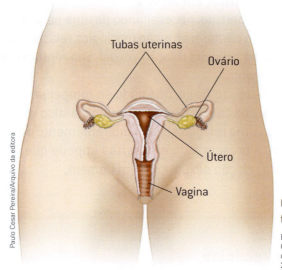

Órgãos internos do sistema genital feminino. (Cores fantasia.)

Elaborado com base em TORTORA, G. J.; GRABOWSKI, S. R. **Corpo humano**: fundamentos de anatomia e fisiologia. 6. ed. Porto Alegre: Artmed, 2006. p. 597.

Os ovários são dois pequenos órgãos localizados na região abdominal que têm a função de produzir os **hormônios femininos — estrógeno** e **progesterona**. No ovário também são formadas as células sexuais femininas. As mulheres já nascem com um estoque de células sexuais imaturas (chamadas **ovócitos**) no interior de seus ovários. Essas células iniciam sua maturação a partir da puberdade.

Ovulação

As células sexuais femininas encontram-se em estruturas chamadas folículos, localizadas dentro dos ovários. A partir da puberdade, por ação de hormônios, alguns folículos começam a amadurecer. Quando um desses folículos termina seu processo de amadurecimento, há liberação do **ovócito**. Esse processo chama-se **ovulação**. O amadurecimento da célula sexual feminina só termina se há **fecundação**, ou seja, o encontro do gameta feminino com o gameta masculino na tuba uterina. Quando há o encontro do ovócito com o espermatozoide, o amadurecimento se completa e, então, há formação do óvulo.

Assista também!

"Que abuso é esse?" Desmascarando o abuso. Série infantil. 2014. 7 min. Disponível em: <www.futuraplay.org/video/desmascarando-o-abuso/63843/> (acesso em: 15 jun. 2018).

Três personagens feitos em bonecos marionetes convivem e discutem sobre os principais temas relacionados ao abuso sexual infantil. Neste episódio é explicado o que é o abuso sexual e são abordados outros temas relacionados ao assédio e à exploração de crianças e adolescentes.

Em geral, a mulher libera um ovócito a cada 28 dias. Normalmente existe alternância dos ovários, ou seja, se em um mês a célula sexual feminina foi liberada pelo ovário esquerdo, no mês seguinte o ovócito provavelmente virá do ovário direito.

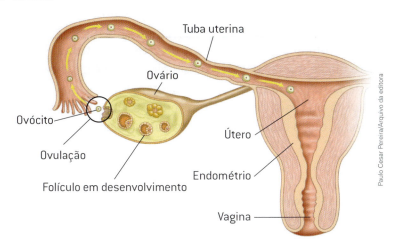

(Cores fantasia.)
Órgãos internos do sistema genital feminino e representação do momento da liberação do ovócito pelo ovário.

O ovócito liberado pelo ovário chega às tubas uterinas e é deslocado para o útero. Nesse trajeto, se a mulher não estiver fazendo uso de nenhum contraceptivo durante uma relação sexual com um homem, poderá haver o encontro das células sexuais. A fusão dos gametas feminino e masculino origina a **célula-ovo** ou **zigoto**, que começará a se dividir formando um conjunto de várias células que chamamos de embrião.

Embrião: Estágio inicial do desenvolvimento de um organismo.

Enquanto o folículo amadurece no ovário, o endométrio (a camada mais interna do útero) torna-se mais espesso, pelo aumento do número de camadas de células. Esse processo prepara o útero para receber um possível embrião.

Menstruação

Se não ocorrer a fecundação, algumas camadas de células do endométrio se desprendem e são eliminadas pela vagina. Esse processo é chamado de **menstruação** e provoca a ruptura de pequenos vasos sanguíneos. É por esse motivo que ocorre sangramento durante a menstruação. À eliminação das células e substâncias durante a menstruação chamamos de **fluxo menstrual**.

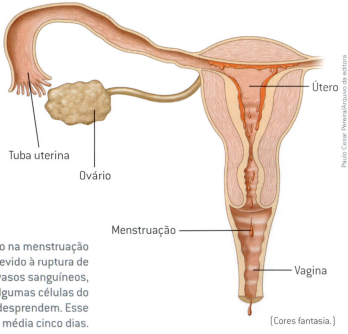

O sangramento na menstruação ocorre devido à ruptura de pequenos vasos sanguíneos, quando algumas células do endométrio se desprendem. Esse processo dura em média cinco dias.

(Cores fantasia.)

Capítulo 3 • Sistema genital

As menstruações, o amadurecimento dos ovócitos nos ovários, as ovulações e as preparações do endométrio para receber um possível embrião iniciam-se na puberdade e ocorrem até por volta dos 50 anos de idade, período a partir do qual a mulher passa a não menstruar mais, a chamada menopausa.

Esses fenômenos são cíclicos, ou seja, acontecem em intervalos de tempo, que podem variar de mulher para mulher e, para uma mesma mulher, ao longo do tempo, constituindo o que chamamos de **ciclo menstrual**.

O primeiro dia da menstruação é o primeiro dia do ciclo menstrual. Em média, o ciclo menstrual dura 28 dias, mas existem muitas mulheres que têm ciclos mais curtos ou mais longos. Além disso, é comum, principalmente nas mulheres jovens, que a duração dos ciclos varie ao longo do tempo.

> **Assista também!**
>
> **"Que abuso é esse?". O caminho da denúncia.** Série infantil. 2014. 7 min. Disponível em: <www.futuraplay.org/video/o-caminho-da-denuncia/63845/> (acesso em: 15 jun. 2018).
>
> Três personagens feitos em bonecos marionetes convivem e discutem sobre os principais temas relacionados ao abuso sexual infantil. Neste episódio é explicado o que fazer em caso de violência sexual.

EM PRATOS LIMPOS

O que é TPM?

A síndrome da tensão pré-menstrual (TPM) é um conjunto de sinais e sintomas (por isso é chamada de síndrome) associados ao ciclo menstrual, em especial ao período que antecede a menstruação.

Ela ocorre devido à maior oscilação hormonal que ocorre no corpo da mulher após a ovulação e termina após o início da menstruação.

Pode se manifestar por meio de sintomas físicos, como: cólicas, retenção de líquidos, dores nas mamas, cefaleia e tontura; e psicológicos: irritação, ansiedade, alterações de humor e baixa autoestima. Todos esses sintomas podem ser minimizados com o devido acompanhamento médico.

NESTE CAPÍTULO VOCÊ ESTUDOU

M. Business Images/Shutterstock

- Os órgãos que compõem os sistemas genitais masculino e feminino.
- As principais características e funções dos órgãos genitais.
- Controle de temperatura da bolsa escrotal.
- Ereção.
- Disfunção erétil.
- Ciclo menstrual – ovulação e menstruação.
- TPM.

ATIVIDADES

PENSE E RESOLVA

1 O esquema abaixo representa os órgãos genitais internos masculinos e a bexiga urinária.

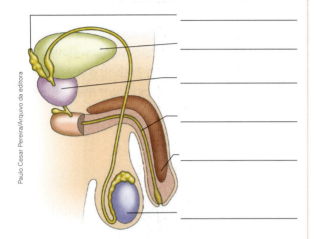

a) Identifique os órgãos indicados acima.
b) Quais desses órgãos estão relacionados com a produção do sêmen?
c) Qual desses órgãos é responsável pela produção dos espermatozoides?

2 Explique como funciona o mecanismo de controle de temperatura feito pelo escroto e por que ele é necessário.

3 Explique como ocorre a ereção masculina.

4 Quais são os principais motivos para a realização da circuncisão masculina?

5 O gráfico a seguir representa dados fictícios da porcentagem de homens com disfunção erétil em função da idade. Com base no gráfico e no texto, responda aos itens.

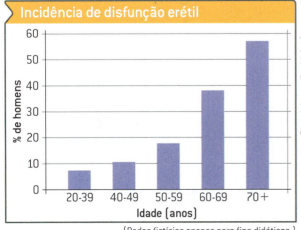

(Dados fictícios apenas para fins didáticos.)

a) Qual é a faixa etária que apresenta maior incidência de disfunção erétil? E a menor?
b) Qual é a relação entre disfunção erétil e faixa etária?
c) Pensando nas possíveis causas da disfunção erétil, responda: Elas estão coerentes com o gráfico? Justifique.

6 Muitas mulheres, em vários países do mundo, têm recorrido à himenoplastia, cirurgia para reconstituição do hímen. Para algumas culturas, a presença do hímen é um marcador da virgindade feminina que só deve ser alterado após o casamento.

Com base no que você estudou no capítulo, é possível considerar a presença ou ausência do hímen um indicador confiável de que a mulher já teve relação sexual?

7 Ao estudarmos este capítulo, vimos as diferenças entre circuncisão e mutilação. Estabeleça uma comparação entre cada uma das práticas, avaliando-as do ponto de vista cultural, social e biológico.

8 Compare os testículos e os ovários, indicando pelo menos 3 semelhanças e 3 diferenças.

9 Na ilustração abaixo a seta vermelha indica um fenômeno biológico. Que fenômeno é esse? Em qual órgão ele ocorre?

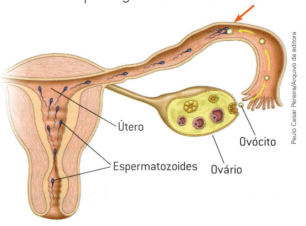

(Representação em cores fantasia.)

10 Com relação à menstruação, explique:
a) O que é?
b) Quando e por que ocorre?

Capítulo 3 · Sistema genital 55

SÍNTESE

1 Forme frases relacionando os termos a seguir:

a) Sêmen, espermatozoides, próstata, glândulas seminais.

b) Prepúcio, pênis, circuncisão.

c) Ovários, folículos, ovócito, ovulação.

d) Menstruação, endométrio, útero.

e) TPM, hormônios, síndrome.

2 Descreva o caminho percorrido pelos espermatozoides desde o momento da sua produção até a ejaculação.

3 Escreva um texto relacionando os seguintes termos: puberdade, óvulos, gametas femininos, folículos, ovário, óvulo, ovulação, tuba uterina, útero, fecundação, célula-ovo ou zigoto, menstruação.

DESAFIO

Leia o texto a seguir:

Entre os 365 estudantes que usam o nome social na rede estadual, direito garantido aos alunos paulistas, a Escola Estadual Rodrigues Alves, no centro de São Paulo, é a que concentra o maior número de matrículas. São 28 estudantes que optaram pela mudança de acordo com a sua identidade de gênero. Na unidade de ensino, todos e todas usam o banheiro de acordo com o gênero que se reconhece.

De acordo com o diretor da escola, professor Donizete Hernandes Leme, o respeito aos alunos travestis e transexuais é tema constante de discussões na escola, assim como o respeito às diferenças.

"Estamos sempre atentos a esta questão. Não posso dizer que foi um trabalho fácil no começo, o convencimento de que o banheiro deve ser utilizado de acordo com a sua identidade, mas tentamos trazer este assunto sempre para reflexão no ambiente escolar. Cada vez mais percebemos que os alunos estão mais confortáveis e respeitosos", reconhece.

Assim como na escola Rodrigues Alves, todas as unidades de ensino da rede estadual devem seguir as recomendações da Secretaria da Educação para o uso do banheiro e respeito ao tratamento por identidade de gênero.

Por isso, a Pasta organizou uma série de documentos orientadores e videoconferências sobre o assunto, que estão disponíveis para as diretorias regionais de ensino e escolas estaduais. Além disso, todos devem seguir a lei estadual nº 10 948, que versa sobre discriminação em razão de orientação sexual e identidade de gênero.

Fonte: MARCONDES, Dal. Identidade de gênero é reconhecida nas escolas estaduais de São Paulo. Disponível em: <http://envolverde.cartacapital.com.br/identidade-de-genero-e-reconhecida-nas-escolas-estaduais-de-sao-paulo/> (acesso em: 30 out. 2018).

Agora, responda:

• Por que é preciso que haja leis, como a citada no texto, que tratem de discriminação em relação às situações relatadas?

Reúna-se com dois ou três colegas e discuta a questão acima em grupo. É importante que seja eleito um redator para registrar as conclusões do grupo e um relator para expô-las ao restante da classe. O grupo poderá responder à questão separadamente ou organizar um texto-síntese com as conclusões gerais.

LEITURA COMPLEMENTAR

Câncer de próstata

A próstata é uma glândula localizada na base da bexiga que produz o líquido prostático, componente do sêmen ou esperma.

É muito comum que homens a partir dos 40 anos apresentem um **crescimento benigno** da próstata, chamado de hiperplasia, acarretando frequentemente dificuldade para urinar. Isso ocorre porque o aumento do volume da próstata pressiona a uretra ou a bexiga urinária, diminuindo seu volume.

Em alguns casos, no entanto, o crescimento da próstata pode ser um indicativo de câncer. O câncer de próstata afeta com maior frequência homens acima de 50 anos. Se for diagnosticado precocemente, apresenta entre 70% e 98% de possibilidade de cura. A chance de um indivíduo ter câncer de próstata aumenta com a idade; em indivíduos com idade em torno dos 80 anos, a incidência dessa doença é de 50%.

O câncer de próstata é uma doença silenciosa (apresenta poucos sintomas ou mesmo nenhum sintoma) e de evolução lenta. Homens com antecedentes familiares da doença e dieta rica em gorduras têm mais chance de desenvolver esse tipo de câncer.

O diagnóstico é feito principalmente pelo chamado toque retal, em que o médico avalia as condições físicas da próstata, e por um exame de sangue que mede a quantidade da proteína PSA, produzida pela próstata, que aumenta significativamente em casos de câncer. Substâncias como o PSA, por serem utilizadas para detectar possíveis doenças, são conhecidas como marcadores biológicos. Pode haver, em alguns casos, alterações semelhantes ao câncer na próstata, porém de crescimento benigno. Em outros casos, pode não haver alterações na glândula, mesmo com a presença de câncer.

Crescimento benigno: é o crescimento não associado ao desenvolvimento de um tumor (câncer). No caso da próstata, ocorre na maioria dos homens a partir dos 50 anos de idade.

É importante que os homens acima de 45 anos procurem um médico especializado e façam exames preventivos contra o câncer de próstata uma vez ao ano.

Elaborado com base em MINISTÉRIO DA SAÚDE. Instituto Nacional do Câncer. Disponível em: <www2.inca.gov.br/wps/wcm/connect/tiposdecancer/site/home/prostata/definicao++> (acesso em: 31 maio 2018).

Questões

Observe a figura ao lado, que representa os órgãos genitais masculinos.

a) Identifique o órgão em destaque no círculo.

b) Qual é a sua função?

c) Quais são os principais fatores de risco que já foram relacionados com o câncer desse órgão?

d) Em grupo, pesquisem como são feitas as campanhas de prevenção de câncer de próstata e façam um cartaz sobre esse tema. O cartaz pode ser divulgado na escola ou em sua comunidade.

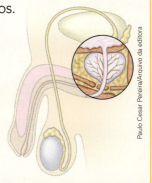

Capítulo 4

Gravidez e parto

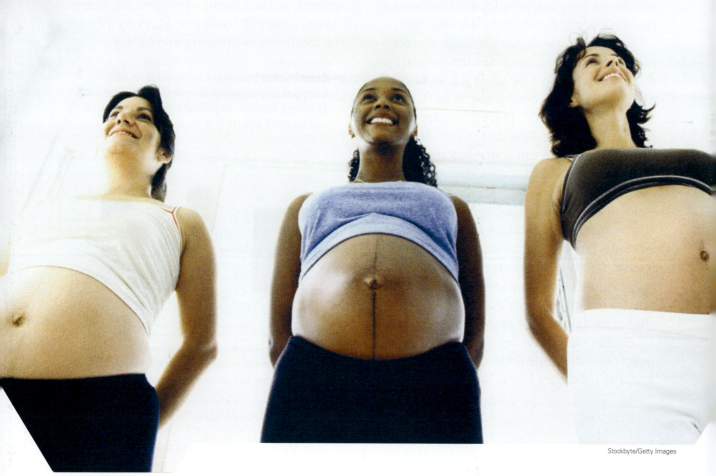

Várias mudanças ocorrem no corpo da mulher durante o período de gestação.

A partir da puberdade, a mulher já pode engravidar e ter filhos.

Mas será que mesmo tendo condições de gerar descendentes, do ponto de vista biológico, qualquer mulher está preparada emocionalmente e socialmente para assumir uma maternidade? Quais as consequências de uma gravidez precoce? Você conhece mulheres que engravidaram muito jovens? O que mudou na vida delas? Qual o papel do pai durante e após uma gravidez? Pais muito jovens geralmente possuem condições e maturidade para assumir a paternidade?

No estudo deste capítulo, vamos refletir um pouco sobre esse tema e conhecer todo o processo que envolve a gravidez e o parto, do ponto de vista biológico e social.

❯ Direitos reprodutivos e sexuais

A Declaração Universal dos Direitos Humanos, redigida e adotada no ano de 1948, estabelece uma série de direitos considerados básicos à vida humana, fundamentados na liberdade, na justiça e na paz do mundo. Entre esses direitos, encontram-se os direitos reprodutivos e sexuais.

Os direitos reprodutivos e sexuais estabelecem, entre outras coisas, que as pessoas têm o direito de decidir de forma livre e responsável se querem ou não ter filhos, quantos filhos querem ter e o momento mais adequado para gerá-los. Também estabelece o direito às informações sobre o próprio corpo e sobre as transformações que ocorrem durante a gravidez e ao acesso a métodos contraceptivos disponíveis para evitar uma gravidez indesejada.

Segundo relatório do Fundo de População da Organização das Nações Unidas (UNFPA) de 2017, uma informação é preocupante: a cada cinco mulheres que engravidam no Brasil, uma é adolescente.

Pesquisas mostram também que a gravidez na adolescência, além das implicações na saúde da adolescente, costuma causar um grande impacto na vida da jovem gestante, na vida do futuro pai da criança e na rotina das famílias envolvidas. Entre os aspectos mais frequentes estão: a interrupção precoce da fase que abrange a adolescência, já que uma gravidez conduz os jovens à fase adulta biológica mais rapidamente; o adiamento ou a interrupção do desenvolvimento escolar (as jovens mães geralmente precisam abandonar os estudos para cuidar do bebê em tempo integral); menor qualificação profissional, uma vez que o desenvolvimento escolar atua diretamente nas oportunidades futuras para a jovem de inserção no mundo do trabalho formal; os conflitos familiares e a total dependência financeira da jovem mãe, na maioria dos casos.

Vamos saber um pouco mais sobre esse assunto ao longo deste capítulo.

EM PRATOS LIMPOS

Será que estou grávida?

Em muitos casos, quando a menstruação deixa de ocorrer, a mulher está grávida. No entanto, interrupções e atrasos no ciclo menstrual são comuns, mesmo sem gravidez. Em mulheres muito jovens, por exemplo, pode não haver regularidade entre uma menstruação e outra. Assim, não podemos afirmar com certeza que uma mulher está grávida apenas porque sua menstruação atrasou.

A maneira mais eficiente para descobrir se há gravidez é verificar a presença do hormônio da gravidez, chamado **gonadotrofina coriônica**. Ele é produzido pelo embrião a partir da fixação dele no útero. Esse hormônio pode ser detectado no sangue da mãe após aproximadamente 48 horas e, na urina, após uma semana, aproximadamente, da fixação do embrião no útero.

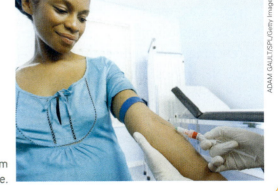

O teste de gravidez mais confiável é feito com uma amostra de sangue.

UM POUCO MAIS

Brasil tem sétima maior taxa de gravidez adolescente da América do Sul

O Brasil tem a sétima maior taxa de gravidez adolescente da América do Sul, empatando com Peru e Suriname, com um índice de 65 gestações para cada 1 mil meninas de 15 a 19 anos, segundo dados referentes ao período de 2006 a 2015 divulgados em 2017 pelo Fundo de População das Nações Unidas (UNFPA).

[...]

De acordo com a agência da ONU, um em cada cinco bebês que nascem no Brasil é filho de mãe adolescente.

Na avaliação da agência da ONU, a desigualdade econômica reforça e é reforçada por outras desigualdades. Por exemplo, a desigualdade enfrentada pelas mulheres mais pobres no acesso a serviços de saúde, onde apenas algumas privilegiadas conseguem planejar sua vida reprodutiva, reflete-se na incapacidade de desenvolver habilidades para integrar a força de trabalho remunerado e alcançar poder econômico.

"Hoje, a desigualdade nos países não pode ser entendida apenas entre ter e não ter", afirma o representante do UNFPA no Brasil, Jaime Nadal. "As desigualdades são cada vez mais entendidas entre o que as pessoas conseguem e não conseguem fazer. As mulheres mais pobres, que não têm acesso a recursos que lhes permitam o planejamento reprodutivo ou que não conseguem ter bons atendimentos de saúde, são as que menos conseguem desenvolver seu potencial."

Taxas de gravidez adolescente são altas na América Latina

A taxa de fecundidade adolescente nos países da América Latina e do Caribe estão entre as mais altas do mundo, com 64 nascimentos para cada 1 mil adolescentes. A região só perde para a África Ocidental e Central (115) e para a África Oriental e Austral, cuja taxa é de 95 nascimentos para cada 1 mil adolescentes.

Como base de comparação, a taxa de gravidez adolescente na França está em apenas seis para cada 1 mil adolescentes, enquanto na Alemanha é de oito. Outros países em desenvolvimento têm taxas menores que a brasileira, como a Índia, onde é de 28 gestações para cada 1 mil adolescentes, e Rússia, onde é de 27 gestações.

Na maioria dos países em desenvolvimento, as mulheres mais pobres têm menos opção de planejamento reprodutivo, menos acesso a atendimento pré-natal e são mais propensas a terem partos sem a assistência de um profissional de saúde.

O acesso limitado ao planejamento reprodutivo leva a 89 milhões de gestações não intencionais e 48 milhões de abortos em países em desenvolvimento todos os anos, afirmou o UNFPA no estudo.

Isso não afeta apenas a saúde das mulheres, mas também limita suas capacidades de entrar ou de se manter no mercado de trabalho remunerado e afasta a possibilidade de alcançarem independência financeira, ressaltou o relatório.

Fonte: ONU-BR (Nações Unidas no Brasil). Disponível em: <https://nacoesunidas.org/brasil-tem-setima-maior-taxa-de-gravidez-adolescente-da-america-do-sul/> (acesso em: 19 jun. 2018).

❯ Gravidez: quando ocorre a fecundação

Você já estudou que a partir da puberdade, por ação dos hormônios sexuais, inicia-se, na maioria das mulheres, a liberação de células sexuais dos ovários (chamadas, nessa fase, de ovócitos). A esse processo dá-se o nome de **ovulação**. Se houver encontro das células sexuais femininas com as masculinas (os espermatozoides), ocorre a fecundação e a formação do zigoto (ou célula-ovo).

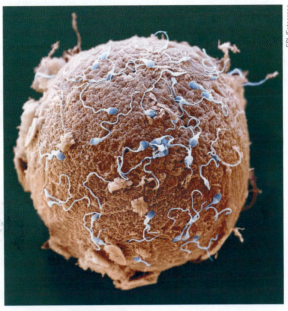

Ovócito humano rodeado de espermatozoides visto ao microscópio. Observe que, entre tantos espermatozoides, somente um será bem-sucedido. (Ampliação aproximada de 650 vezes.)

(Cores artificiais.)

A célula-ovo divide-se em duas, que, por sua vez, também se dividirão, formando quatro células, e assim sucessivamente. Após aproximadamente uma semana, um conjunto formado por cerca de cem células chegará ao útero e poderá se fixar no endométrio, processo conhecido como **nidação**; assim tem início a **gestação**.

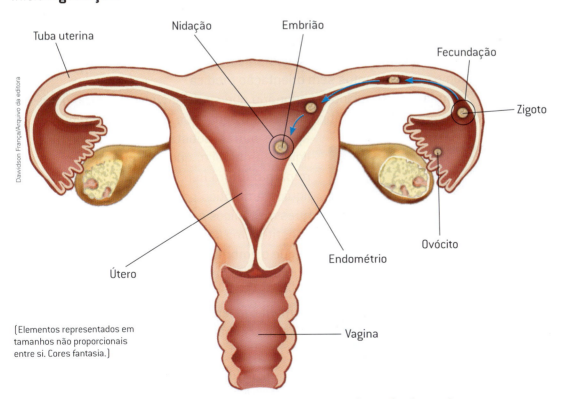

(Elementos representados em tamanhos não proporcionais entre si. Cores fantasia.)

Representação de vários processos: da fecundação, que ocorre na tuba uterina formando a célula-ovo, até a nidação.

Da fecundação até a oitava semana de gravidez, o organismo em desenvolvimento é chamado de **embrião**. Conforme o embrião vai crescendo, parte dele desenvolve-se formando um tecido de revestimento externo chamado **córion**. Até o final do primeiro trimestre de gestação, esse tecido, juntamente com o endométrio, terá formado a **placenta**, órgão responsável pela troca de substâncias entre a mãe e o futuro bebê.

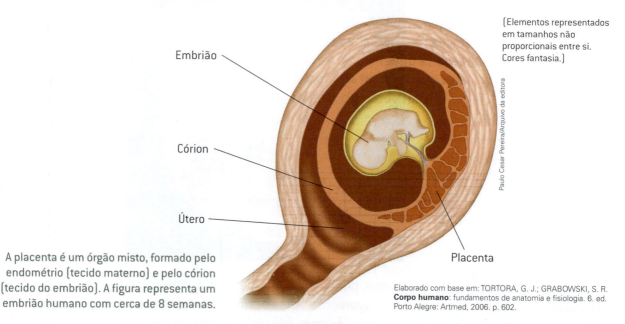

(Elementos representados em tamanhos não proporcionais entre si. Cores fantasia.)

A placenta é um órgão misto, formado pelo endométrio (tecido materno) e pelo córion (tecido do embrião). A figura representa um embrião humano com cerca de 8 semanas.

Elaborado com base em: TORTORA, G. J.; GRABOWSKI, S. R. **Corpo humano**: fundamentos de anatomia e fisiologia. 6. ed. Porto Alegre: Artmed, 2006. p. 602.

A placenta liga-se ao cordão umbilical, que leva nutrientes e gás oxigênio da mãe para o embrião e transporta o sangue rico em gás carbônico e em resíduos do metabolismo do embrião para a mãe.

Muitas substâncias nocivas ao desenvolvimento do embrião podem atravessar a placenta, pois sua capacidade de filtração é parcial. Devido a essa característica, recomenda-se que a gestante não fume, não beba, não use drogas nem tome medicamentos sem orientação médica.

O **âmnion**, outro tecido embrionário que se desenvolve no início da gestação, forma a bolsa amniótica ou bolsa d'água, que acumula uma mistura de água e outras substâncias. Essa mistura é o líquido amniótico, que cria um ambiente seguro para o futuro bebê até o final da gestação. O líquido amniótico garante proteção contra choques mecânicos e movimentos bruscos da mãe, constitui uma barreira contra infecções e permite que o embrião cresça de maneira adequada.

Após oito semanas de gravidez, com aproximadamente 2 cm de comprimento e cerca de 20 g, o embrião já tem uma forma próxima à humana e passa a ser chamado de **feto**.

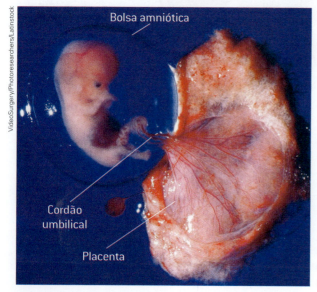

Feto humano depois de dois meses de desenvolvimento. Na oitava semana, a placenta ainda está em desenvolvimento. Nessa fase, o feto já apresenta alguns órgãos, como cérebro, coração, fígado e rins.

O pré-natal

É muito importante que a gestante tenha acompanhamento médico durante todas as fases da gravidez, o chamado pré-natal. Ao longo do pré-natal são realizados vários exames e a gestante recebe orientações sobre alimentação e atividades físicas adequadas, além de informações sobre seu estado de saúde e o do feto.

Os exercícios físicos bem orientados durante a gravidez ajudam a mulher a manter o peso adequado, melhoram a flexibilidade e a autoestima, ajudam a prevenir problemas na coluna, preparam o corpo para o parto, entre outros benefícios. Em alguns casos, por orientação médica, os exercícios podem ser suspensos ou até mesmo proibidos.

O envolvimento da família da gestante na chegada do bebê é fundamental desde a descoberta da gravidez. Por isso, se for possível, o pai do futuro bebê deve acompanhá-la a todas as consultas e participar de todo o processo. Vale lembrar que a participação do parceiro ou da parceira nesse momento e em todas as etapas que envolvem o planejamento familiar, desde sua concepção e durante toda a gestação até o nascimento do bebê, pode ser decisiva para a criação e o fortalecimento de vínculos afetivos saudáveis entre pais, mães e bebês.

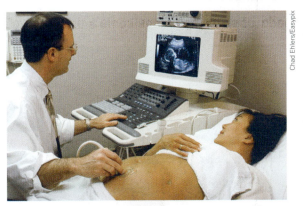

Ioga e natação estão entre as atividades físicas recomendadas para gestantes.

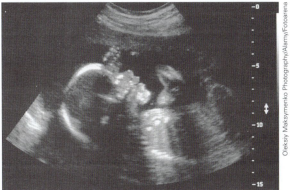

A ultrassonografia é um exame realizado para verificar o estado de saúde e o desenvolvimento do feto. Já existe tecnologia que permite imprimir o ultrassom em 3D, permitindo que pais com deficiência visual possam perceber o desenvolvimento do futuro bebê.

Imagem de um feto com cerca de seis meses de desenvolvimento visto por ultrassonografia.

Capítulo 4 • Gravidez e parto   63

O útero é um órgão bastante elástico. Durante toda a gravidez, o útero materno aumenta de tamanho, acompanhando o crescimento do feto. No período final da maioria das gestações, o futuro bebê encontra-se encaixado, de cabeça para baixo, no quadril da mãe.

Se ocorrer o parto no sétimo ou oitavo mês, há grandes chances de que o bebê sobreviva fora do corpo da mãe, com cuidados médicos especiais e ajuda de aparelhos.

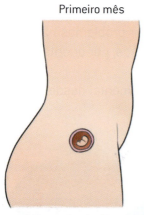
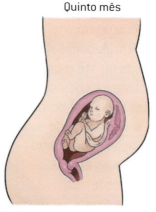

Aumento do tamanho do útero e crescimento do futuro bebê durante a gravidez.

(Elementos representados em tamanhos não proporcionais entre si. Cores fantasia.)

EM PRATOS LIMPOS

É possível ocorrer gravidez fora do útero?

Sim, é possível, embora pouco provável. A gravidez fora do útero é chamada de **gravidez ectópica** e ocorre somente em 1% a 2% das gestações. Em 98% dos casos esse tipo de gestação ocorre nas tubas uterinas e em 2% dos casos no ovário ou na cavidade abdominal.

Em geral, a gestação ectópica acontece devido a problemas nas tubas uterinas, como inflamações ou lesões, falhas estruturais ou cirurgias prévias nesses órgãos. O tabagismo e histórico de infecção sexualmente transmissível também são fatores de risco.

O tratamento é a retirada do embrião por intervenção cirúrgica ou medicação que estimule a sua eliminação. O embrião ou feto que se desenvolveu fora do útero não terá chances de desenvolvimento e representa um risco à vida da mulher se não for retirado.

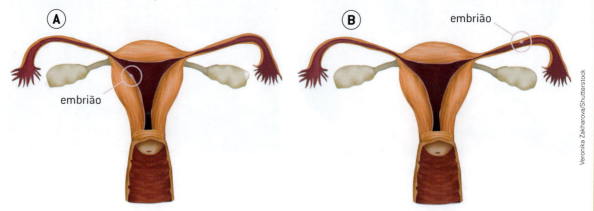

Na figura **A**, vemos o embrião dentro do útero em uma gravidez normal. Na figura **B**, vemos o embrião alojado em uma das tubas uterinas (gravidez ectópica).

› Parto

A gestação humana dura em média 40 semanas, ou seja, cerca de nove meses. Embora a grávida possa sentir contrações uterinas durante toda a gestação, elas não ocorrem em intervalos de tempo definidos.

Em geral, é a partir da 38ª semana que a mulher pode entrar em trabalho de parto e passar a perceber um conjunto de alterações que indicam que o futuro bebê está para nascer. Entre essas alterações estão:

- contrações uterinas fortes e ritmadas;
- dilatação do colo uterino;
- abaixamento e ruptura da bolsa amniótica, com vazamento ou não do líquido amniótico.

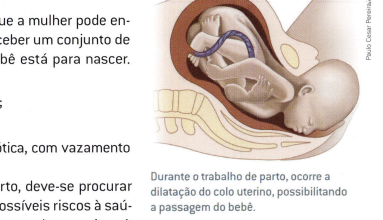

(Elementos representados em tamanhos não proporcionais entre si. Cores fantasia.)

Durante o trabalho de parto, ocorre a dilatação do colo uterino, possibilitando a passagem do bebê.

Assim que se inicia o trabalho de parto, deve-se procurar assistência especializada para reduzir possíveis riscos à saúde da mãe e da criança. Em ocasiões em que houver risco à vida, o médico poderá optar pelo parto cirúrgico ou cesariana. A cesariana é realizada mediante uma incisão (corte) na região inferior do abdômen e no útero, a fim de retirar o bebê. Nesse caso, o parto cirúrgico poderá ocorrer sem que haja trabalho de parto.

Atualmente, mais de 55% das crianças no Brasil nascem por meio de cesariana. Na maioria das vezes, os partos cirúrgicos são agendados pelas mães e pelos médicos obstetras, até mesmo antes do final da gestação, mesmo na ausência de risco à vida. Essa porcentagem é três vezes e meia maior do que os 15% recomendados pela Organização Mundial da Saúde (OMS).

Em 2016, o Ministério da Saúde publicou uma série de procedimentos que devem ser seguidos pelos serviços de saúde, com a finalidade de orientar os médicos a reduzir o número de cesarianas desnecessárias. Quando não indicado e feito corretamente, o parto por cesariana costuma apresentar maiores riscos tanto para a mãe como para o bebê.

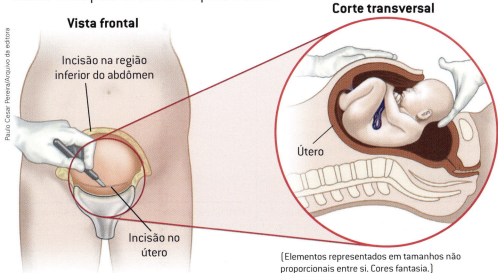

Esquema representando o parto cirúrgico (corte do parto por cesariana).

Capítulo 4 • Gravidez e parto 65

INFOGRÁFICO

Desenvolvimento do embrião durante a gravidez

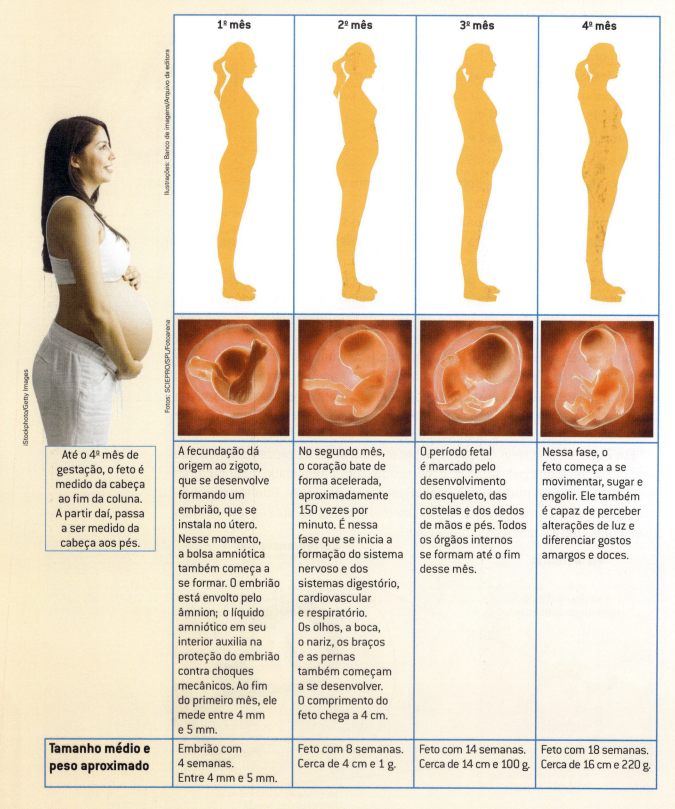

Até o 4º mês de gestação, o feto é medido da cabeça ao fim da coluna. A partir daí, passa a ser medido da cabeça aos pés.

	1º mês	2º mês	3º mês	4º mês
	A fecundação dá origem ao zigoto, que se desenvolve formando um embrião, que se instala no útero. Nesse momento, a bolsa amniótica também começa a se formar. O embrião está envolto pelo âmnion; o líquido amniótico em seu interior auxilia na proteção do embrião contra choques mecânicos. Ao fim do primeiro mês, ele mede entre 4 mm e 5 mm.	No segundo mês, o coração bate de forma acelerada, aproximadamente 150 vezes por minuto. É nessa fase que se inicia a formação do sistema nervoso e dos sistemas digestório, cardiovascular e respiratório. Os olhos, a boca, o nariz, os braços e as pernas também começam a se desenvolver. O comprimento do feto chega a 4 cm.	O período fetal é marcado pelo desenvolvimento do esqueleto, das costelas e dos dedos de mãos e pés. Todos os órgãos internos se formam até o fim desse mês.	Nessa fase, o feto começa a se movimentar, sugar e engolir. Ele também é capaz de perceber alterações de luz e diferenciar gostos amargos e doces.
Tamanho médio e peso aproximado	Embrião com 4 semanas. Entre 4 mm e 5 mm.	Feto com 8 semanas. Cerca de 4 cm e 1 g.	Feto com 14 semanas. Cerca de 14 cm e 100 g.	Feto com 18 semanas. Cerca de 16 cm e 220 g.

66

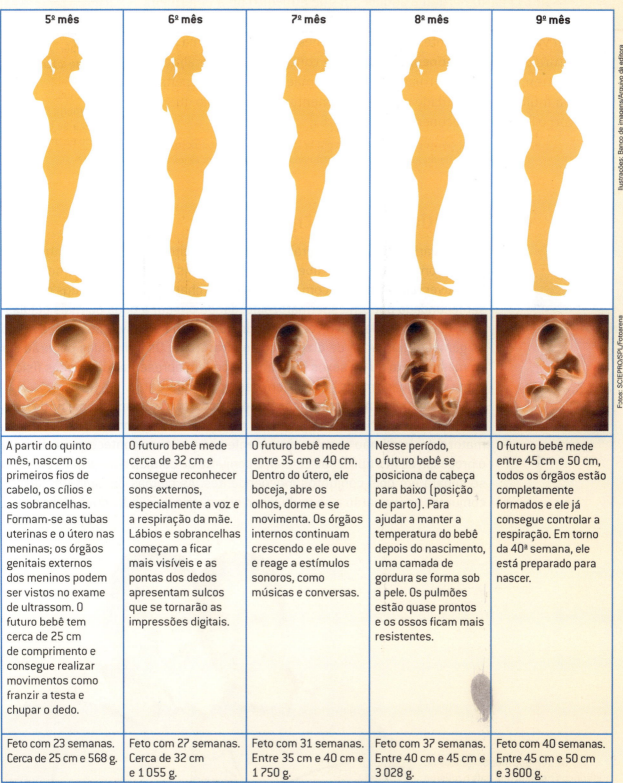

EM PRATOS LIMPOS

Existe diferença entre parto natural e parto normal?

Sim. O parto natural é aquele em que o médico ou a enfermeira obstetra simplesmente acompanha o parto. É o parto normal, ou seja, por via vaginal, sem intervenções como anestesias, episiotomia (corte cirúrgico feito no **períneo**) e indução de contrações, que geralmente ocorrem nos partos normais. O tempo da mãe e do bebê é respeitado e a mulher tem liberdade para se movimentar e fazer aquilo que seu corpo lhe pede. A recuperação é rápida. [...]

Disponível em: <www.pastoraldacrianca.org.br/parto/parto-natural-normal-ou-cesarea-entenda-as-diferencas-e-recomendacoes> (acesso em: 25 jul. 2018).

Períneo: região formada por um conjunto de músculos que, na mulher, vai da parte inferior do pudendo até o ânus. No homem, localiza-se entre o saco escrotal e o ânus.

Gravidez de múltiplos

Os ovários liberam, em geral, apenas um ovócito a cada 28 dias. Entretanto, pode acontecer de serem liberados dois ou mais ovócitos ao mesmo tempo. Se houver relação sexual com um homem, há chance de cada um dos ovócitos ser fecundado por um espermatozoide, dando origem a duas ou mais células-ovo, que vão se desenvolver formando dois ou mais indivíduos. Esses serão os gêmeos chamados de **dizigóticos** ou **fraternos**. Os indivíduos poderão ser do mesmo sexo ou de sexos diferentes e podem apresentar diferenças físicas como quaisquer irmãos gerados em gestações diferentes.

Já os gêmeos **monozigóticos** ou **idênticos** são formados a partir de uma única célula-ovo. Nesse caso, apenas um ovócito é fecundado por um espermatozoide. Ainda não se sabe exatamente por que isso acontece, mas, durante o processo de multiplicação celular, o conjunto de células que forma o embrião se separa em dois conjuntos independentes. As células de cada um desses conjuntos continuarão a se multiplicar, originando dois indivíduos idênticos.

Os gêmeos monozigóticos ou idênticos herdam dos pais o mesmo conjunto de informações genéticas, que dá a eles o potencial de exibir as mesmas características.

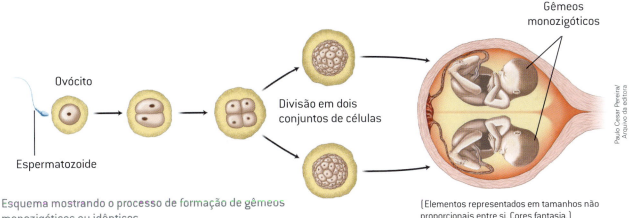

Gêmeos dizigóticos

Processo de formação de gêmeos dizigóticos ou fraternos.

(Elementos representados em tamanhos não proporcionais entre si. Cores fantasia.)

Gêmeos monozigóticos

Esquema mostrando o processo de formação de gêmeos monozigóticos ou idênticos.

(Elementos representados em tamanhos não proporcionais entre si. Cores fantasia.)

Embora os gêmeos idênticos apresentem as mesmas características genéticas (herdadas dos pais), ao longo da vida, eles se diferenciarão em função da relação estabelecida com o ambiente e de suas experiências pessoais e comportamentais. Todos somos indivíduos únicos, resultado da interação entre o nosso **patrimônio genético** e o meio ambiente.

Patrimônio genético: conjunto de informações genéticas.

Gêmeos coligados

Os **gêmeos coligados** são gêmeos idênticos que nascem fisicamente unidos. Isso ocorre porque, durante a separação do conjunto de células do embrião — que ocorre na formação dos gêmeos idênticos —, uma parte das células permanece ligada. Desse modo, os gêmeos se desenvolvem no útero materno compartilhando partes do corpo, como tecidos e até mesmo órgãos.

Atualmente, muitos gêmeos coligados que nascem com vida podem recorrer a procedimentos cirúrgicos para separar seus corpos, com chances de sobrevivência que dependem do grau de compartilhamento dos órgãos.

Popularmente, os gêmeos coligados costumam ser chamados "siameses", nome que provém dos gêmeos Chang e Eng, nascidos em 1811 no Sião (atual Tailândia). Chang e Eng eram ligados na altura do tórax; daí outro nome comumente usado para denominar gêmeos coligados: xifópagos (nome que só é adequado quando se tratar de união pelo tórax).

❯ Amamentação

As mamas das gestantes também sofrem alterações durante a gravidez, como escurecimento dos mamilos e aumento do volume e da sensibilidade das mamas. Essas alterações relacionam-se à preparação das glândulas mamárias para a produção do leite materno.

Os hormônios relacionados à produção do leite materno são o estrógeno, a progesterona e a prolactina. O estrógeno e a progesterona estimulam o desenvolvimento das glândulas mamárias, e a prolactina, produzida pela glândula hipófise, estimula a produção de leite. Enquanto houver amamentação, a prolactina continuará a ser liberada e a mãe terá leite para o bebê. Portanto, em condições normais, a produção de leite só cessa se a mãe não amamentar o bebê.

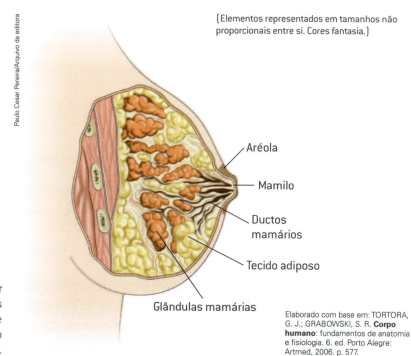

(Elementos representados em tamanhos não proporcionais entre si. Cores fantasia.)

Internamente, a mama é formada por glândulas mamárias, ductos mamários (ou lactíferos) e tecido adiposo. Na parte externa, o esquema mostra a aréola e o mamilo, por onde sai o leite.

Elaborado com base em: TORTORA, G. J.; GRABOWSKI, S. R. **Corpo humano**: fundamentos de anatomia e fisiologia. 6. ed. Porto Alegre: Artmed, 2006. p. 577.

Ocitocina: hormônio produzido pela hipófise e que atua tanto no processo de contração do útero durante o parto como nas glândulas mamárias, ajudando na liberação do leite.

Nos primeiros dias após o parto, o bebê mama uma secreção amarelada chamada **colostro**. Ao longo da primeira quinzena após o parto, o colostro é substituído pelo leite. O colostro tem uma concentração maior de proteínas, minerais e vitaminas se comparado ao leite materno e ajuda o sistema imunitário do recém-nascido, pois apresenta anticorpos e células de defesa, que diminuem o risco de doenças.

O leite materno é o alimento ideal para a criança, pois apresenta os nutrientes na proporção adequada para o seu desenvolvimento. Assim como o colostro, também tem papel importante no sistema de defesa do bebê. Além disso, a amamentação proporciona fortes laços emocionais entre a mãe e o filho, contribuindo para o desenvolvimento psicológico e emocional de ambos.

O aumento da produção de alguns hormônios, como a prolactina e a ocitocina, durante a amamentação traz, para a mãe, outras vantagens, como redução do sangramento após o parto, interrupção ou diminuição do fluxo menstrual e redução das chances de desenvolvimento de câncer de mama e de ovário.

A Organização Mundial da Saúde recomenda que os bebês sejam amamentados exclusivamente com leite materno até pelo menos os seis meses de idade. O Ministério da Saúde recomenda continuar a amamentação até os dois anos, com acréscimo gradual de outros alimentos. Estima-se que um quinto das mortes de bebês nos países em desenvolvimento poderia ser evitado pela alimentação com leite materno. No entanto, a maioria das mulheres trabalha fora de casa, o que dificulta, em muitos casos, a continuidade da amamentação após o período de licença-maternidade.

A licença-maternidade de seis meses já faz parte da rotina de muitos países europeus e poderá ser implantada também no Brasil a partir de um projeto de lei ainda em tramitação no Congresso Nacional.

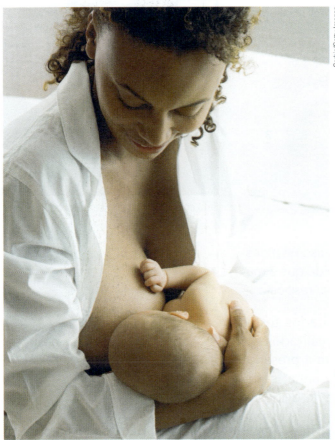

A amamentação é benéfica tanto para a mãe quanto para o bebê. O leite materno deve ser o alimento exclusivo do bebê até os seis meses de idade.

NESTE CAPÍTULO VOCÊ ESTUDOU

- Nidação e o início da gravidez.
- As fases da gestação.
- A importância do pré-natal para a saúde do feto e da mãe.
- Gravidez na adolescência e responsabilidades.
- O papel da placenta durante a gestação.
- Partos: normal e natural.
- Gêmeos fraternos, gêmeos idênticos e gêmeos coligados.
- A importância da amamentação para a mãe e para o bebê.

Capítulo 4 • Gravidez e parto

ATIVIDADES

PENSE E RESOLVA

1 O esquema abaixo representa alguns processos que ocorrem no corpo da mulher após a fecundação. Eles ocorrem em um intervalo de aproximadamente 7 dias. Identifique e descreva esses processos a partir da numeração indicada.

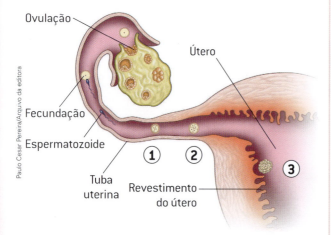

(Elementos representados em tamanhos não proporcionais entre si. Cores fantasia.)

2 Pode-se considerar que um atraso na menstruação é um indicador seguro de que a mulher está grávida? Justifique sua resposta.

3 Nas farmácias são comercializados testes de gravidez que podem ser realizados em casa. Esses testes reconhecem a presença do indicador de gravidez na urina: se há gravidez, uma marca aparece no dispositivo indicando "positivo"; se não houver, a marca não aparece, indicando "negativo". Nem todos os testes são igualmente sensíveis, e por isso recomenda-se que também seja feito exame de sangue em um laboratório.

Representação dos possíveis resultados para testes de gravidez vendidos em farmácias.

(Elementos representados em tamanhos não proporcionais entre si. Cores fantasia.)

• Qual substância, presente na urina e no sangue de uma grávida, esse teste reconhece? Quando e onde essa substância é produzida?

4 Observe com atenção a fotografia a seguir e identifique as estruturas indicadas por 1 (bolsa amniótica), 2 (placenta) e 3 (cordão umbilical).

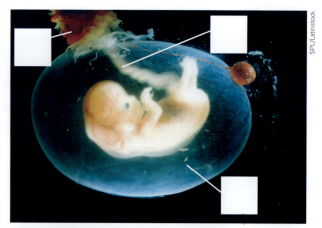

Feto com cerca de oito semanas.

5 Com relação à placenta, responda:

a) Como ela é formada?

b) Qual é a função da placenta durante a gravidez?

6 Muitas mães acham que, durante a gravidez, não se deve fazer exercícios físicos. Você concorda com essa afirmação? Justifique.

7 Observe atentamente as gêmeas da fotografia e responda:

a) São gêmeas dizigóticas (fraternas) ou monozigóticas (idênticas)? Justifique.

b) Explique como são formados os gêmeos desse tipo.

8 Como o médico e a mãe sabem que está na hora de o bebê nascer, ou seja, que ela entrou em trabalho de parto?

9 Quais os argumentos que você utilizaria para defender a amamentação como alimentação exclusiva do bebê até os seis meses de idade?

10 O gráfico abaixo mostra a evolução da porcentagem de nascidos vivos por via vaginal (parto normal) e por cesárea entre os anos de 2000 e 2016 no Brasil. Analise o gráfico para responder às questões.

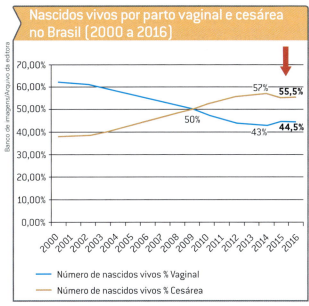

Fonte: Ministério da Saúde. Disponível em: <http://agenciabrasil.ebc.com.br/geral/noticia/2017-03/numero-de-cesarianas-cai-pela-primeira-vez-no-brasil>. Acesso em: 4 jun. 2018.

a) O que o gráfico mostra no período de 2000 a 2014?

b) O que aconteceu com a porcentagem de nascidos vivos por via vaginal a partir de 2014?

c) O que aconteceu com a porcentagem de nascidos vivos por cesárea a partir de 2014?

d) Levante hipóteses que possam justificar o resultado observado nos itens **b** e **c**.

11 Faça uma pesquisa sobre os riscos à saúde do feto ocasionados pelo uso de drogas lícitas e ilícitas durante a gravidez.

SÍNTESE

Complete as frases com as palavras abaixo.

endométrio – hormônio – bolsa amniótica – placenta – útero – gêmeos idênticos – córion

a) A gonadotrofina coriônica é um _____ produzido a partir da nidação.

b) A placenta é um órgão formado pelo _____ e pelo _____.

c) A _____ protege o bebê de choques mecânicos.

d) Os _____ são formados a partir da mesma célula-ovo ou zigoto.

e) Contrações fortes e ritmadas do _____ são características do trabalho de parto.

f) A _____ seleciona as substâncias que passam da mãe para o feto, e vice-versa.

DESAFIO

Descubra o conceito correspondente a cada uma das definições abaixo.

a) Substância produzida pelas glândulas mamárias nos primeiros dias de amamentação.

b) Irmãos com exatamente a mesma idade e formados a partir de células-ovo diferentes.

c) Tecido de revestimento interno do útero que participa da formação da placenta.

d) Região do útero que sofre uma grande dilatação no momento da expulsão do feto.

e) Célula formada pela união do espermatozoide com o óvulo.

f) Órgão responsável pelo transporte de substâncias da placenta para o feto e vice-versa.

g) Substâncias de defesa encontradas no leite materno.

Capítulo 4 • Gravidez e parto

LEITURA COMPLEMENTAR

Inseminação artificial

Estima-se que 10% da população mundial sofra de infertilidade, ou seja, da impossibilidade de gerar descendentes de maneira natural.

Entre as causas da infertilidade feminina, podemos citar distúrbios hormonais que impedem o amadurecimento dos ovócitos, problemas no colo do útero e bloqueio das tubas uterinas. Já a infertilidade masculina pode estar associada aos espermatozoides (pequena produção, falta de mobilidade, má-formação) e dificuldades de ejaculação.

Quando a gravidez não é possível de maneira natural, uma das possibilidades é recorrer a técnicas médicas de inseminação artificial, que vêm sendo desenvolvidas e aplicadas com sucesso.

Os procedimentos adotados dependem das causas da infertilidade. Quando a mulher não ovula, por exemplo, é utilizada a técnica de indução, com medicamentos que provocam o amadurecimento e a expulsão dos ovócitos, que podem então ser fertilizados naturalmente. Quando a quantidade e/ou a mobilidade dos espermatozoides comprometem a fertilidade do homem, o médico pode concentrá-los e transferi-los diretamente para a cavidade uterina.

A inseminação artificial tem sido também bastante utilizada em casos de uniões homoafetivas, mulheres solteiras ou independentes que resolvem ter um filho e mesmo mais velhas, que se encontram fora do período reprodutivo.

Em algumas das técnicas utilizadas, a fertilização é feita fora do corpo da mulher; é a chamada fertilização *in vitro*. A injeção intracitoplasmática, por exemplo, é realizada em laboratório e consiste em injetar um espermatozoide diretamente no citoplasma do ovócito.

Para que a fertilização fora do corpo da mulher seja possível, são feitas a estimulação e a coleta dos ovócitos diretamente no ovário. Após a fertilização, alguns dos ovos viáveis são reinseridos no corpo da mulher. Veja a descrição no diagrama abaixo:

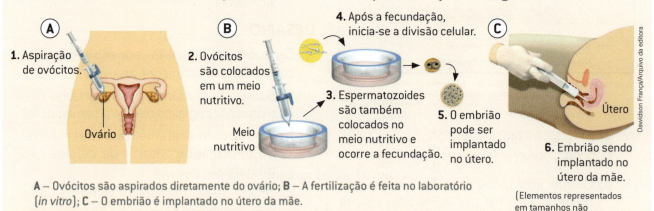

A – Ovócitos são aspirados diretamente do ovário; **B** – A fertilização é feita no laboratório (*in vitro*); **C** – O embrião é implantado no útero da mãe.

Fonte: BRASIL. Ministério da Saúde. *Portal da saúde*. Disponível em: <http://portalsaude.saude.gov.br/> (acesso em: 5 jun. 2018).

(Elementos representados em tamanhos não proporcionais entre si. Cores fantasia.)

Questões

1. Cite algumas causas da infertilidade masculina e da feminina.

2. Organize um glossário com definições dos seguintes conceitos:
   a) fertilização *in vitro*;
   b) infertilidade.

Capítulo 5

Métodos contraceptivos

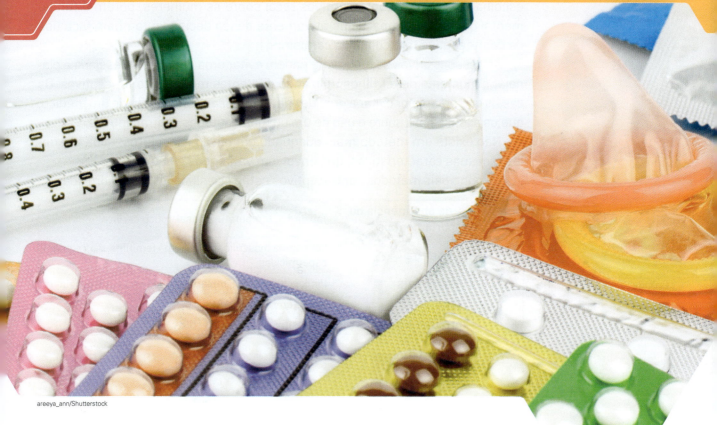

areeya_ann/Shutterstock

No capítulo anterior vimos que os aspectos ligados à sexualidade e à reprodução são direitos garantidos pela Declaração dos Direitos Humanos da ONU e pela Constituição brasileira.

Um dos direitos relacionados à reprodução é o acesso a informações sobre todo o processo de concepção de um novo indivíduo, como também aos métodos para evitar uma gravidez indesejada e/ou a contaminação por infecções sexualmente transmissíveis (ISTs). Esse termo é o atualmente recomendado pelo Ministério da Saúde, em substituição a doenças sexualmente transmissíveis (DSTs), assunto que será estudado no próximo capítulo.

Observe a imagem com atenção: ela mostra vários tipos de métodos contraceptivos, também chamados de anticoncepcionais. Será que qualquer pessoa pode utilizá-los? Como ter acesso a eles? Existem métodos contraceptivos que podem fazer mal à saúde? O que as pessoas devem fazer para decidir qual método é o melhor para elas?

Neste capítulo você vai conhecer os principais métodos contraceptivos e encontrará respostas a essas e a outras questões.

Alguns exemplos de métodos contraceptivos.

Vida e Evolução

Capítulo 5 • Métodos contraceptivos   75

❭ Evitando uma gravidez indesejada

A partir da puberdade, o corpo humano sofre alterações que possibilitam a reprodução. Para assumir a responsabilidade de ter e de criar filhos, todavia, são necessárias, além de muita maturidade, condições adequadas para o crescimento e o desenvolvimento da criança. Por isso, a decisão de ter filhos deve ser consciente e planejada.

É importante que os casais conversem sobre os métodos contraceptivos que irão adotar, caso não desejem ter um filho. Em geral, a responsabilidade da escolha e do uso de contraceptivos recai sobre as mulheres, porém é fundamental que o homem participe ativamente dessa decisão e também faça uso de contraceptivo masculino (a camisinha).

As pessoas ativas sexualmente podem evitar uma gravidez indesejada e planejar o momento de ter filhos utilizando diferentes métodos contraceptivos. Os casais que optam por evitar a gravidez devem buscar a orientação de um médico, que os aconselhará sobre o uso de um ou mais métodos contraceptivos.

Não existe um método mais adequado em termos absolutos. Cada um deles tem suas características, que envolvem vantagens e desvantagens.

Os principais métodos contraceptivos estão classificados no quadro abaixo:

Naturais, de abstinência ou comportamentais	Tabelinha, temperatura basal, muco cervical
Barreira	Camisinha masculina, camisinha feminina, diafragma, espermicidas
Hormonais	Pílulas, injetáveis, implantes, adesivos e anel vaginal
Cirúrgicos	Vasectomia, laqueadura
Intrauterinos	Dispositivo intrauterino (DIU)

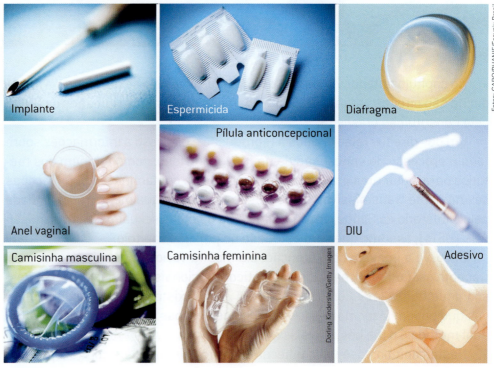

As fotografias mostram exemplos de diversos métodos contraceptivos.

❯ Métodos naturais, de abstinência ou comportamentais

Os métodos naturais, de abstinência ou comportamentais consideram o período fértil da mulher determinado pela observação do ciclo menstrual. Durante o período fértil, o casal que utiliza exclusivamente esses métodos deve evitar a penetração vaginal se quiser evitar a gravidez.

Os métodos naturais ou comportamentais ajudam a mulher a conhecer o seu próprio corpo, são gratuitos e não causam problemas à saúde. Por outro lado, necessitam de muita disciplina, responsabilidade de ambos os parceiros, períodos de **abstinência** sexual e tempo de observação do próprio corpo. Além disso, apresentam índice de fracasso elevado, pois é muito comum ocorrerem alterações no ciclo menstrual em função de variações hormonais, doenças e fatores psicológicos, como o estresse.

> **Abstinência:** prática de privar-se de fazer ou usar algo.

O ciclo menstrual pode ser irregular, principalmente em mulheres jovens, dificultando ainda mais a determinação do período fértil. Outra limitação desses métodos é o fato de não prevenirem contra infecções sexualmente transmissíveis (ISTs). Devido às desvantagens apresentadas, não são recomendáveis para adolescentes ou casais muito jovens.

Alguns casais utilizam dois ou os três métodos comportamentais ou naturais ao mesmo tempo, a fim de diminuir o risco de fracasso. Vamos conhecer alguns desses métodos.

Tabelinha ou método do calendário

Antes de utilizar esse método, a mulher deve acompanhar e anotar, durante alguns meses, o dia do início do ciclo menstrual, ou seja, o primeiro dia da menstruação, a fim de verificar a regularidade e a duração do ciclo.

O desafio desse método é identificar o dia fértil da mulher, ou seja, o dia da ovulação. Uma mulher com um ciclo regular de 28 dias, isto é, cuja menstruação ocorre em intervalos de 28 dias, ovulará provavelmente no 14º dia do ciclo. Em geral, a ovulação ocorre 14 dias antes da menstruação seguinte.

Embora o ovócito demore alguns dias para percorrer a tuba uterina, ele só é viável para a fecundação por 24 horas após a ovulação. Por sua vez, os espermatozoides conseguem sobreviver em torno de três dias no interior do sistema genital feminino. Sendo assim, o período fértil da mulher pode durar aproximadamente sete dias: três dias antes da ovulação, o dia da ovulação e os três dias seguintes.

Veja o exemplo a seguir.

Caso a mulher tenha variação na duração dos ciclos menstruais, existem formas de calcular o período médio de abstinência, que depende de observação dos ciclos durante seis meses a um ano. Porém, nesse caso, o mais recomendado é que a mulher observe os "sintomas" ovulatórios, alguns dos quais serão comentados nos itens a seguir.

SEG	TER	QUA	QUI	SEX	SÁB	DOM
				1	2	3
4	5	6	7	8	9	10
11	12	13	14	15	16	17
18	19	20	21	22	23	24
25	26	27	28	29	30	31

(Quadro com dados fictícios para fins didáticos.)

Uma mulher com ciclo regular de 28 dias que menstruou no dia 26 do mês (em lilás) provavelmente ovulou no dia 12 (em vermelho), ou seja, 14 dias antes da menstruação. Seu período fértil, portanto, foi do dia 9 ao dia 15 (em verde).

Capítulo 5 · Métodos contraceptivos

Temperatura basal

Nesse método, a mulher deve medir e anotar diariamente sua temperatura corporal basal. A temperatura basal é a temperatura do corpo logo ao acordar e antes de fazer qualquer esforço físico. Ela oscila normalmente em torno dos 36,5 °C, mas diminui cerca de 0,5 °C no dia da ovulação e aumenta entre 0,3 °C e 0,8 °C nos dias seguintes. Com esses dados, deve-se montar um gráfico da temperatura basal em função do dia do ciclo menstrual.

Antes de começar a utilizar esse método, é recomendado que se montem gráficos por alguns meses. Esse procedimento é necessário para que a mulher conheça o seu padrão de variação da temperatura basal, que, após estabelecido, poderá ser usado para estimar o período fértil.

Veja o exemplo a seguir.

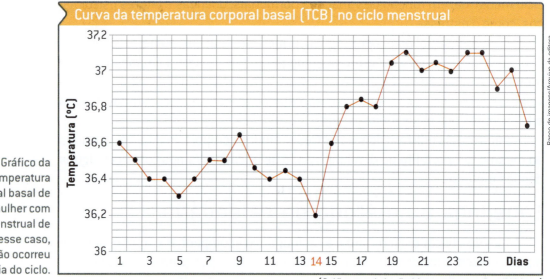

Gráfico da temperatura corporal basal de uma mulher com ciclo menstrual de 28 dias. Nesse caso, a ovulação ocorreu no 14º dia do ciclo.

(Gráfico com dados fictícios apenas para fins didáticos.)

Enquanto não for possível estimar o período fértil, é recomendado que se utilize outro método contraceptivo para evitar a gravidez.

Método Billings ou muco cervical

Esse método baseia-se na observação da secreção da vagina (muco), parecida com a clara de ovo e de consistência variável (elasticidade), durante o ciclo menstrual. A mulher deverá observar e se familiarizar com as mudanças no muco por um período de seis meses antes de utilizar o método.

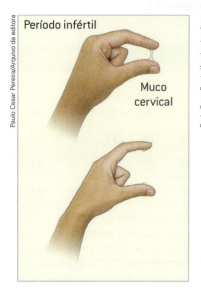

(Cores fantasia.)

Para verificar a elasticidade do muco, a mulher deverá coletar uma amostra e colocá-la entre os dedos polegar e indicador.

Após a menstruação, a mulher passa aproximadamente três dias sem produzir esse muco. A partir daí, a produção começa e o muco vai mudando de consistência com o passar dos dias, tornando-se mais elástico. Não se deve ter relações sexuais do dia em que aparece o muco até o 4º dia após o muco atingir o seu máximo de elasticidade.

❯ Métodos de barreira

Métodos de barreira são aqueles que barram a passagem dos espermatozoides, impedindo o seu encontro com o ovócito e, consequentemente, a fecundação.

Os métodos de barreira são considerados bastante seguros, com índice de fracasso entre 3% e 15%, que pode variar em função do produto escolhido e da maneira de utilização. Vamos conhecer alguns deles.

Camisinha masculina

Também conhecida como preservativo ou "camisa de vênus", é atualmente um dos métodos contraceptivos mais populares, não só em função da sua grande eficácia e facilidade de uso, mas pelo fato de **ser um dos únicos métodos contraceptivos capazes de prevenir as infecções sexualmente transmissíveis (ISTs)**.

A camisinha masculina é distribuída gratuitamente no Brasil, e em outros países, pelos órgãos públicos de saúde, e também é comercializada em farmácias e supermercados.

A primeira providência importante na utilização da camisinha é verificar a data de validade e a presença do selo do Instituto Nacional de Metrologia, Qualidade e Tecnologia (Inmetro), que é a instituição responsável por testar a qualidade do produto. Preservativos com a data de validade vencida ou sem o selo do Inmetro não devem ser utilizados. A camisinha deve permanecer longe de locais quentes e úmidos e sua embalagem só deve ser aberta no momento da utilização.

Acompanhe a seguir, passo a passo, a maneira correta para utilizar a camisinha:

1. Deve-se abrir a embalagem com cuidado, observando a data de validade.

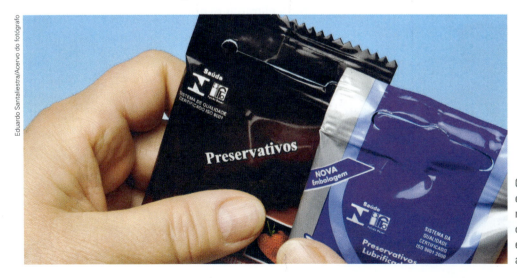

O selo do Inmetro está presente nas marcas de camisinhas que foram testadas eletronicamente e aprovadas.

2. É importante certificar-se de que a camisinha não esteja rasgada, furada ou danificada.

Atualmente a camisinha masculina é o método contraceptivo mais popular no Brasil devido ao seu baixo custo e à sua eficácia.

3. A camisinha deve ser colocada somente com o pênis ereto. É importante apertar a ponta, onde existe um espaço para armazenar o esperma, para retirar o ar.

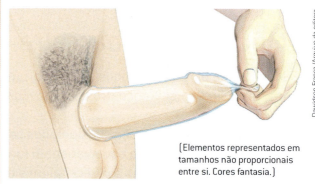

(Elementos representados em tamanhos não proporcionais entre si. Cores fantasia.)

Deve existir um espaço na ponta do preservativo para armazenar o esperma.

4. Após a ejaculação, a camisinha deve ser retirada com o pênis ainda ereto, tomando cuidado para manter a abertura bem fechada.

Deve-se retirar o preservativo do pênis com bastante cuidado, fechando sua abertura.

5. Fechar a abertura da camisinha com um nó.

O nó evita vazamentos acidentais.

6. Deve-se jogar a camisinha no lixo apropriado.

Nunca se deve jogar a camisinha no vaso sanitário, pois pode causar entupimento.

7. Por fim, é fundamental higienizar as mãos para eliminar eventuais resíduos do sêmen.

Lavar as mãos.

Camisinha feminina

A camisinha feminina apresenta características semelhantes às da camisinha masculina, mas tem sido pouco utilizada no Brasil.

A mulher deve colocar a camisinha somente no momento em que for necessária. Veja como utilizá-la corretamente:

1. Deve-se abrir a embalagem com cuidado, para não danificar a camisinha, e observar a data de validade.

2. Certificar-se de que a camisinha não esteja rasgada, furada ou danificada.

3. Segurar as duas extremidades da camisinha e apertar o anel menor com o polegar e o indicador formando um "8".

O selo do Inmetro também deve estar presente nas marcas de camisinhas femininas.

Atenção: anéis, *piercing* e até mesmo unhas compridas podem danificar a camisinha.

Pressionar o anel menor com as pontas dos dedos.

4. Introduzir a extremidade menor na vagina, deixando o anel maior aberto para fora, e empurrar a camisinha para dentro da vagina, cobrindo o colo do útero.

(Elementos representados em tamanhos não proporcionais entre si. Cores fantasia.)

5. Antes de remover o preservativo, deve-se girar o anel maior, evitando que o esperma vaze. Depois, descartá-lo no lixo apropriado.

6. Por fim, higienizar as mãos. Molhe as mãos com água, aplique sabonete, friccione as mãos entre si e enxágue-as com água.

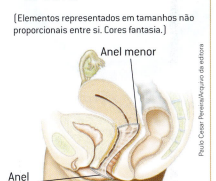

O anel menor deve ser introduzido até o final do canal vaginal.

Nunca se deve jogar a camisinha no vaso sanitário, pois pode causar entupimento.

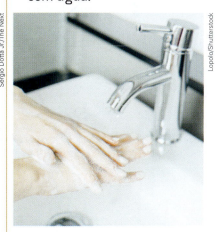

Lavar as mãos.

A camisinha feminina é para ser usada internamente no corpo da mulher. Sua estrutura conta com dois anéis. Um deles deve ser introduzido dentro do canal vaginal. Recomenda-se o uso do preservativo masculino na primeira relação.

Capítulo 5 • Métodos contraceptivos

Diafragma

O diafragma é um anel flexível, não descartável, coberto por uma membrana fina de borracha. É colocado pela mulher no colo uterino, antes da relação sexual. Ele impede a passagem dos espermatozoides para o útero.

O diafragma deve ser feito sob medida por um profissional de saúde, que dará todas as informações necessárias ao seu uso correto. Não pode ser utilizado por mulheres virgens (devido, geralmente, à presença do hímen) ou que deram à luz há menos de oito semanas (por causa da eliminação de secreções uterinas advindas do pós-parto).

Após a relação sexual, a mulher deve permanecer com o diafragma por cerca de oito horas. Após esse tempo, ele deve ser retirado, lavado com água e sabão neutro e guardado seco em estojo apropriado. A vida útil do diafragma depende da manutenção e do uso corretos.

Esse método não interfere no ciclo menstrual, mas também não protege contra ISTs. Esse é um dos motivos pelos quais o uso do diafragma não é recomendado para adolescentes que já tenham iniciado sua vida sexual. Algumas mulheres que o utilizam podem apresentar irritação vaginal e infecção urinária.

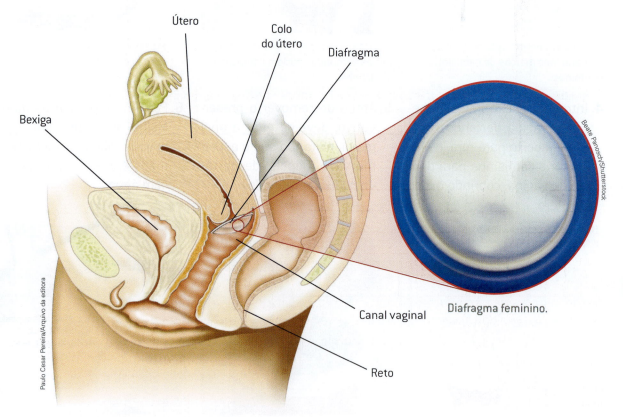

(Elementos representados em tamanhos não proporcionais entre si. Cores fantasia.)

O diafragma deve ser encaixado no colo uterino.

Para aumentar sua eficácia, o diafragma pode ser usado junto a um espermicida, uma substância química que pode matar ou imobilizar os espermatozoides que chegam ao útero.

❯ Métodos hormonais

Atualmente, os métodos contraceptivos hormonais estão disponíveis apenas para as mulheres. Esses métodos liberam hormônios (estrógeno e progesterona) que inibem a ovulação e, em alguns casos, a menstruação.

Os métodos hormonais só podem ser utilizados com a indicação e o acompanhamento de um médico, pois interferem no ciclo menstrual e apresentam várias contraindicações. Mulheres que têm ou já tiveram problemas cardíacos ou cardiovasculares, câncer, doenças do fígado, enxaqueca, que são fumantes ou estão amamentando não devem utilizá-los.

Os principais métodos hormonais são:

- as **pílulas anticoncepcionais** (ou pílula contraceptiva oral), que são comercializadas em cartelas. É necessário ter disciplina durante o uso, pois geralmente precisam ser tomadas diariamente;
- as **injeções**, que contêm uma dose maior de hormônios em relação às pílulas. São utilizadas a cada mês ou trimestre, dependendo da quantidade e do tipo de hormônio;
- os **implantes**, que são pequenos tubos que, colocados sob a pele, liberam hormônios na corrente sanguínea. Podem durar até três anos;
- os **adesivos**, que são colocados sobre a pele e contêm hormônios, que são lentamente absorvidos pela pele, e precisam ser substituídos semanalmente;
- o **anel vaginal**, que é um disco que libera hormônios e deve ser encaixado no colo uterino; precisa ser substituído a cada três semanas.

Apesar de a pílula ser o contraceptivo hormonal feminino mais popular, os outros métodos vêm ganhando espaço pela sua praticidade, já que não necessitam de tanta disciplina. Além disso, deve-se levar em conta que a pílula apresenta contraindicações e não protege contra ISTs.

❯ Métodos cirúrgicos

Como são geralmente irreversíveis, os métodos cirúrgicos somente são recomendados para casais que não querem ter filhos ou que já têm filhos e estão seguros de que não desejam ter outros. São indicados também quando, no casal, existe alguém com algum problema grave de saúde e uma gravidez não seria recomendável. Os métodos cirúrgicos são a laqueadura, para as mulheres, e a vasectomia, para os homens.

(Elementos representados em tamanhos não proporcionais entre si. Cores fantasia.)

Laqueadura

É uma cirurgia na qual as tubas uterinas são seccionadas (cortadas), impedindo a passagem do ovócito para o útero e, dessa forma, evitando o seu encontro com os espermatozoides. Muitas mulheres optam por realizar a laqueadura na ocasião em que fazem o parto cirúrgico (cesárea).

A cirurgia não interfere no ciclo menstrual, ou seja, a mulher continuará ovulando e menstruando.

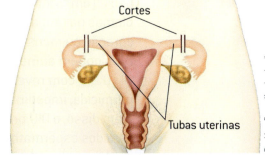

A laqueadura impede o deslocamento do ovócito em direção ao útero e, portanto, impossibilita a fecundação.

Vasectomia

Ao contrário da laqueadura, que precisa ser feita em um hospital, a vasectomia é uma cirurgia mais simples e que pode ser feita em um consultório médico, com anestesia local.

Na vasectomia, um pequeno corte é feito no escroto e os ductos deferentes são cortados e amarrados. O homem continua ejaculando, mas os espermatozoides ficam retidos nos testículos e são absorvidos pelo corpo.

Após a vasectomia, o homem continua tendo ereção e ejaculação normalmente.

(Elementos representados em tamanhos não proporcionais entre si. Cores fantasia.)

❯ Métodos intrauterinos

O dispositivo intrauterino (DIU) é um pequeno objeto, em geral de plástico, colocado no útero da mulher por um ginecologista, que fará a avaliação e o acompanhamento da paciente. Pode ser revestido com cobre ou acrescido de outras substâncias, como hormônios (estrógeno e progesterona). Como a mulher pode ficar com o DIU por vários anos, esse método não necessita de disciplina e organização, como é o caso da pílula.

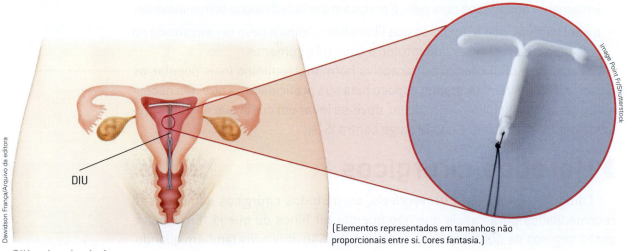

DIU no interior do útero.

(Elementos representados em tamanhos não proporcionais entre si. Cores fantasia.)

É considerado um método bastante eficaz, com índice de fracasso muito baixo (em torno de 1%), mas apresenta contraindicações. Mulheres com problemas nas tubas uterinas e no útero, anemia, alergia ao cobre, problemas de coração ou menstruação abundante geralmente não podem utilizá-lo. Alguns DIUs podem aumentar a quantidade e a duração do sangramento menstrual.

O DIU com revestimento de cobre é o mais comum. O cobre tem efeito espermicida, impedindo que os espermatozoides cheguem até as tubas uterinas. Além disso, o DIU provoca algumas alterações no útero que dificultam a passagem dos espermatozoides e impedem a nidação, caso ocorra fecundação.

Alguns hospitais públicos no Brasil têm programas de planejamento familiar e colocam gratuitamente o DIU, após uma avaliação cuidadosa da paciente.

EM PRATOS LIMPOS

Existe um método anticoncepcional ideal para adolescentes?

Embora não exista um método ideal para ser utilizado na adolescência, a recomendação dos especialistas em saúde reprodutiva é que se utilize sempre a camisinha masculina ou a feminina em todas as relações sexuais, por ser o único método que combina a proteção contra infecções sexualmente transmissíveis e uma gravidez indesejada.

Métodos naturais, além de falha elevada, necessitam de muita organização e disciplina, posturas nem sempre comuns na adolescência. Os métodos hormonais apresentam algumas restrições, mas podem ser utilizados com acompanhamento médico. Métodos cirúrgicos não devem ser utilizados por adolescentes. O diafragma não pode ser utilizado por mulheres virgens e, assim como o DIU, apresenta restrições que devem ser observadas.

É importante, porém, que, antes de iniciar a vida sexual, o adolescente converse com um médico para a devida orientação. Para saber mais, consulte a cartilha sobre direitos sexuais, direitos reprodutivos e métodos anticoncepcionais elaborada pelo Ministério da Saúde. Disponível em: <http://bvsms.saude.gov.br/bvs/publicacoes/direitos_sexuais_reprodutivos_metodos_anticoncepcionais.pdf> (acesso em: 9 jun. 2018).

❯ A pílula do dia seguinte

Lançada no Brasil em 1999, a pílula do dia seguinte é um contraceptivo que só deve ser utilizado em **situações de emergência**; por exemplo, em caso de estupro. Ela nunca deve ser usada como método contraceptivo regular, pois tem taxas elevadas de hormônios, podendo causar vômitos, náuseas, enxaquecas e alterações no ciclo menstrual.

Os hormônios da pílula do dia seguinte agem sobre os ovários, impedindo ou retardando a ovulação. No colo uterino, aumentam o espessamento do muco, o que dificulta a passagem dos espermatozoides, e, no endométrio, impedem a nidação, caso tenha ocorrido a fecundação.

A pílula do dia seguinte precisa ser tomada até 72 horas após a ocorrência da relação sexual. Esse método só deve ser utilizado com a orientação de um médico, que irá avaliar o estado de saúde da mulher e ver se não há riscos para ela. Mulheres com problemas cardiovasculares, cardíacos e nos órgãos genitais internos (ovários, tubas uterinas e útero) geralmente não podem fazer uso desse medicamento.

Assista também!

Que corpo é esse? – Amores e relações abusivas. Animação. 2018. 3 min. Disponível em: <www.futuraplay.org/video/amores-e-relacoes-abusivas/422140/> (acesso em: 14 jun. 2018).

Nessa animação, uma família brasileira vivencia situações e reflete sobre assuntos importantes para o desenvolvimento sexual dos adolescentes. Esta série faz parte do Projeto Crescer sem Violência, parceria entre o Unicef e a Childhood Brasil, de enfrentamento às violências sexuais contra crianças e adolescentes. Esse episódio aborda relacionamentos abusivos e o machismo.

NESTE CAPÍTULO VOCÊ ESTUDOU

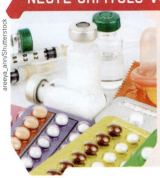
areeya_ann/Shutterstock

- Métodos contraceptivos naturais.
- Métodos contraceptivos de barreira.
- Métodos contraceptivos hormonais.
- Métodos contraceptivos cirúrgicos.
- Método contraceptivo intrauterino.
- Pílula do dia seguinte.

ATIVIDADES

PENSE E RESOLVA

1 Uma mulher com ciclo menstrual regular de 26 dias menstruou no dia 24 de agosto. Calcule:

a) o dia de início do ciclo menstrual no mês de agosto. Justifique.

b) a data provável da última ovulação. Justifique.

c) período fértil no mês de agosto. Justifique.

2 Observe no gráfico abaixo a temperatura basal diária de uma mulher ao longo de um determinado mês e responda.

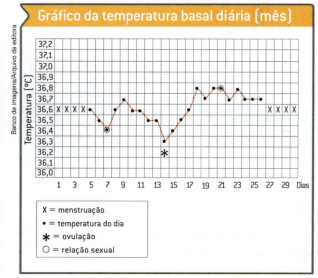

(Gráfico com dados fictícios apenas para fins didáticos.)

a) Qual foi a duração do período menstrual?

b) Em que dia do ciclo ocorreu a ovulação?

c) Qual era a temperatura da mulher no dia da ovulação?

d) A mulher assinalou no gráfico dois dias em que teve relação sexual. É possível que ela tenha engravidado?

e) Se o casal estiver planejando uma gravidez, em que período do mês há maiores chances de ela ocorrer?

3 Com relação aos métodos naturais ou comportamentais, responda:

a) Por que esses métodos também são chamados de métodos de abstinência?

b) Cite três vantagens e três desvantagens comuns a todos.

c) Explique por que esses métodos são também utilizados pelos casais que querem ter filhos.

4 Por que é necessário a mulher observar o muco vaginal durante alguns meses antes de começar a utilizar o método muco cervical?

5 Identifique as frases incorretas e reescreva-as corretamente.

a) A camisinha (masculina ou feminina) é o único método contraceptivo capaz de prevenir as ISTs.

b) Todos os métodos hormonais necessitam de disciplina para serem utilizados.

c) O diafragma é um método cirúrgico que não pode ser utilizado por mulheres virgens ou que tiveram bebê há pouco tempo.

6 Explique por que há necessidade de acompanhamento médico para utilização dos métodos contraceptivos hormonais.

7 Observe a embalagem de camisinha na fotografia. Que informações devem ser observadas antes de utilizar o produto? Justifique.

8 Explique o que é a vasectomia e quais as suas consequências com relação à capacidade de ereção e ejaculação.

9 Dos métodos listados a seguir, identifique aqueles que têm contraindicações, necessitando de acompanhamento médico para sua utilização segura:

- camisinha masculina;
- adesivos com hormônios;
- tabelinha;
- implantes;
- DIU.

10 Explique por que a pílula do dia seguinte é considerada um método contraceptivo de emergência.

SÍNTESE

Construa uma tabela na qual, na primeira coluna, seja colocado o nome do método contraceptivo; na segunda coluna, as vantagens de seu uso; e, na terceira coluna, as desvantagens.

DESAFIO

O gráfico a seguir mostra os resultados de uma pesquisa (fictícia) feita com um grupo de adolescentes grávidas para saber qual foi a principal fonte de informação sobre os métodos contraceptivos. Analise os resultados e responda:

a) Qual foi a fonte de informação mais citada na pesquisa?

b) Qual foi a fonte de informação menos citada na pesquisa?

c) Você considera confiáveis as informações obtidas pela maioria das adolescentes? Justifique.

d) Pelos resultados da pesquisa, podemos dizer que a escola e o(a) professor(a) tiveram um papel significativo no conhecimento sobre os métodos contraceptivos?

e) Qual o percentual de adolescentes que utilizaram como fonte principal de informação profissionais da área de saúde?

f) Pela pesquisa realizada, você poderia dizer que os meios de comunicação são uma fonte de informação mais utilizada pelas adolescentes do que a escola?

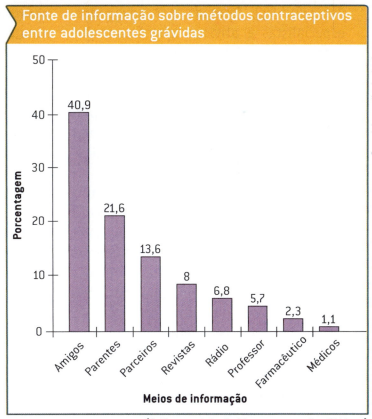

(Gráfico com dados fictícios apenas para fins didáticos.)

Capítulo 5 • Métodos contraceptivos 87

LEITURA COMPLEMENTAR

Como o aborto é tratado pelo mundo

Atualmente, 60% da população mundial vive em países cujas legislações preveem o aborto em todas ou algumas circunstâncias. Essa percentagem, no entanto, esconde um panorama sombrio: dentre os 56 milhões de abortos registrados no mundo entre 2010 e 2017, 45% dos procedimentos aconteceram em más condições e 97% desses foram feitos em países em desenvolvimento da África, Ásia e América Latina.

O debate em torno da legalização do aborto acontece por todos os lados e as legislações que regem o tema são diversas, por vezes abrangentes ou mais restritivas, e sempre revelando as tendências conservadoras ou liberais de um país. Já existe um número considerável de países nos quais o procedimento é completamente liberado. Na mesma medida, contudo, observa-se a proibição completa ou parcial em tantos outros.

As leis sobre o aborto no mundo

De acordo com a organização não governamental Center for Reproductive Rights [em português, Centro de Direitos Reprodutivos], formada por advogados, especialistas e ativistas que lutam por avanços nos direitos reprodutivos das mulheres mundo afora, mantém uma base de dados atualizada e que mostra o panorama das legislações em quase todos os países do mundo. A partir dela, foi produzido um mapa que ilustra como está a legalização do aborto até o momento.

A entidade classifica os países em quatro grupos, mas reforça que cada país conta com a sua particularidade jurídica. No mapa, cada um deles foi representado em cor diferente. Os que compõem a categoria I, em laranja mais forte, são os que permitem o aborto em casos nos quais a saúde da mulher corre risco ou o proíbem completamente.

Vale notar, no entanto, que esse grupo inclui, ainda, países cujas leis preveem exceções nas quais a mulher não é penalizada na ocasião de ter realizado o procedimento. Um exemplo é o Brasil, no qual o aborto é permitido também em casos de estupro e anencefalia [má-formação ou ausência do cérebro] do feto.

Na categoria II, em laranja, abortos são permitidos para "preservar a saúde". Aqui, nota a organização, a recomendação da Organização Mundial da Saúde (OMS) é a de que o termo "saúde" inclua o bem-estar mental, físico e social. Na Colômbia, por exemplo, além da previsão para o procedimento em casos de estupro e má-formação do feto, também é permitido com base na saúde mental.

Os países que compõem a categoria III, em amarelo, são aqueles que contam com uma legislação descrita pela entidade como "mais liberais" e que permitem o procedimento com base em fatores sociais e econômicos.

Já o grupo na categoria IV, representado pela cor verde, são os países liberais nos quais o aborto é liberado. A maioria deles prevê um limite para a interrupção não justificada da gestação (12 semanas), mas há previsão para o procedimento como em casos de má-formação do feto ou riscos para a mulher.

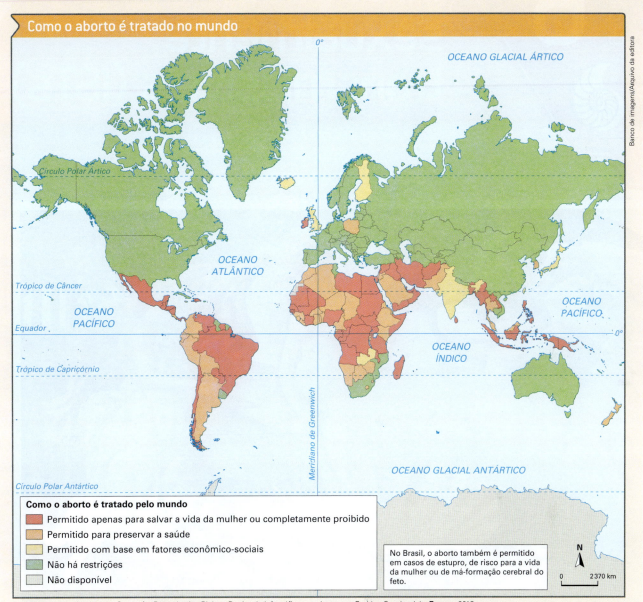

Fonte: RUIC, Gabriela. Como o aborto é tratado pelo mundo. **Exame**. Publicado em: 26/5/2018. Disponível em: <https://exame.abril.com.br/mundo/como-o-aborto-e-tratado-pelo-mundo/> (acesso em: 26 jul. 2018).

Questões

1. Em quais situações o aborto pode ser realizado legalmente no Brasil?
2. A partir das quatro categorias sobre legislação do aborto no mundo indicadas no mapa:
   a) Cite dois países que se enquadram em cada uma das categorias.
   b) Que fator parece estar envolvido na variação de tipos de legislação sobre aborto em cada país?

Capítulo 5 • Métodos contraceptivos   89

Capítulo **6**

Infecções sexualmente transmissíveis (ISTs)

Obra de arte
O nascimento de Vênus, de Sandro Botticelli, 1483. Têmpera sobre tela, 172,5 cm × 278,5 cm. Galleria degli Uffizi, Florença.

Você já ouviu falar em doenças venéreas?
Esse nome está relacionado a Vênus, a deusa do amor na mitologia romana. As doenças venéreas são transmitidas principalmente por relações sexuais. Por isso, essas doenças eram chamadas doenças sexualmente transmissíveis (DSTs). Hoje em dia, porém, o nome recomendado é infecções sexualmente transmissíveis (ISTs).

Você sabe citar o nome de alguma IST? Sabe quem são os agentes causadores dessas infecções? Como é possível evitá-las? Quais são os danos que elas podem causar ao organismo? Existe cura para elas? Como alguém pode saber que está contaminado com uma IST?

A essas e a outras questões você poderá responder estudando este capítulo.

❯ O que são ISTs?

As infecções sexualmente transmissíveis (ISTs) são transmitidas principalmente por contato sexual (vaginal, anal ou oral) de uma pessoa para outra. Podem ser causadas por vários tipos de organismos: vírus, bactérias, fungos e protozoários.

A maioria das ISTs atinge principalmente os órgãos genitais e pode ser curada sem deixar sequelas, desde que seja diagnosticada e tratada precocemente. Existem alguns sintomas comuns a várias ISTs, mas somente um médico poderá fazer o diagnóstico correto e propor o tratamento adequado em cada caso. Entre os sintomas mais comuns, estão:

- aparecimento de feridas, manchas ou verrugas nos órgãos genitais;
- ardência ou dificuldade para urinar;
- secreção (corrimento) ou coceira na vagina, no ânus ou no pênis.

Sequela: alteração anatômica ou funcional permanente que pode ser provocada por uma doença ou acidente.

Os sintomas de algumas ISTs podem desaparecer em alguns dias, sem nenhum tratamento, dando à pessoa contaminada a falsa ideia de que está curada. Também é comum as pessoas se contaminarem com alguma IST e os sintomas demorarem a aparecer. Nesses casos, se a infecção não for diagnosticada e tratada, as consequências poderão ser muito sérias, tanto para a própria pessoa quanto para os seus possíveis parceiros sexuais, que correrão risco de se contaminar.

O principal motivo para a mudança da nomenclatura de DST para IST foi exatamente o fato de que, quando falamos em "doença", consideramos a existência de sintomas e sinais visíveis no organismo. Já as **infecções** podem se manter assintomáticas (sem apresentar sintomas) por determinados períodos ou mesmo por toda a vida, só podendo ser detectadas por meio de exames laboratoriais.

É muito importante consultar um médico periodicamente, principalmente se o parceiro ou parceira sexual contrair ou apresentar qualquer sintoma de IST.

Uma forma eficiente e recomendada para evitar a contaminação por ISTs é o uso de **preservativos masculinos** ou **femininos** (camisinhas).

A seguir, vamos estudar algumas infecções sexualmente transmissíveis.

As camisinhas masculinas (à esquerda) e a feminina (acima) são os únicos anticoncepcionais que podem evitar a contaminação por ISTs. Elas são distribuídas gratuitamente em muitos postos de saúde e hospitais públicos.

Capítulo 6 • Infecções sexualmente transmissíveis (ISTs)

UM POUCO MAIS

ISTs entre os jovens no Brasil

No Brasil, seguindo uma tendência mundial, o número de jovens com infecções sexualmente transmissíveis tem aumentado ao longo dos anos. Isso ocorre principalmente devido à falta de proteção nas relações sexuais. Segundo dados do Ministério da Saúde, 56,6% dos brasileiros entre 15 e 24 anos usam camisinha com parceiros eventuais.

Além da aids (síndrome da imunodeficiência adquirida), que tem sido nos últimos anos alvo das principais campanhas de prevenção, a propagação de outras infecções sexualmente transmissíveis entre os jovens, como sífilis, HPV, gonorreia, herpes genital e hepatite B ou C, tem preocupado muito os especialistas da área de saúde. O fato de algumas dessas ISTs serem assintomáticas agrava ainda mais esse cenário.

Elaborado com base em MINISTÉRIO DA SAÚDE. Disponível em: <http://portalms.saude.gov.br/noticias/agencia-saude/42491-ministerio-da-saude-alerta-foliao-para-o-uso-da-camisinha-no-carnaval> (acesso em: 26 jul. 2018).

Gonorreia

É causada pela bactéria *Neisseria gonorrhoeae*, conhecida também como gonococo, e é uma das ISTs mais comuns.

Os sintomas no homem, que aparecem de 2 a 10 dias após o contágio, são ardência ao urinar e secreção purulenta que sai pela uretra. Os sintomas na mulher são corrimento vaginal e ardência ao urinar, mas eles nem sempre se manifestam. Dessa maneira, a mulher contaminada pode transmitir a infecção sem saber.

Se não houver diagnóstico precoce, a infecção pode atingir as tubas uterinas, na mulher, e os testículos e a próstata, no homem, provocando esterilidade. A mulher contaminada também pode transmitir a bactéria para o bebê durante o parto, o que pode provocar cegueira e até levar o recém-nascido à morte, caso a infecção da mãe não tenha sido diagnosticada. Atualmente, é obrigatória a utilização de um colírio antibiótico no momento do nascimento em todos os bebês nascidos em hospitais e maternidades.

A gonorreia pode ser tratada com antibióticos e é facilmente curada se for diagnosticada precocemente. Entretanto já foram identificadas **cepas** de gonococo que não respondem aos antibióticos usuais para tratamento. Esse fato reforça a necessidade do uso de preservativos nas relações sexuais.

Cepa: grupo ou variedade de organismos com um ancestral comum. Refere-se geralmente a microrganismos.

Bactéria transmissora da gonorreia vista ao microscópio eletrônico.
(Ampliação aproximada de 7 300 vezes. Cores artificiais.)

Sífilis

A sífilis é uma infecção causada pela bactéria *Treponema pallidum* e pode se manifestar em três diferentes estágios.

Geralmente, o primeiro estágio corresponde ao aparecimento do **cancro duro**, uma pequena ferida que não dói nem coça, nos órgãos genitais (pênis, pudendo feminino, vagina ou colo uterino) ou na boca. Essa ferida desaparece sozinha após alguns dias, sem deixar cicatriz. Alguns meses depois, aparecem feridas e manchas vermelhas pelo corpo, características do segundo estágio. Essas manchas também desaparecem após algum tempo.

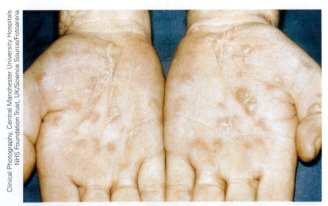

Sífilis secundária (segundo estágio): aparecimento de feridas e manchas pelo corpo.

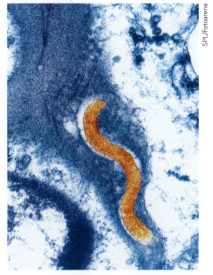

Bactéria transmissora da sífilis vista ao microscópio eletrônico.
(Ampliação aproximada de 3 000 vezes. Cores artificiais.)

Se a infecção não for tratada, evolui para o terceiro estágio, após um período sem sintomas que pode durar anos. Nesse ponto, ela afeta diversos órgãos vitais, como o cérebro e o coração.

A sífilis pode ser tratada com antibióticos em qualquer dos estágios e pode ser diagnosticada pelos sintomas e por exame de sangue.

É indicado que as relações sexuais sejam suspensas durante o tratamento, uma vez que as feridas na pele e na mucosa podem transmitir a bactéria da sífilis. A gestante com sífilis pode sofrer aborto espontâneo ou transmitir a infecção para o feto, que poderá apresentar cegueira e deformidades ósseas.

Assim como acontece com a gonorreia, já existem cepas de *Treponema pallidum* resistentes aos antibióticos usuais.

Tricomoníase

A tricomoníase é causada pelo protozoário *Trichomonas vaginalis*. Muitas vezes não apresenta sintomas e, por isso, é bastante disseminada: as pessoas não sabem que estão contaminadas, não buscam tratamento e podem transmiti-la sem saber. Na mulher, pode ocorrer um discreto corrimento vaginal amarelado, associado a prurido (coceira) no pudendo e na vagina e ardência ao urinar. O homem pode apresentar uma secreção amarela que sai pela uretra (geralmente pela manhã) e ardência ao urinar.

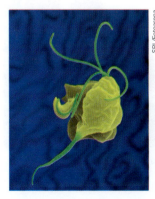

Protozoário transmissor da tricomoníase visto ao microscópio eletrônico.
(Ampliação aproximada de 2 250 vezes. Cores artificiais.)

Candidíase

A candidíase é um tipo de micose muito frequente, causada pelo fungo *Candida albicans*. Os sintomas mais comuns na mulher são coceira na região do pudendo, corrimento vaginal de cor branca, ardor local e ao urinar. No homem, os sintomas mais comuns são o aparecimento de pequenas manchas vermelhas e de lesões em forma de pontos no pênis, além de coceira.

O tratamento é feito com cremes vaginais, pomadas e comprimidos orais. Evitar o uso de roupas muito apertadas (principalmente *jeans*) ou muito quentes, com pouca aeração nos órgãos genitais externos, ajuda a evitar que se criem condições para o desenvolvimento do fungo.

A higiene diária com bastante água e sabão neutro e a lavagem das roupas íntimas com água quente ajudam a diminuir o aparecimento de novas infecções.

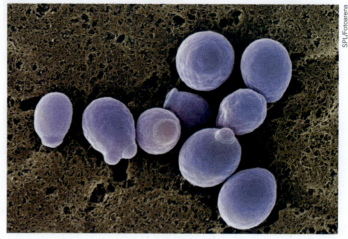

Fungo causador da candidíase visto ao microscópio eletrônico.
(Ampliação aproximada de 4 410 vezes. Cores artificiais.)

Herpes genital

O herpes genital, assim como o herpes oral, é causado pelos *Herpes simplex* vírus 1 (HSV-1) e *Herpes simplex* vírus 2 (HSV-2). Entre os sintomas estão ardência e coceira na glande do pênis e na parte externa da vagina, seguidas do aparecimento de pequenas bolhas agrupadas, cheias de um líquido claro. Semelhante ao que ocorre com a catapora, as pequenas bolhas secam e formam "casquinhas". Esse processo dura em torno de 10 dias, período no qual a pessoa poderá transmitir o vírus. O contágio se dá pelo contato com o líquido claro das feridas.

O vírus pode permanecer no corpo da pessoa contaminada por meses ou mesmo anos sem se manifestar e pode voltar a ficar ativo a qualquer momento, provocando o reaparecimento dos sintomas. Alguns fatores que colaboram para a manifestação do vírus são a exposição ao sol, o estresse, o uso de determinados medicamentos ou qualquer fator que possa reduzir a capacidade de defesa do organismo. Os tratamentos atuais costumam reduzir os sintomas e a transmissão do vírus (pois também reduzem a duração da crise), mas não há cura total para a doença.

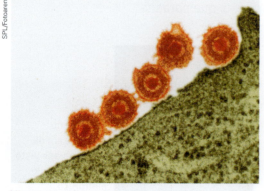

Vírus transmissor do herpes visto ao microscópio eletrônico.
(Ampliação aproximada de 62 390 vezes. Cores artificiais.)

Aids (síndrome da imunodeficiência adquirida)

A aids é uma **síndrome** provocada pelo vírus da imunodeficiência humana, o HIV (sigla em inglês). Esse vírus parasita células do sistema imunitário, diminuindo a capacidade de defesa contra agentes infecciosos. Como consequência, a pessoa contaminada pode contrair as chamadas doenças oportunistas, ou seja, aquelas que "se aproveitam" da baixa imunidade para se instalar.

Embora o portador do vírus possa ficar muitos anos sem apresentar sintomas e estar aparentemente saudável, ele pode transmitir o HIV a outras pessoas.

> **Síndrome:** é o conjunto de sintomas que pode levar ao diagnóstico de uma ou mais doenças.

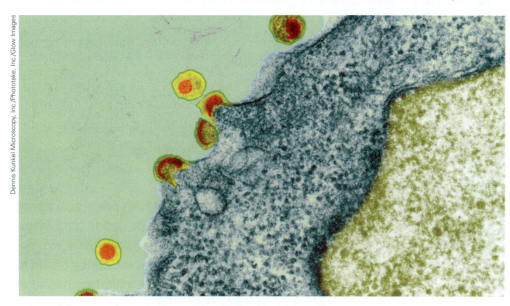

O HIV parasita principalmente os linfócitos, tipo de glóbulo branco responsável pela produção de anticorpos. Os vírus são os elementos amarelos e o linfócito é a célula em azul.
(Ampliação aproximada de 32 300 vezes. Cores artificiais.)

Breve histórico da doença

Os primeiros casos de aids foram descritos na década de 1980, em pacientes homossexuais do sexo masculino que apresentavam um tipo de pneumonia e de câncer de pele (sarcoma de Kaposi) geralmente encontrados em pessoas com deficiência no sistema imunitário.

Após alguns anos de estudos, constatou-se que essa deficiência era causada por um vírus, chamado então de HIV, e que qualquer pessoa, independentemente de sexo, orientação sexual, classe social e idade, poderia ser contaminada por ele.

Muitas teorias para a origem da doença foram elaboradas, mas a mais aceita atualmente é a de que o HIV é uma forma mutante de um vírus que parasita macacos e, de alguma forma, passou para a população humana.

A Organização Mundial da Saúde (OMS) estima que, desde o início da epidemia, em 1981, até os dias atuais, cerca de 35 milhões de pessoas morreram de aids. Esse é quase o número atual de indivíduos que vivem com HIV – as estimativas da OMS dão conta de 36,7 milhões de soropositivos no mundo inteiro.

> No Brasil, entre jovens de 20 e 24 anos, a taxa de detecção subiu de 16,2 casos por 100 mil habitantes, em 2005, para 33,1 casos em 2015, segundo dados do Ministério da Saúde, que indica dois motivos para a vulnerabilidade dos jovens: menor inserção nos serviços de saúde e menor adesão ao tratamento.

Capítulo 6 • Infecções sexualmente transmissíveis (ISTs)

Modos de contaminação

O HIV pode ser encontrado principalmente no sêmen, na secreção vaginal, no sangue e no leite materno e pode ser transmitido de uma pessoa para outra das seguintes formas:

- relação sexual (oral, vaginal ou anal) sem o uso de preservativos;
- transfusão de sangue;
- uso compartilhado de seringas, comum entre usuários de drogas injetáveis;
- da mãe para o bebê, durante a gestação (via placentária), no parto ou pela amamentação;
- utilização de instrumentos cortantes ou perfurantes não esterilizados, como alicates, agulhas e lâminas de barbear.

Não existe risco de contaminação durante um aperto de mão, um abraço, um beijo, nem na utilização de espaços e objetos comuns com pessoas infectadas (piscinas, toalhas, sabonetes, talheres, etc.). O HIV também não pode ser transmitido por picada de inseto, tosse, espirro, lágrima ou saliva.

Teste do HIV

Ao passar por alguma situação de risco de contaminação por HIV ou apresentar algum sintoma, a pessoa deve procurar o serviço de saúde para fazer um teste, a fim de verificar se há presença de anticorpos contra o HIV no sangue. O resultado desse teste indica se a pessoa entrou em contato com o vírus e, portanto, se está contaminada. Se o tempo entre a contaminação e o teste for muito curto, o resultado poderá ser um falso negativo – isso quer dizer que a pessoa está contaminada, mas o teste não é suficientemente sensível para reconhecer a presença de anticorpos no sangue. Por esse motivo, é recomendável refazer o teste alguns meses depois da exposição à situação de risco.

Uma pessoa contaminada não necessariamente irá desenvolver a doença – nesse caso, dizemos que a pessoa é soropositiva, mas não desenvolveu a aids. Em alguns casos, o vírus poderá permanecer latente (inativo) no corpo por muitos anos.

Tratamento

Ainda não existe cura para a aids. Os vários medicamentos produzidos ao longo das últimas décadas têm como objetivo reduzir a multiplicação dos vírus no organismo humano, melhorando a qualidade de vida dos soropositivos. O tratamento precisa ser acompanhado por um médico, que fará a combinação e a dosagem adequada dos medicamentos para cada paciente e tratará das doenças oportunistas que possam se manifestar.

Nem todos os pacientes respondem bem ao tratamento, pois ele pode não provocar o efeito esperado ou causar vários efeitos colaterais. No Brasil, os medicamentos são distribuídos gratuitamente pelo Sistema Único de Saúde (SUS).

A OMS estima que, recentemente, cerca de 11,7 milhões de pessoas em países em desenvolvimento tenham acesso ao tratamento.

Número de pessoas recebendo tratamento antirretroviral (TAR) e a porcentagem de todas as pessoas HIV positivas recebendo TAR em países de baixa e média rendas (por regiões da Organização Mundial da Saúde) – 2013

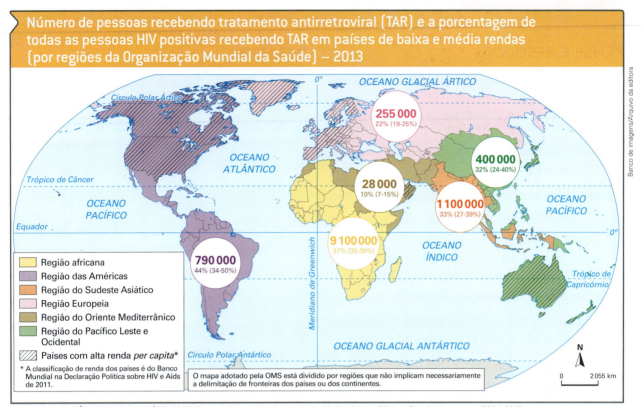

Fonte: ORGANIZAÇÃO MUNDIAL DA SAÚDE (OMS). Disponível em: <http://www.who.int/hiv/data/artmap2014.png?ua=1> (acesso em: 26 jul. 2018).

EM PRATOS LIMPOS

Qual a expectativa de vida de um indivíduo portador do HIV?

O tempo que se pode viver após ter sido infectado pelo HIV varia muito entre as pessoas. Nos últimos anos, com a utilização de medicamentos capazes de manter a taxa viral muito baixa, a expectativa de vida dos soropositivos aumentou bastante. Todavia, algumas pessoas podem ter reações adversas aos medicamentos ou contrair doenças oportunistas, mesmo sob tratamento com a medicação adequada.

O Dia Mundial de Combate à Aids é comemorado anualmente em 1º de dezembro e tem por objetivo conscientizar a sociedade sobre a síndrome da imunodeficiência adquirida. O laço vermelho é usado como o símbolo de luta contra o HIV/Aids.

NESTE CAPÍTULO VOCÊ ESTUDOU

- O que são infecções sexualmente transmissíveis (ISTs).
- Quais os principais sintomas das ISTs.
- Como prevenir e tratar as ISTs.

Capítulo 6 • Infecções sexualmente transmissíveis (ISTs)

ATIVIDADES

PENSE E RESOLVA

1 Quais são os principais agentes causadores das ISTs?

2 Quais são os sintomas mais comuns das ISTs?

3 Quais são as principais formas de prevenção contra as ISTs?

4 Um indivíduo pode transmitir uma IST e não apresentar sintomas? Dê exemplos.

5 Como funciona o teste para identificar se uma pessoa se contaminou com o vírus HIV? Ele é confiável se feito logo após a exposição a uma situação de risco?

6 É possível um indivíduo ter sido contaminado com o HIV e não ficar doente? Justifique.

7 Forme um grupo com mais três colegas e, após relerem o texto "ISTs entre os jovens no Brasil", da página 92, respondam às questões:

a) Na opinião do grupo, por que muitos jovens não utilizam preservativos como meio de proteção contra as ISTs?

b) Além da divulgação de informações sobre ISTs nos livros didáticos e nos meios de comunicação, quais outras ações o grupo sugere para diminuir a incidência das ISTs?

SÍNTESE

Identifique a IST descrita em cada item.

a) Provoca ardência ao urinar e secreção purulenta. Na mulher, pode não apresentar sintomas. Se não for tratada, pode deixar o indivíduo estéril.

b) Atualmente não tem cura. Afeta o sistema imunitário do indivíduo, permitindo o aparecimento de doenças oportunistas.

c) Manifesta-se em três estágios, com sintomas que aparecem e desaparecem. Geralmente o primeiro sintoma é o aparecimento de uma ferida chamada de cancro duro.

d) Tipo de micose causada por fungo que provoca, na mulher, corrimento vaginal de cor branca e prurido na região do pudendo.

DESAFIOS

1 Com base no mapa da página 97 e no que você estudou sobre o HIV, responda às questões:

a) Qual a região do mundo com maior número de pessoas recebendo tratamento antirretroviral?

b) Nessa região todas as pessoas estão recebendo tratamento?

c) Quais são as principais formas de contaminação pelo HIV?

d) Quais as ações que os órgãos públicos podem tomar para diminuir a porcentagem de pessoas infectadas pelo HIV?

2 Analise o gráfico, que mostra a evolução dos casos de aids por faixa etária entre os anos 2006 e 2015, e responda às questões.

Taxa de detecção por HIV/aids por 100 mil habitantes homens (Brasil)

Faixa de idade	2006	2015	Variação
15 a 19 anos	2,4	6,9	187,5
20 a 24 anos	15,9	33,1	108,2
25 a 29 anos	40,9	49,5	21,0
30 a 34 anos	55,5	55,3	−0,3
35 a 39 anos	63	58,3	−7,5
40 a 44 anos	62	47,8	−22,9
45 a 49 anos	50,7	44,8	−11,6
50 a 54 anos	37	39,7	7,3
55 a 59 anos	28,2	31	9,9
60 anos ou mais	10,9	13,9	27,5

Fonte: MINISTÉRIO DA SAÚDE/Departamento DST, Aids e Hepatites Virais. Detecção dos casos de aids entre 2005 e 2015.

Banco de imagens/Arquivo da editora

a) Em qual faixa etária ocorreu uma maior variação na taxa de detecção por HIV/aids entre 2006 e 2015 por 100 mil habitantes homens? Justifique sua resposta.

b) Entre os homens na faixa etária de 20 a 24 anos, qual foi a porcentagem na variação da taxa de detecção por HIV/aids por 100 mil habitantes entre 2006 e 2015?

c) Em qual faixa etária ocorreu a maior diminuição na taxa de detecção por HIV/aids entre 2005 e 2015?

LEITURA COMPLEMENTAR

O que é bom você saber sobre o HPV e a vacina aprovada na rede pública

- [...] O HPV (papilomavírus humano) infecta a pele e as mucosas. Existem mais de 100 tipos diferentes de HPV, sendo que cerca de 40 tipos podem infectar o trato ano-genital (é considerada a doença sexualmente transmissível mais comum que existe). Pelo menos 13 tipos de HPV podem causar lesões capazes de evoluir para câncer.

- Estudos no mundo comprovam que 80% das mulheres sexualmente ativas serão infectadas por um ou mais tipos de HPV em algum momento de suas vidas. Essa porcentagem pode ser ainda maior em homens.

- Os tipos 16 e 18 estão presentes em 70% dos casos de câncer do colo do útero e na maioria dos casos de câncer de ânus, vulva [pudendo] e vagina. Já os tipos 6 e 11 não causam câncer, mas são encontrados em 90% das verrugas genitais.

- O HPV é a principal causa do câncer do colo de útero, terceiro tipo mais frequente entre as mulheres, atrás apenas do de mama e de reto. No ano passado, segundo o Inca (Instituto Nacional de Câncer), 4 800 brasileiras morreram desse tipo de câncer no país, a maioria de classes menos favorecidas.

- Na maior parte das vezes, o organismo combate sozinho o HPV. Estima-se que somente cerca de 5% das pessoas infectadas pelo HPV desenvolverão alguma forma de manifestação. Dessas, uma pequena parte evoluirá para câncer caso não haja diagnóstico e tratamento adequado. O HPV tem sido associado, cada vez mais, a casos de câncer de boca e garganta, e em idades cada vez mais baixas.

- O uso de preservativo ajuda, mas não protege 100% contra o HPV, já que o vírus pode estar em áreas que não estão cobertas pela camisinha. Qualquer tipo de atividade sexual pode transmitir o HPV, não apenas a penetração. E tanto homens quanto mulheres podem estar infectados sem apresentar sintomas.

- Não há tratamento específico para eliminar o vírus. [...]

- A vacina quadrivalente contra o HPV (Gardasil) utilizada na campanha brasileira protege contra 4 tipos de HPV (6, 11 ,16 e 18). [...] ela é aprovada para homens e mulheres de 9 a 26 anos. A vacina bivalente (contra os tipos 16 e 18) é aprovada sem limite de idade. Clínicas particulares também oferecem a vacina para pessoas acima dessa faixa etária, por considerar que há benefício.

- [...] Na rede pública, a segunda dose acontece seis meses após a primeira, e a terceira, apenas cinco anos depois. Segundo o governo, o esquema alternativo garante maior adesão.

- Como ocorre com todas as vacinas, as reações mais comuns são relacionadas ao local da injeção, como, por exemplo, dor, vermelhidão e inchaço (edema). Os menos comuns são cefaleia e febre. Em geral, esses sintomas são de leve intensidade e desaparecem no período de 24 a 48 horas.

- [...] Alguns estudos mostram que a vacina reduz as infecções por HPV. Nos EUA, por exemplo, elas caíram pela metade após um terço das jovens entre 13 e 17 anos tomarem todas as doses da vacina.

Fonte: O que é bom você saber sobre o HPV e a vacina aprovada na rede pública. **UOL**. Publicado em: mar. 2014. Disponível em: <http://noticias.uol.com.br/saude/ultimas-noticias/redacao/2014/03/16/o-que-e-bom-voce-saber-sobre-o-hpv-e-a-vacina-aprovada-na-rede-publica.htm> (acesso em: 12 jun. 2018).

Questões

1. Como os papilomavírus podem ser adquiridos?

2. Por que a infecção por papilomavírus é perigosa?

3. Quais as maneiras mais eficazes para prevenir os tipos de câncer causados pela contaminação por papilomavírus?

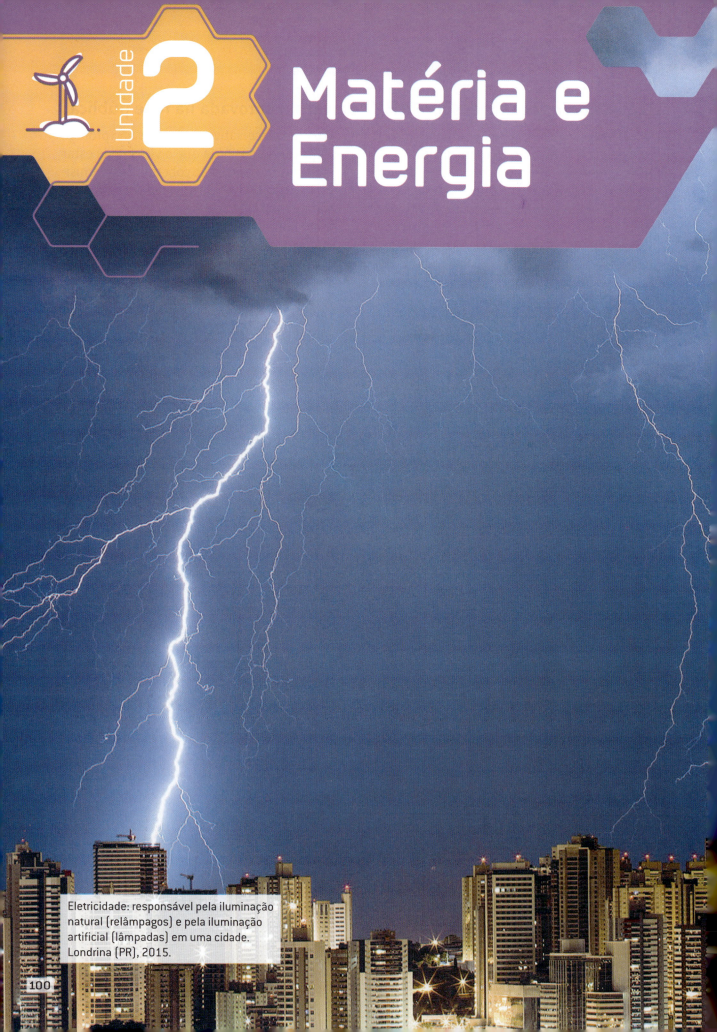

Unidade 2: Matéria e Energia

Eletricidade: responsável pela iluminação natural (relâmpagos) e pela iluminação artificial (lâmpadas) em uma cidade. Londrina (PR), 2015.

Os primeiros seres humanos nunca imaginariam que, em algum momento da História, uma noite poderia ser iluminada artificialmente com o mesmo tipo de eletricidade presente nos relâmpagos.

Não se pode negar que a eletricidade vem proporcionando conforto e comodidade desde suas primeiras aplicações. Atualmente, somos, em grande parte, dependentes da energia elétrica.

Nesta unidade vamos estudar como surgiram as primeiras explicações, a relação entre a eletricidade e o magnetismo, os vários aspectos da utilização da energia elétrica, bem como os impactos socioambientais decorrentes da sua obtenção, distribuição e consumo.

Capítulo 7
A eletrostática

Os cabelos da jovem ficam eletrizados pelo contato com o gerador de Van der Graaff.

Fenômenos elétricos são muito comuns no nosso dia a dia. Em alguns casos podem até ser bem perigosos. Mas há ocorrências que não causam danos. Por exemplo: Você já ouviu pequenos estalidos ao retirar uma blusa de lã do corpo? Já levou um leve choque ao tocar uma maçaneta ou a porta de um carro? Ou mesmo já se assustou ao encostar a mão em outra pessoa e ter uma sensação de choque? Essas ocorrências estão relacionadas a fenômenos elétricos.

Vemos na fotografia acima que os cabelos da menina estão arrepiados. Será que ela está levando um choque elétrico? Que tipo de fenômeno consegue deixar os cabelos dessa adolescente "em pé"?

Neste capítulo, vamos desvendar esse mistério e tantos outros fenômenos que envolvem conceitos relacionados à eletricidade estática.

A história da eletricidade

Os fenômenos elétricos sempre fizeram parte da natureza. Acredita-se que os primeiros seres humanos pensavam que os raios em noites de fortes tempestades eram "armas" utilizadas pelos deuses para castigá-los.

Foi necessário que o ser humano fizesse muitas observações dos fenômenos elétricos que ocorriam na natureza para que começasse a entender um pouco mais sobre a eletricidade.

Raios e relâmpagos: fantásticas manifestações da eletricidade estática.

No século VI a.C., o filósofo e matemático grego **Tales de Mileto** (624 a.C.-558 a.C.) observou que, ao atritar um pedaço de âmbar contra a pele de um animal, o âmbar passava a atrair pequenos objetos leves, como sementes, penas, fios de palha e farinha. Outra observação foi que, ao atritar dois pedaços de âmbar contra a pele de um animal, os dois pedaços de âmbar se repeliam. Na Antiguidade, acreditava-se que o âmbar tinha alma, pois era capaz de gerar seu próprio movimento e também de movimentar coisas a seu redor. Esse fenômeno foi chamado de efeito âmbar.

O âmbar é uma resina vegetal produzida por certas árvores, como o pinheiro. É sólido e de cor amarelo-pálida, podendo ser transparente ou opaco. Atualmente, o âmbar é usado na fabricação de ornamentos e outros objetos.

A história conta que Tales de Mileto foi o primeiro filósofo a tentar explicar o efeito âmbar.
(Cores fantasia.)

Capítulo 7 • A eletrostática 103

Símbolo dos quatro elementos a partir dos quais seria formada toda a matéria conhecida, segundo a teoria do filósofo grego Empédocles.

Essa explicação fazia sentido na Antiguidade, quando se acreditava que a matéria era constituída de apenas quatro elementos – a água, a terra, o fogo e o ar –, que teriam gerado todas as coisas existentes no Universo, e não havia outro modelo sobre a constituição da matéria que pudesse explicar o efeito âmbar.

Para Aristóteles (filósofo grego que viveu entre 384 a.C. e 322 a.C.) haveria ainda um quinto elemento, o éter. Mas mesmo a afirmação de Aristóteles também não foi suficiente para explicar o tal fenômeno obtido pelo efeito âmbar.

Outro modelo usado para explicar a constituição da matéria, com pouco destaque na época, foi apresentado por outros dois filósofos gregos, Leucipo (século V a.C.) e seu discípulo Demócrito de Abdera (460 a.C.-370 d.C.), sobre a filosofia atômica, segundo a qual tudo o que existe seria composto por partículas infinitamente pequenas chamadas **átomos**.

Átomo: palavra de origem grega que significa indivisível (*a* = 'não'; *tomo* = 'divisível').

Para eles, toda a natureza era formada por átomos e vácuo. Os átomos eram partículas tão pequenas que não podiam ser vistas; idênticas em sua composição, mas diferentes no tamanho e na forma. E mais: sempre tinham existido e sempre iriam existir.

Demócrito afirmava que todas as coisas eram feitas de matéria, que por sua vez era formada pela união temporária de átomos: "Na verdade, só existiam átomos e vazio", segundo o filósofo.

Apesar de ser um modelo mais parecido com o que utilizamos atualmente, a filosofia atômica (também conhecida como atomismo) não ganhou destaque.

Independentemente dos modelos sobre a constituição da matéria, as observações dos fenômenos elétricos continuaram em busca de explicações ao longo dos tempos, mesmo sem êxito, mas com a motivação de que a eletricidade deveria estar relacionada a alguma propriedade da matéria, a algo em seu interior que seria o responsável pela manifestação dos fenômenos elétricos.

No final do século XVI surgiram novos relatos sobre a eletricidade, quando **William Gilbert** (1544-1603), cientista e médico inglês, realizou alguns experimentos e apresentou as propriedades do âmbar e de outros materiais, nomeando-os e, posteriormente, classificando-os em materiais elétricos (que apresentavam a mesma propriedade do âmbar) e não elétricos (que não apresentavam a mesma propriedade do âmbar), fundando, assim, a ciência da eletricidade. Gilbert foi o primeiro cientista a usar os termos "força elétrica" na explicação de fenômenos elétricos.

UM POUCO MAIS

William Gilbert

William Gilbert nasceu em 1544, em Colchester (Essex), Inglaterra. Formou-se em Cambridge, foi indicado presidente do Colégio Real de Médicos e tornou-se o médico pessoal da rainha Elizabeth I.

Gilbert mostrou enorme talento para pesquisa e atividades experimentais, dedicando-se por muitos anos ao estudo dos fenômenos magnéticos e elétricos.

Seu livro *De magnete magneticisque corporibus et de magno magnete tellure physiologia nova* (traduzido para o português como *Sobre o ímã e os corpos magnéticos, e sobre o grande ímã, a Terra*) tornou-se uma das obras mais importantes da Ciência e significou um passo enorme para a ciência experimental. É criação dele o termo "elétrico" (do grego *elektro*, que significa 'âmbar') e a definição da **eletricidade** como sendo uma propriedade da matéria.

Retrato artístico do cientista inglês William Gilbert.

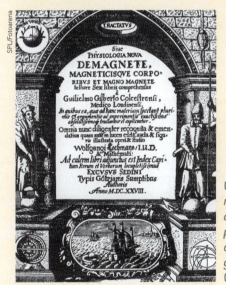

Capa do livro *De magnete magneticisque corporibus et de magno magnete tellure physiologia nova* (*Sobre o ímã e os corpos magnéticos, e sobre o grande ímã, a Terra*), de William Gilbert, publicado em 1600.

Gilbert se tornou um grande crítico das explicações científicas sem comprovação, condenando mitos e argumentando: "falsidades... criadas para serem engolidas pela humanidade".

No século XVII, **Otto von Guericke** (1602-1686), na época prefeito da cidade de Magdeburgo (na atual Alemanha), construiu um equipamento para estudar os fenômenos descritos por Tales de Mileto e as propriedades dos materiais propostas por Gilbert.

O equipamento, conhecido como a primeira máquina eletrostática, era constituído de uma esfera revestida de enxofre atravessada por uma barra de ferro presa a uma manivela. O movimento da manivela fazia a esfera girar velozmente. Enquanto girava a manivela, com uma das mãos protegida por uma grossa luva, Guericke atritava a esfera. A luva então passava a atrair alguns objetos leves e outras esferas de enxofre suspensas por fios. Era possível observar também que, em alguns momentos, surgiam faíscas entre a luva e a esfera, o que o levou a propor uma explicação para o fenômeno dos relâmpagos.

Capítulo 7 · A eletrostática

Em outro experimento, Guericke também verificou que uma esfera de enxofre suspensa por um fio, depois de encostar-se à esfera do equipamento, passava a ser repelida por ela. Embora não soubesse claramente o que era esse fenômeno, ele constatou que a eletricidade podia passar de um corpo para outro.

Ilustração histórica do experimento de Otto von Guericke, do livro *Experimenta nova* (Amsterdam, 1672).

A facilidade com que a eletricidade passava de um corpo para outro interessou outros cientistas. Em 1729, **Stephen Gray** (1666-1736) constatou que a eletricidade podia ser conduzida de um ponto a outro por fios. Também fez verificações a respeito de materiais que conduziam eletricidade, como metais em geral, nomeando-os **condutores**. Os materiais que não conduziam eletricidade, como vidro, borracha, seda e lã, foram chamados de **isolantes**.

Muitas experiências foram realizadas no século XVIII. A partir da máquina eletrostática proposta por Guericke, o cientista francês Charles F. de C. Du Fay (1698-1739) aprofundou as pesquisas sobre as propriedades elétricas com diversos materiais e nas mais variadas condições. Observou, por exemplo, que um fio de algodão seco não conduzia eletricidade (isolante) e, quando molhado, passava a conduzir eletricidade (condutor).

Du Fay notou que havia dois tipos de materiais que apresentavam comportamentos distintos: os que se comportavam como a cera e a resina; e os que se comportavam como o vidro. Foi então que Du Fay estabeleceu a hipótese de dois tipos de eletricidade: a vítrea e a resinosa. Ele descreveu assim suas observações:

> Nós percebemos que existem dois tipos de eletricidade totalmente diferentes de natureza e nome; aquela dos sólidos transparentes como o vidro, o cristal, etc., e aquelas betuminosas ou de corpos resinosos tais como o âmbar, o copal, a cera de lacre, etc. Cada uma repele corpos que adquiriram a eletricidade de sua mesma natureza e atrai aquelas de natureza contrária.
>
> Fonte: WHITTAKER, Edmund. *A history of the theories of aether and electricity*. Nova York: Humanities Press, 1973.

Du Fay aprofundou também o fenômeno de atração e de repulsão em corpos carregados, comprovando que, em certas circunstâncias, os objetos carregados se atraíam e, em outras, se repeliam.

Em 1746, o cientista holandês Pieter van Musschenbroek (1692-1761) inventou a garrafa de Leyden. Em contato com uma máquina eletrostática, a garrafa de Leyden era capaz de armazenar eletricidade. Colocada nas proximidades de outros corpos, a garrafa proporcionava faíscas ou choques quando encostava nela. Essa descoberta possibilitou enorme avanço no entendimento dos fenômenos elétricos e, mais tarde, serviu de modelo para os capacitores, elementos de circuitos eletrônicos.

Jean-Antoine Nollet (1700-1770), professor e escritor francês, deu continuidade aos estudos de Du Fay. Nollet explicou que os fenômenos elétricos ocorriam pelo movimento, em direções opostas, de duas correntes de fluido elétrico, que estariam presentes praticamente em todos os corpos. Segundo ele, quando um corpo elétrico é excitado por fricção, parte desse fluido escapa como uma corrente através de seus poros, sendo que essa perda é compensada por uma corrente do mesmo fluido vindo de fora. Ele explicou a atração e a repulsão de pequenos corpos próximos do corpo eletrizado, considerando que eles eram capturados por uma das duas correntes opostas de fluido elétrico.

Nas proximidades de outros objetos, a garrafa de Leyden proporcionava um faiscamento a partir da eletricidade armazenada em seu interior. (Cores fantasia.)

Em 1752, o político, escritor e pesquisador norte-americano Benjamin Franklin (1706-1790) propôs novas explicações sobre os processos de eletrização. Franklin complementou o conceito de um único fluido elétrico, que havia sido introduzido em 1745 pelo alemão Albrecht von Haller (1708-1777). Segundo Franklin, a eletrização se daria pelo acúmulo de uma quantidade desse fluido elétrico no corpo às custas da perda da mesma quantidade de fluido elétrico por um outro corpo. Sendo assim, um corpo ficaria eletrizado quando perdia ou ganhava alguma quantidade desse fluido que ele chamou de "matéria elétrica". O corpo que perdia matéria elétrica foi chamado de *negativo*, e o corpo que recebia o excesso era chamado de *positivo*. Ainda segundo Franklin, dois corpos eletrizados se repelem porque ambos teriam excesso de fluido elétrico. Ressalte-se que na época de Franklin ainda não era possível explicar por que dois corpos com falta de fluido elétrico também se repeliam.

Foram seus estudos sobre a natureza elétrica dos raios e a invenção do para-raios que tornaram Franklin famoso e reconhecido nos vários círculos científicos europeus. Mesmo antes de propor o experimento da pipa, Franklin já comunicava suas ideias sobre a natureza elétrica dos raios. Em suas correspondências, muito antes da proposição de experimentos, Franklin assumia que o relâmpago deveria ser um fenômeno elétrico, tanto que advertiu seus leitores do perigo que corriam quando situados em locais descampados, nos picos de montanhas, ao lado de torres, pináculos, mastros e chaminés, pois esses locais podem atrair raios. Ele também avisou seus leitores do perigo de se abrigarem sob uma árvore, durante uma tempestade com relâmpagos.

UM POUCO MAIS

Benjamin Franklin

Analisando as correspondências de Franklin, alguns historiadores têm dúvidas se ele foi realmente o primeiro a realizar o experimento da pipa para testar a eletrificação das nuvens ou se apenas descreveu o experimento que teria sido realizado por alguma outra pessoa. O experimento da pipa foi assim descrito por Franklin:

> Faça uma pequena cruz com duas varetas leves de cedro, com braços suficientemente longos para alcançar os quatro cantos de um lenço de seda, quando esticado; amarre as pontas do lenço às extremidades da cruz, assim você terá o corpo da pipa. Um arame de um pé ou mais bem fino deve ser fixado na ponta da vareta perpendicular da cruz. No final do barbante, próximo à mão, deve-se amarrar uma tira de seda; e onde a seda e o barbante se encontram, uma chave deve ser presa. Esta pipa é para ser empinada quando o relâmpago aparecer; e a pessoa que segura a corda deve estar dentro de uma porta ou janela ou sob qualquer cobertura, onde o pedaço de seda não se molhe; alguns cuidados devem ser tomados para que o barbante não toque nos batentes da porta nem da janela. Assim que qualquer nuvem carregada de trovões se aproxime da pipa, o arame pontudo atrairá o fogo elétrico desta e a pipa, com todo o seu barbante, será eletrizada; e alguns fiapos soltos do barbante se espalharão por vários locais e serão atraídos quando qualquer pessoa aproximar seu dedo deles. Quando a chuva tiver molhado a pipa e o barbante, ela poderá conduzir eletricidade livremente e você descobrirá um pequeno jorro na chave quando aproximar seu dedo a ela. Com esta chave a jarra [garrafa de Leyden] deve ser carregada e, com o fogo elétrico obtido, o princípio vital será aceso e todos os experimentos elétricos poderão ser realizados; aqueles que geralmente dependem de um tubo ou globo de vidro, atritados. Deste modo a igualdade da matéria elétrica de um relâmpago estará completamente demonstrada.

Fonte: FRANKLIN, Benjamin. *Experiments and observations on electricity*. Cambridge: Harvard University Press, 1941.

ATENÇÃO!

Não tente reproduzir esse experimento. Trata-se de um procedimento muito perigoso. Os escritos deixados por Benjamin Franklin atestam sobre os perigos desse experimento e de possíveis acidentes fatais.

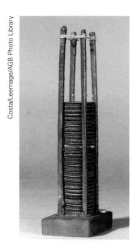

Em 1780, o cientista italiano Luigi Galvani (1737-1798) realizou uma série de investigações científicas para analisar as reações das pernas posteriores de rãs quando submetidas a descargas elétricas e descobriu que os músculos se movimentavam, ou seja, interagiam com a eletricidade. Surgia, assim, a **bioeletricidade**. Galvani verificou que tal interação era originada de reações químicas. O estudo dessas reações químicas permitiu, em 1799, que Alessandro Volta, outro cientista italiano, construísse o primeiro aparelho que "produzia" eletricidade — a pilha voltaica, primeira fonte geradora de corrente elétrica.

Pilha voltaica criada por Alessandro Volta.

Um salto grande ocorreu quando o cientista inglês John Dalton (1766-1844) retomou as ideias de Demócrito e elaborou uma teoria para explicar a constituição da matéria, possibilitando a elaboração de novas explicações sobre fenômenos elétricos.

Para Dalton, a matéria seria constituída de pequenas partículas esféricas maciças e indivisíveis, os átomos, mas que eram impossíveis de se visualizar.

No 6º ano, vimos que em ciência podemos utilizar o conceito de modelo como sinônimo de representação de algo. Nesse caso, os modelos nos ajudam a visualizar estruturas, fenômenos ou objetos que não podem ser observados de maneira direta.

Dessa forma, Dalton propôs um modelo para representar o átomo que ficou conhecido como modelo da bola de bilhar.

Em 1891, George J. Stoney (1826-1911), físico irlandês, propôs que a eletricidade estava associada a uma partícula menor que o átomo e que fazia parte dele, o **elétron**, que ainda era desconhecido, mas que apresentava evidências experimentais.

Dando sequência aos estudos de Stoney, em 1897, o físico inglês J. J. Thomson (1856-1940), por meio de vários experimentos, conseguiu identificar essa partícula que fazia parte dos átomos e apresentava uma propriedade especial, a carga elétrica negativa.

Thomson, então, propôs um novo modelo científico para o átomo. Como ele considerava que os átomos eram eletricamente neutros, a existência de partículas com carga elétrica negativa — os elétrons — indicava a presença de partículas com carga elétrica positiva, de tal maneira que, no átomo, o total de partículas com carga elétrica negativa deveria ser igual ao total de partículas com carga elétrica positiva.

Assim, surgia um modelo de forma esférica constituído de partículas com cargas elétricas positivas e com partículas de cargas elétricas negativas incrustadas em sua superfície.

Com a utilização da radioatividade, descoberta no início do século XX, o físico neozelandês, naturalizado britânico, Ernest Rutherford (1871-1937) realizou experimentos com o intuito de descobrir ainda mais detalhes sobre a estrutura dos átomos, propondo que os átomos teriam duas regiões distintas e três partículas elementares.

Em seu modelo, há uma região central, o núcleo, que é composta de partículas elementares neutras, denominadas nêutrons, e de partículas elementares com carga elétrica positiva, denominadas prótons.

Há também uma região periférica, a eletrosfera, que é composta por partículas elementares com carga elétrica negativa em constante movimento, os elétrons.

A partir desse modelo proposto por Rutherford, foi possível entender e explicar melhor os fenômenos elétricos. Isso não significa que a busca pelo entendimento da estrutura do átomo parou por aí. Outros cientistas, com o auxílio de novas tecnologias, propuseram novos e mais complexos modelos.

Matéria e Energia

Capítulo 7 · A eletrostática **109**

No volume do 9º ano você terá oportunidade de estudar com mais riqueza de detalhes os modelos atômicos.

Observe, abaixo, as imagens e características de cada modelo idealizado por Dalton, Thomson e Rutherford.

(Elementos representados em tamanhos não proporcionais entre si. Cores fantasia.)

Modelo da bola de bilhar
Esfera maciça, indivisível e indestrutível.

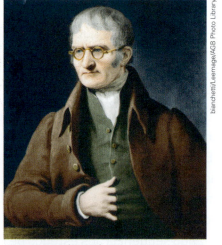

John Dalton (1808).

Modelo do pudim de passas
Esfera maciça de material positivo e com elétrons incrustados na superfície.

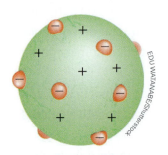

J. J. Thomson (1897).

Modelo de orbitais

Os elétrons (na eletrosfera) orbitam um núcleo composto de prótons e nêutrons.

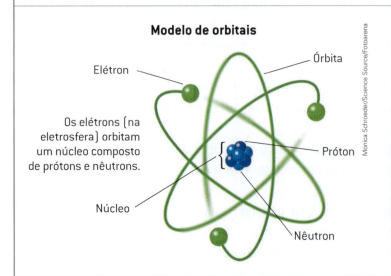

Ernest Rutherford (1911).

110

〉 Eletrização

A atração e a repulsão verificadas nos experimentos de Charles Du Fay são fenômenos explicados na atualidade que envolvem cargas elétricas e estão relacionadas da seguinte maneira:

> Cargas elétricas de **mesmo sinal** sofrem **repulsão**.
> Cargas elétricas de **sinais contrários** sofrem **atração**.

O conhecimento das características das cargas elétricas foi possível após a evolução dos conhecimentos sobre o átomo e a criação de modelos atômicos.

Como vimos, os átomos são constituídos de três partículas elementares: os prótons, os nêutrons e os elétrons. Os prótons e os nêutrons encontram-se na região central, denominada núcleo. Ao redor dele, na região denominada eletrosfera, encontram-se os elétrons, que estão em constante movimento.

O elétron apresenta carga elétrica negativa; o próton, carga positiva. Os nêutrons não têm carga.

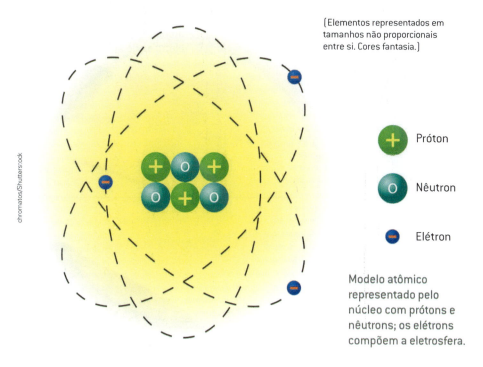

(Elementos representados em tamanhos não proporcionais entre si. Cores fantasia.)

⊕ Próton

○ Nêutron

⊖ Elétron

Modelo atômico representado pelo núcleo com prótons e nêutrons; os elétrons compõem a eletrosfera.

Um átomo é eletricamente neutro porque o número de prótons é igual ao número de elétrons, tornando a carga elétrica total nula.

Os elétrons se distribuem por toda a eletrosfera e podem estar mais próximos ou mais afastados do núcleo. Os elétrons mais próximos são atraídos mais intensamente pelo núcleo, enquanto os elétrons mais afastados sofrem uma atração menos intensa e podem ser "retirados" com maior facilidade.

Ao se "retirar" um elétron de um corpo e passá-lo para outro corpo, ou seja, ao se realizar transferência de partículas com cargas elétricas entre corpos, tem-se o que se chama de **eletrização**.

Em função da maneira como os elétrons podem passar de um corpo para outro, podemos ter a eletrização por atrito, indução ou contato.

Eletrização por atrito

Atritando certos corpos entre si, pode ocorrer a transferência de elétrons de um corpo para outro. O corpo que perde elétrons deixa de ser eletricamente neutro e passa a ter maior número de partículas de cargas positivas (prótons) do que negativas (elétrons). Dessa forma, dizemos que esse corpo está carregado positivamente. O corpo que ganhou elétrons ficou com um excedente de portadores de cargas negativas e fica carregado negativamente. Dizemos que os dois corpos estão eletrizados.

Na eletrização por atrito, o número total de elétrons perdidos por um corpo é igual ao número total de elétrons recebidos pelo outro corpo, ou seja, as cargas são conservadas. Assim, os dois corpos apresentarão ao final do processo cargas de mesmo valor, porém de sinais opostos; um corpo estará eletrizado positivamente, e o outro, negativamente. Veja no quadro a seguir.

I. Tanto na flanela quanto no pente de plástico, o número de prótons é igual ao número de elétrons.

II. Ao esfregar o pente de plástico na flanela, os elétrons passam da lã para o plástico.

III. Ao separá-los, a flanela fica com menos elétrons do que prótons e o pente fica com mais elétrons do que prótons, com ambos apresentando cargas elétricas de sinais opostos.

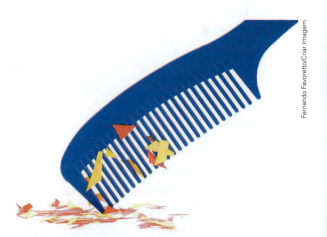

Antes de ser atritado, o pente de plástico não atrai os pedacinhos de papel. Porém, depois de atritado, percebe-se claramente a atração exercida pelo pente de plástico sobre eles. O atrito provocou a eletrização do pente.

> Na eletrização por atrito, os corpos adquirem cargas de mesmo valor, mas de sinais contrários.

EM PRATOS LIMPOS

Como surgem os raios?

Uma das teorias mais aceitas para explicar os raios é o fato de que, nas nuvens, a água se eletriza por atrito devido às colisões de moléculas de água no estado líquido e água no estado sólido (gelo), originando estruturas eletrizadas positiva ou negativamente. A utilização de sondas meteorológicas permitiu determinar que as estruturas menores e mais leves ficam com carga positiva (parte superior das nuvens) e as estruturas maiores e mais pesadas adquirem carga negativa (parte inferior das nuvens).

A tendência, nas nuvens, é manter-se o equilíbrio eletrostático. Quando elas estão muito eletrizadas, podem ocorrer descargas elétricas dentro de uma mesma nuvem, entre nuvens ou entre nuvens e o solo. Essas descargas elétricas são os raios.

Nas tempestades com descargas elétricas, deve-se procurar abrigo dentro de uma casa ou de uma estrutura metálica, como um ônibus ou um carro. Nunca se deve procurar abrigo debaixo de uma árvore ou próximo a um poste, pois esses locais podem atrair raios.

Geralmente a porção inferior das nuvens é formada em grande parte por gelo e está carregada negativamente. As partículas mais leves se acumulam na região superior e apresentam cargas positivas.

(Elementos representados em tamanhos não proporcionais entre si. Cores fantasia.)

Capítulo 7 • A eletrostática

Eletrização por indução eletrostática

Experimentalmente, observa-se que corpos eletrizados atraem tanto os corpos com cargas de sinais contrários como os corpos eletricamente neutros. Um corpo eletricamente neutro tem um número igual de prótons e de elétrons (figura **A**).

Veja este exemplo: quando um bastão positivamente eletrizado é aproximado de um corpo neutro, sem que haja contato entre os dois, promove-se uma concentração de elétrons na região do corpo neutro próxima ao bastão (figura **B**).

Embora a esfera continue neutra, a extremidade próxima ao bastão eletrizado estará mais negativa devido ao deslocamento de elétrons. Consequentemente, a extremidade oposta da esfera fica com excesso de cargas positivas. A esse processo dá-se o nome de **indução eletrostática**. Nesse processo, o corpo eletrizado é chamado **indutor** e o corpo neutro é chamado **induzido**.

Como vimos acima, ao aproximarmos o bastão eletrizado positivamente (indutor) do corpo neutro (induzido), é criada apenas uma indução eletrostática no corpo neutro. Se afastarmos o bastão eletrizado, as cargas elétricas se reorganizam e o corpo neutro volta à sua condição inicial (figura **C**). Isso ocorre caso o corpo não esteja conectado à terra (aterrado). Porém, se houver aterramento, o corpo neutro pode ficar eletrizado, mesmo que não haja contato entre ele e o bastão, apenas a aproximação.

Como a terra tem facilidade em receber ou doar elétrons, forma-se um fluxo de elétrons da terra para o corpo. Dessa maneira, o corpo passa a apresentar um excesso de cargas negativas, ou seja, fica eletrizado negativamente após o aterramento ser desfeito.

Processo de indução eletrostática.

(Elementos representados em tamanhos não proporcionais entre si. Cores fantasia.)

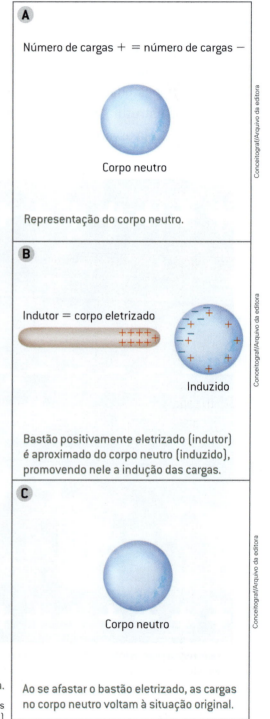

A Número de cargas + = número de cargas −

Representação do corpo neutro.

B Indutor = corpo eletrizado / Induzido

Bastão positivamente eletrizado (indutor) é aproximado do corpo neutro (induzido), promovendo nele a indução das cargas.

C Corpo neutro

Ao se afastar o bastão eletrizado, as cargas no corpo neutro voltam à situação original.

114

Se o indutor estiver eletrizado negativamente, pode-se eletrizar positivamente um corpo realizando o mesmo processo e conectando-o à terra por meio de um fio condutor (fio terra).

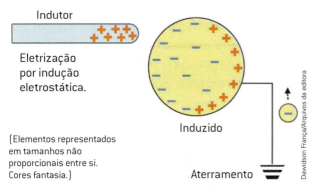

(Elementos representados em tamanhos não proporcionais entre si. Cores fantasia.)

O indutor carregado positivamente permite a eletrização por indução de um corpo neutro, tornando-o eletricamente negativo.

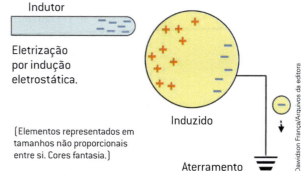

(Elementos representados em tamanhos não proporcionais entre si. Cores fantasia.)

O indutor carregado negativamente permite a eletrização por indução de um corpo neutro, tornando-o eletricamente positivo.

> Na eletrização por indução eletrostática, o corpo inicialmente neutro adquire carga de sinal contrário à do corpo eletrizado.

UM POUCO MAIS

Gerador de Van der Graaff

O físico norte-americano Robert Jemison van der Graaff (1901-1967) criou em 1929 uma máquina eletrostática com base no equipamento construído por Otto von Guericke para eletrizar e proporcionar descargas elétricas (faíscas). Essa máquina ficou conhecida como gerador de Van der Graaff.

Um motor elétrico faz com que uma correia atrite uma pequena "escova" (coletor) conectada à esfera do gerador. Com isso, a esfera fica com excesso de cargas, tornando-se muito eletrizada. Uma pessoa em contato com a esfera também fica eletrizada, o que faz com que seu cabelo fique "em pé". Ao aproximar outros corpos da esfera, podem-se observar faíscas (descarga elétrica) entre tais corpos e a esfera.

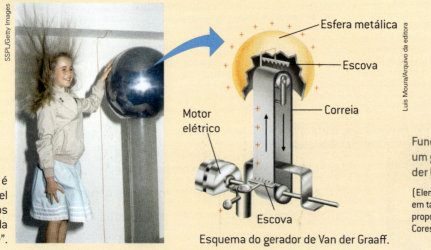

A eletrização é responsável por deixar os cabelos da menina "em pé".

Esquema do gerador de Van der Graaff.

Funcionamento de um gerador de Van der Graaff.

(Elementos representados em tamanhos não proporcionais entre si. Cores fantasia.)

Capítulo 7 • A eletrostática   115

Eletrização por contato

Se um corpo eletrizado tiver contato com um corpo neutro e isolado, podem ocorrer duas situações:

I. Se o corpo estiver eletrizado positivamente, parte dos elétrons do corpo neutro se movimentará para o corpo eletrizado. O corpo neutro, por ceder elétrons ao corpo eletrizado, ficará eletrizado positivamente (maior número de cargas positivas do que negativas).

II. Se o corpo estiver eletrizado negativamente, parte de seus elétrons se movimentará para o corpo neutro. O corpo neutro, por receber elétrons do corpo eletrizado, ficará eletrizado negativamente (maior número de cargas negativas do que positivas).

> Na eletrização por contato, o corpo inicialmente neutro adquire carga de mesmo sinal que o corpo eletrizado.

UM POUCO MAIS

Eletroscópios

O eletroscópio é um instrumento capaz de detectar se um corpo está ou não eletrizado. Conheça os tipos mais comuns de eletroscópio:

I. Pêndulo eletrostático

É constituído de uma pequena esfera de cortiça ou isopor, envolvida por uma folha de alumínio, suspensa por um fio isolante, preso a um suporte.

Ao aproximar um indutor (corpo eletrizado) do pêndulo, este será atraído.

II. Eletroscópio de folhas

É constituído de duas folhas metálicas finas e flexíveis, ligadas a uma haste, que se prende a uma esfera, ambas metálicas, ou seja, condutoras. Elas permanecem isoladas do vidro por uma rolha de cortiça ou de borracha.

Por exemplo, ao aproximar um corpo eletrizado positivamente desse eletroscópio, serão atraídas para a esfera (próxima ao indutor) cargas negativas provenientes das folhas, que ficarão momentaneamente eletrizadas com cargas positivas e vão se repelir, ficando afastadas uma da outra.

Representação esquemática de um pêndulo eletrostático. Note que o pêndulo é atraído e se move em direção ao corpo eletrizado.

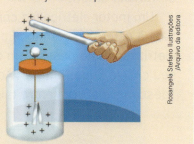

Esquema de um eletroscópio de folhas. Neste caso, quando eletrizadas, as folhas de dentro da garrafa se afastam. (Cores fantasia)

NESTE CAPÍTULO VOCÊ ESTUDOU

- Aspectos históricos sobre eletricidade.
- Aspectos históricos sobre os modelos atômicos.
- Eletrização de corpos por atrito, por indução eletrostática e por contato.
- Eletroscópios.

ATIVIDADES

PENSE E RESOLVA

1 A seguir são apresentados dois quadros, o primeiro com as duas regiões do átomo propostas no modelo atômico de Rutherford, e o outro com as partículas elementares. Assinale a alternativa que apresenta a associação correta das partículas elementares com a região onde elas se encontram no átomo:

Região
I – Núcleo
II – Eletrosfera

Partícula elementar
1 – Nêutron
2 – Elétron
3 – Próton

a) I – 1 e 2; II – 3   b) I – 1 e 3; II – 2   c) I – 1; II – 2 e 3   d) I – 3; II – 1 e 3

2 De acordo com o modelo atômico de Rutherford, as partículas elementares podem ser neutras ou apresentar cargas elétricas positivas ou negativas. Indique a alternativa que apresenta a associação correta entre partícula elementar e sua respectiva carga elétrica:

a) Elétron → negativo; nêutron → positivo; próton → neutro

b) Elétron → positivo; nêutron → positivo; próton → neutro

c) Elétron → negativo; nêutron → neutro; próton → positivo

d) Elétron → neutro; nêutron → positivo; próton → negativo

3 Em escritórios com ar condicionado e forração de carpete no chão é comum as pessoas ficarem eletrizadas e levarem choque ao tocarem em maçanetas de portas e outros objetos ou, ainda, levarem choque ao se cumprimentarem. Isso se deve ao fato de esse ambiente ser propício para um processo de eletrização. Através de qual processo as pessoas se eletrizam nesse ambiente?

4 No armazenamento de grãos, estes são transportados por esteiras de borracha para o interior dos silos.

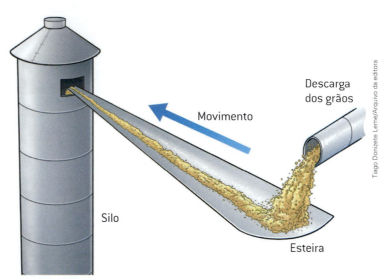

Esse processo exige alguns cuidados, pois os grãos, ao caírem na esteira, sofrem escorregamentos que os tornam eletrizados, assim como a esteira. Dependendo do caso, a eletrização pode provocar faíscas e acarretar incêndio em um ambiente repleto de cascas e fragmentos de grãos. O que pode ser feito para que isso não ocorra?

5 A série triboelétrica ao lado representa uma sequência de materiais e suas tendências a ficarem eletricamente positivos ou negativos quando atritados.

O plástico, por exemplo, ao ser atritado com a pele de gato se torna eletrizado negativamente. Assim, com base na série triboelétrica, é possível dizer que

a) o vidro quando atritado com a seda ganhará elétrons e ficará eletrizado negativamente.

b) o isopor quando atritado com a seda ganhará prótons e ficará eletrizado positivamente.

c) o âmbar quando atritado com o cabelo humano ganhará elétrons e ficará eletrizado negativamente.

d) o poliéster quando atritado com a pele de coelho perderá prótons e ficará eletrizado negativamente.

| Pele de coelho |
| Vidro |
| Cabelo humano |
| Mica |
| Lã |
| Pele de gato |
| Seda |
| Algodão |
| Âmbar |
| Ebonite |
| Poliéster |
| Isopor |
| Plástico |

6 Em 2014, o estado de São Paulo teve a maior seca de sua história. O reservatório do sistema Cantareira, apresentado abaixo, foi um dos mais afetados, apresentando nível de água muito baixo, o que deixou sem água muitos moradores de várias cidades.

A seca desses reservatórios promove a baixa umidade do ar e acentua o fenômeno da eletrização por atrito, tornando-se comum as pessoas tomarem choque ao tocar maçanetas de carros ou objetos em casas com tapetes e carpetes.

Com isso, pode-se concluir que

a) a baixa umidade favorece o aparecimento de cargas elétricas no ar.

b) os choques elétricos não ocorrem na água.

c) o aumento da umidade do ar dificulta a troca de elétrons entre os corpos, deixando os corpos sempre neutros.

d) a presença de umidade no ar facilita a troca de elétrons entre os corpos gerando a descarga entre eles.

Seca no sistema Cantareira, no estado de São Paulo, em 2014.

7 A pintura eletrostática ou pintura a pó é amplamente utilizada na indústria automotiva. Seu funcionamento, como o próprio nome diz, está relacionado com um processo de eletrização. Um braço mecânico de robô eletrizado segura uma peça e a mantém eletrizada. Em seguida, a peça é mergulhada em um tanque de tinta em pó neutra que adere à peça. Após essa etapa, a peça é conduzida a um forno de secagem.

Considerando que inicialmente a peça estava neutra, explique como ela pode ter atraído o pó de tinta. Justifique apresentando os fenômenos de eletrização envolvidos no processo.

8 Sobre os processos de eletrização e a natureza dos corpos eletrizados são feitas as afirmações a seguir. Corrija as afirmações que estão erradas.

I. As cargas elétricas se repelem em quaisquer condições

II. Ao serem atritados, dois corpos eletricamente neutros, de materiais diferentes, tornam-se eletrizados com cargas de sinais diferentes.

III. Um corpo neutro colocado em contato com um corpo eletrizado negativamente fica eletrizado positivamente.

IV. Um corpo eletricamente neutro é aquele que não tem cargas elétricas.

V. Durante uma tempestade, uma nuvem eletrizada positivamente realiza uma descarga elétrica em um para-raios. Nesse processo há passagem de prótons da nuvem para o para-raios.

VI. Um corpo eletrizado pode atrair um corpo neutro.

SÍNTESE

1 Quais são os sinais das cargas adquiridas por um corpo neutro **A** quando:

a) o corpo neutro **A** é atritado com outro corpo neutro **B**? Sabe-se que **B**, após esse processo, adquiriu carga negativa.

b) o corpo neutro **A** é colocado em contato com um corpo eletrizado negativamente?

c) o corpo neutro **A** é eletrizado por indução a partir de um corpo eletrizado negativamente?

2 A figura a seguir mostra um eletroscópio de folhas, um instrumento capaz de detectar se um corpo está ou não eletrizado.

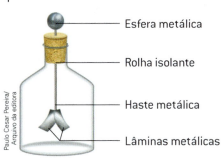

Esfera metálica
Rolha isolante
Haste metálica
Lâminas metálicas

Quando esse instrumento não está em funcionamento, as lâminas metálicas permanecem próximas.

A respeito do funcionamento desse instrumento, analise as afirmações a seguir. Reescreva corretamente a(s) afirmação(ões) falsa(s).

I. Se encostarmos um corpo eletrizado positivamente na esfera do eletroscópio, as lâminas metálicas serão carregadas positivamente.

II. Se a esfera do eletroscópio for tocada por um corpo eletrizado positivamente, suas lâminas se abrirão.

III. Se aproximarmos um corpo neutro da esfera do eletroscópio, suas lâminas permanecerão fechadas.

IV. Se a esfera do eletroscópio for tocada por um corpo eletrizado negativamente, suas lâminas não se abrirão.

V. Ao aproximarmos um corpo eletrizado da esfera do eletroscópio, mesmo sem tocá-la, as lâminas metálicas se abrirão.

DESAFIO

Três esferas de isopor (**A**, **B** e **C**) estão suspensas por fios isolantes. Quando **B** se aproxima de **C**, nota-se repulsão entre essas esferas; quando **B** se aproxima de **A**, nota-se atração. Das possibilidades apontadas na tabela abaixo, qual(is) é (são) compatível(is) com as possíveis cargas das esferas? Justifique sua resposta.

	CARGAS ELÉTRICAS		
Possibilidades	A	B	C
I	Positiva	Positiva	Negativa
II	Negativa	Negativa	Positiva
III	Nula	Negativa	Nula
IV	Negativa	Positiva	Positiva

PRÁTICA

Eletrização por contato

Objetivo

Verificar o que ocorre na eletrização por contato.

Material

- Linha de algodão (costura) ou fio de náilon (linha de pesca)
- Papel-alumínio (culinário)
- Fio metálico bem fino (pode ser de níquel-cromo ou de cobre não esmaltado)
- 1 cabo de vassoura
- 1 bastão de plástico (caneta, canudinho de refresco, pente, régua de plástico)

Procedimento

1. Corte aproximadamente 20 cm a 30 cm dos fios. Coloque a ponta do fio de algodão ou náilon em um pedaço pequeno de papel-alumínio e amasse-o de modo a formar uma pequena bolinha pendurada no fio. (Atenção: a bolinha deve ser bem pequena, menos da metade do tamanho de um caroço de azeitona.)
2. Faça outra bolinha usando o fio metálico bem fino.
3. Prenda os dois fios no cabo de vassoura com 30 cm de distância um do outro, de modo a deixar as bolas suspensas como pêndulos (veja a ilustração).
4. Com fita adesiva, prenda o cabo de vassoura entre duas cadeiras. Você também pode prender os dois fios diretamente a uma mesa com fita adesiva. O importante é as bolinhas ficarem como pêndulos, sem tocar em nada e com certa distância entre elas.

Discussão final

1. Aproxime o bastão de plástico das duas bolinhas, sem eletrizá-lo. O que acontece?
2. Eletrize o bastão de plástico (atritando-o com cabelos secos, ou em uma flanela) e encoste-o na bolinha suspensa pelo fio de algodão. O que acontece?
3. Torne a atritar o bastão e encoste-o na bolinha suspensa pelo fio metálico. O que acontece?
4. Torne a atritar o bastão e encoste-o novamente na bolinha suspensa pelo fio metálico. O que acontece?
5. Atrite o bastão e aproxime-o da bola suspensa pela linha de algodão. O que acontece?
6. Qual é a diferença entre os comportamentos das duas bolinhas?
7. Que relação se pode estabelecer entre os dois fios e os condutores e isolantes?
8. Como se pode explicar o comportamento das duas bolinhas na experiência? Faça as duas bolinhas se tocarem e repita todo o procedimento, utilizando agora um tubo de ensaio de vidro atritado em um pano de seda. O tubo de vidro ficará eletrizado positivamente. Troque ideias com seus colegas e converse com o professor sobre as suas observações.

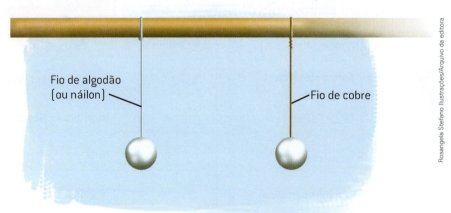

LEITURA COMPLEMENTAR

Eletrização por atrito

Você consegue relacionar a expressão "isso me deixa de cabelo em pé" com o que estudamos neste capítulo?

Uma maneira de ficar de "cabelo em pé" é pentear os fios secos utilizando um pente também seco. Mas por que isso ocorre?

Quando passamos insistentemente o pente nos cabelos, pode ocorrer eletrização. Com o atrito do pente, os fios adquirem cargas elétricas iguais, e, como vimos neste capítulo, cargas elétricas iguais se repelem. Assim, os fios se afastam uns dos outros e se eriçam, como os pelos de um gato.

A eletrização também pode acontecer quando tiramos uma roupa de náilon ou de lã. O atrito do tecido com nosso corpo provoca a eletrização; no escuro, podemos até ver pequenas faíscas. Isso se deve à eletrização que surge entre o corpo e a roupa provocada pelo escoamento de cargas elétricas.

Também é comum ficarmos eletrizados ao caminhar sobre um tapete de lã. A explicação é a mesma: atrito, dessa vez dos sapatos com o tapete. Assim, ao tocar na maçaneta da porta, por exemplo, uma pequena faísca pode saltar de sua mão, e você sentirá um leve choque.

Tudo isso ocorre em dias secos, pois a umidade existente no ar torna mais difícil a eletrização.

Veículos e máquinas também podem se eletrizar quando estão em funcionamento. Os caminhões-tanque que trazem combustível das distribuidoras aos postos devem ser ligados à terra; isso serve para descarregar a eletricidade acumulada na carroceria, por causa do atrito com o ar atmosférico, e evitar choques.

Para não acumular cargas, os aviões possuem pequenos fios prolongando-se das asas, por meio dos quais as cargas elétricas escoam para o ambiente.

Em clima seco, certos veículos conservam mais a eletricidade adquirida por atrito, e o passageiro, ao descer, leva um pequeno choque, pois faz a ligação do automóvel com a terra.

Em muitos carros, os bancos são feitos de tecido entremeado de fios metálicos. O atrito com o banco provoca a eletrização do passageiro que, ao descer, leva um pequeno choque. O segredo é, ao abrir a porta do carro, antes de pôr o pé no chão, segurar na parte metálica da porta. Com isso, haverá o escoamento das cargas para o solo, evitando o choque.

Observação: em termos de manifestações elétricas, a Terra é considerada um enorme elemento neutro, pois ela tem a propriedade de neutralizar, cedendo ou recebendo elétrons, todos os corpos que entrarem em contato com ela. Assim, ao ligarmos um condutor à terra, dizemos que ele se descarrega, isto é, fica neutro. É o que ocorre com o fio terra. Ele nada mais é que um fio de cobre ligado a uma ou mais hastes metálicas enterradas no chão. Ele evita o acúmulo de cargas elétricas em aparelhos como o chuveiro, por exemplo, evitando o choque.

Fonte: elaborado com base em FERRARO, N. G. **Eletricidade**: história e aplicações. São Paulo: Moderna, 1991. p. 25 e 26.

Questões

1. Alguns caminhões transportadores de gasolina costumam andar com uma corrente metálica arrastando-se pelo chão. Converse com seus colegas e, juntos, elaborem uma possível explicação para o uso dessa corrente.

2. O que é e qual a finalidade do fio terra?

Capítulo 7 · A eletrostática **121**

Capítulo 8

A Eletrodinâmica

Quadro de energia elétrica de uma residência.

Você já deve ter reparado que nas residências em geral há um quadro de energia elétrica semelhante ao da fotografia acima. O que representa esse quadro de energia elétrica que existe em sua casa?

Sabemos que por ele passam todos os fios da instalação elétrica da residência. Por esses fios passa uma corrente elétrica quando os aparelhos estão ligados. Mas o que é a corrente elétrica? Qual é a relação entre corrente elétrica e a eletricidade estudada no capítulo anterior?

Neste capítulo vamos estudar a corrente elétrica, como ela se estabelece em um circuito elétrico e seus efeitos, e outras grandezas físicas que ajudam a entender melhor os circuitos elétricos.

❯ O início da Eletrodinâmica

No capítulo anterior estudamos um pouco da história da eletricidade e algumas de suas propriedades.

Vimos que ela poderia ser obtida pelo atrito entre dois corpos, pode passar de um corpo a outro e pode até ser armazenada.

Porém, quando os estudos sobre eletricidade iniciaram, a capacidade de um corpo armazenar carga elétrica ainda era muito limitada, dificultando a sua utilização em situações práticas, como o caso da garrafa de Leyden estudada no capítulo 7. Era necessário desenvolver uma maneira de armazenar cargas por períodos longos e utilizá-las de maneira controlada.

Em 1799, essas limitações viriam a ser superadas quando o cientista italiano **Alessandro Volta** (1745-1827) construiu um empilhamento de discos metálicos, uma múltipla superposição de discos de prata e zinco com uma fina flanela embebida em solução ácida disposta entre eles. Esse arranjo foi chamado de **pilha voltaica** ou **pilha úmida**, a primeira fonte geradora de energia elétrica que permitia a movimentação ordenada de íons ou elétrons que, nesse caso, são chamados de portadores de carga.

Nessa pilha, a energia da reação química entre seus componentes é transformada em energia elétrica, produzindo um movimento contínuo dos portadores de carga, chamado de **corrente elétrica**.

Surgia, então, a **Eletrodinâmica**, o ramo da Física que estuda os efeitos da corrente elétrica e os circuitos elétricos.

Foto de pilha voltaica. Museu de Artes e Ofícios, Paris, França.

Alessandro Volta.

Apesar do tamanho, do preço elevado para a produção, pois utilizava metais caros, e de não produzir corrente elétrica em grande quantidade, a pilha voltaica foi muito importante para o entendimento dos circuitos elétricos e serviu de modelo para o desenvolvimento de novas pilhas e baterias, como as utilizadas nos dias de hoje.

Capítulo 8 • A Eletrodinâmica 123

❯ Corrente elétrica

Os metais são considerados bons condutores de eletricidade, pois apresentam em sua estrutura muitos elétrons que se movimentam constantemente e de forma caótica (desordenada). A esses elétrons damos o nome de **elétrons livres**.

Em um fio metálico esse movimento caótico e constante de elétrons vai passando de uma região para outra sem qualquer orientação.

(Cores fantasia.)

Nos metais, os elétrons se movimentam constantemente em um movimento desordenado.

Quando os fios metálicos são ligados a uma fonte (ou gerador), como uma pilha, uma bateria ou uma tomada elétrica, os elétrons livres passam a se mover de modo ordenado em um determinado sentido. Esse movimento ordenado de elétrons (portadores de carga) em um fio constitui uma **corrente elétrica**.

(Cores fantasia.)

O movimento ordenado de elétrons em um fio constitui a corrente elétrica.

Assim, ao ligar um fio condutor a uma fonte, ela fornece energia para manter os elétrons nesse movimento ordenado. Essa energia faz funcionar um dispositivo elétrico, como um motor, um rádio ou uma lâmpada, formando um **circuito elétrico**.

A pilha, a lâmpada, os fios condutores e o interruptor formam um circuito elétrico. Com o interruptor desligado (**A**), o circuito está aberto e não há circulação de corrente elétrica. Com o interruptor ligado (**B**), o circuito está fechado, há circulação de corrente elétrica e a lâmpada acende.

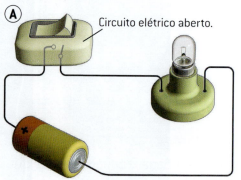
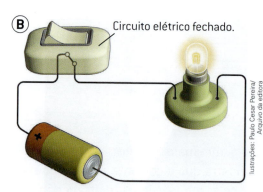

Circuito elétrico aberto.

Circuito elétrico fechado.

(Elementos representados em tamanhos não proporcionais entre si. Cores fantasia.)

Nos circuitos elétricos, o interruptor é o componente que tem como função interromper ou permitir a passagem da corrente elétrica. Na figura **A**, o interruptor abre o circuito, interrompendo a circulação da corrente elétrica em todo o circuito. Na figura **B**, o interruptor fecha o circuito, permitindo a passagem da corrente elétrica e fazendo a lâmpada acender.

Portanto, para que a corrente elétrica circule são necessários uma fonte de energia elétrica (o chamado gerador, como pilhas ou baterias), condutores (fios metálicos) e dispositivos elétricos (lâmpadas ou aparelhos elétricos) formando um **circuito fechado**. Dessa forma, os dispositivos elétricos podem fazer uso da energia elétrica proporcionada pelo gerador.

O sentido da corrente elétrica

Um gerador, como a pilha representada nas ilustrações a seguir, apresenta um polo positivo e um polo negativo. Os elétrons são atraídos no sentido do polo positivo (figura **C**). No estudo da eletricidade, adota-se um sentido convencional para a corrente elétrica (representada pela letra **i** na figura **D**), que, nos fios metálicos, é contrário ao sentido do movimento dos elétrons.

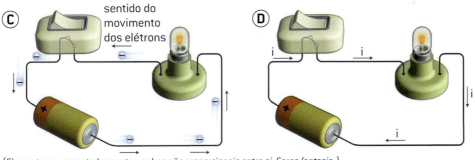

O sentido da corrente elétrica mostrado na figura **D** é contrário ao sentido de movimentação dos elétrons no fio conforme a figura **C**.

(Elementos representados em tamanhos não proporcionais entre si. Cores fantasia.)

A intensidade de corrente elétrica

As duas lâmpadas acesas observadas na ilustração a seguir são idênticas e cada uma delas faz parte de um circuito fechado.

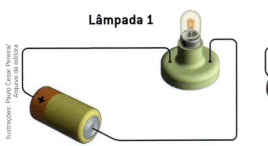
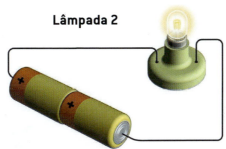

A lâmpada 2 brilha mais que a lâmpada 1, porque está recebendo mais energia. Isso significa que a corrente elétrica que circula pela lâmpada 2 é mais intensa que na lâmpada 1.

(Elementos representados em tamanhos não proporcionais entre si. Cores fantasia.)

Pela comparação visual, percebe-se que a lâmpada **2** recebe uma quantidade maior de energia do que a lâmpada **1**, pois seu brilho é mais intenso.

Isso ocorre porque a lâmpada **2**, ao receber uma quantidade maior de energia, tem maior circulação de portadores de carga (elétrons) através dela, o que mostra que a corrente elétrica que atravessa a lâmpada **2** é mais intensa que a corrente elétrica que atravessa a lâmpada **1**.

A intensidade (i) da corrente elétrica é medida pela quantidade de carga (ΔQ) que atravessa um condutor em um intervalo de tempo (Δt) e pode ser expressa por:

$$i = \frac{\Delta Q}{\Delta t}$$

Em que:
i = intensidade da corrente elétrica
ΔQ = quantidade de carga
Δt = intervalo de tempo

Capítulo 8 • A Eletrodinâmica

As unidades do SI envolvidas nessa equação são:
Quantidade de carga → coulomb (C)
Intervalo de tempo → segundo (s)
Intensidade da corrente elétrica → ampère (A)
Note que:

$$i = \frac{\Delta Q}{\Delta t} \Rightarrow i = \frac{1\ C}{1\ s} = 1\ A$$

Submúltiplos do ampère também são muito utilizados:
1 mA (miliampère) = 10^{-3} A   1 μA (microampère) = 10^{-6} A

Veja um exemplo que mostra uma aplicação dessa expressão.

Qual é a intensidade da corrente elétrica que atravessa um condutor onde o fluxo de elétrons transporta uma quantidade de carga de 25 coulombs (C) em um intervalo de tempo de 5 segundos?

$\Delta Q = 25\ C$
$\Delta t = 5\ s$
$i = ?\ A$
$i = \frac{\Delta Q}{\Delta t} \Rightarrow i = \frac{25\ C}{5\ s} = 5\ A$

UM POUCO MAIS

Os efeitos da corrente elétrica

Com a corrente elétrica pode-se evidenciar alguns efeitos que a acompanham:

I. Efeito Joule

A movimentação dos portadores de carga no interior de um condutor promove o choque entre partículas, o que faz com que estas se agitem mais intensamente sinalizando um aumento da temperatura. Assim, parte da energia elétrica é transformada em energia térmica, aquecendo o condutor. Quando o aquecimento é intenso, tornando o condutor incandescente, pode-se criar também um efeito luminoso. Nesse caso, a energia elétrica também é transformada em energia luminosa.

A corrente elétrica que circula pelo filamento (condutor) de uma lâmpada incandescente provoca seu aquecimento e a emissão de luz. Portanto, a energia elétrica é transformada em luz e calor.

II. Efeito magnético

Quando condutores são percorridos por correntes elétricas, eles passam a se comportar como ímãs, isto é, adquirem um comportamento magnético enquanto circular corrente elétrica por eles.

Nas fechaduras eletromagnéticas, a corrente elétrica interage com ímãs.

III. Efeito luminoso

Ao circular por um **gás ionizado**, a corrente elétrica promove um efeito luminoso. A energia elétrica é transformada em energia luminosa. Esse efeito é comum nas lâmpadas fluorescentes e se assemelha ao relâmpago que vemos em dias de tempestade.

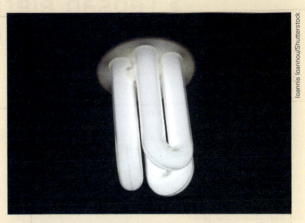

A corrente elétrica que atravessa o gás no interior da lâmpada gera o efeito luminoso.

Gás ionizado: é produzido quando átomos (ou grupos de átomos associados entre si, denominados moléculas) de um gás, ao se chocarem intensamente por ação da corrente elétrica, perdem elétrons e se tornam íons, passando a se comportar como um conjunto de partículas portadoras de carga elétrica. Daí o nome do processo: ionização.

IV. Efeito químico

A corrente elétrica em determinados líquidos pode provocar reações químicas. O efeito desse processo, denominado eletrólise, é praticamente contrário ao efeito causado em uma pilha.

Na eletrólise, a energia elétrica é convertida em energia química, ou seja, é o processo inverso do que ocorre nas pilhas. Porém, na eletrólise o processo não é espontâneo.

A eletrólise tem uma vasta utilização em indústrias na produção de substâncias e tratamento de materiais.

Para se obter um acabamento de alto brilho e durabilidade, alguns objetos recebem uma fina camada de metal num processo chamado de cromação e que é feito a partir da eletrólise.

V. Efeito fisiológico

Ao atravessar um organismo vivo, a corrente elétrica pode provocar um choque, causando diversos efeitos; por exemplo, queimaduras (pelo efeito Joule) e perturbações físico-químicas, como contração dos músculos, dor e sensação de dormência. No ser humano, dependendo da intensidade, a corrente elétrica pode causar perda do controle dos músculos e até provocar a morte. Por outro lado, a corrente elétrica também pode excitar o coração em uma parada cardíaca, ressuscitando a pessoa.

(Elementos representados em tamanhos não proporcionais entre si.)

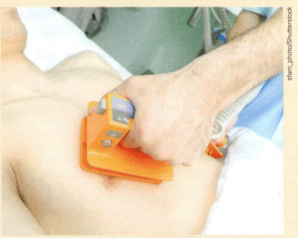

O desfibrilador é um aparelho médico que gera choques elétricos no tórax de uma pessoa fazendo com que o coração volte a bater em seu ritmo natural.

Capítulo 8 • A Eletrodinâmica

> Tensão elétrica ou diferença de potencial elétrico (ddp)

Guardadas as devidas proporções e características, pode-se comparar a corrente elétrica ao fluxo de água de um reservatório a outro. Para abastecer com água uma região, o reservatório deve ser colocado no ponto mais alto do lugar, pois a água move-se por gravidade, do nível mais alto (maior energia potencial gravitacional) para o mais baixo (menor energia potencial gravitacional). Como há diferença de nível entre os reservatórios, forma-se um fluxo de água no cano que os une (condutor). A essa diferença de nível dá-se o nome de **diferença de potencial gravitacional**. Portanto, para que haja um fluxo de água de um reservatório a outro, é necessário que exista diferença de potencial gravitacional entre eles.

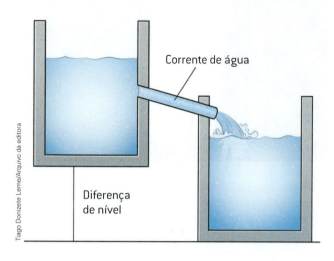

A diferença de nível entre os reservatórios permite uma corrente de água quando são interligados.
(Cores fantasia.)

De maneira semelhante, para que haja corrente elétrica circulando pelo fio condutor de um circuito elétrico, deve haver **diferença de potencial elétrico (ddp)** entre os terminais de um gerador (pilha ou bateria). Esses geradores apresentam um polo positivo (de maior potencial) e um polo negativo (de menor potencial). O sentido da corrente elétrica num circuito elétrico se dá do polo positivo para o polo negativo.

Essa diferença de potencial, também chamada de **tensão elétrica**, representa a quantidade de energia que um gerador fornece para movimentar uma quantidade de carga elétrica durante seu percurso em um condutor.

A ddp é medida em volt (V), em homenagem a Alessandro Volta, inventor da pilha voltaica, por isso é comumente chamada de "voltagem".

Na prática, a diferença de potencial elétrico é fornecida por fontes de energia elétrica como pilhas, baterias e tomadas de 110 V ou 220 V.

As pilhas trazem impresso, na parte externa, o valor da diferença de potencial entre os seus polos. Nas que geralmente são usadas em controles remotos, brinquedos, máquinas fotográficas, lanternas ou faroletes, o valor da ddp é de 1,5 V. Isso significa que elas fornecem 1,5 J de energia elétrica para cada 1 C de carga que as atravessa.

Ao utilizar apenas uma pilha de ddp igual a 1,5 V, o brilho da lâmpada é pouco intenso. Para intensificar o brilho da lâmpada, ou seja, para fornecermos mais energia a ela, podemos usar duas pilhas, criando um sistema cuja ddp é igual a 3 V.

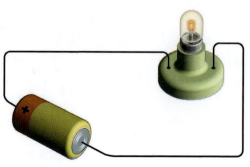

(Elementos representados em tamanhos não proporcionais entre si. Cores fantasia.)

❯ Resistência elétrica

Embora todos os metais sejam condutores de corrente elétrica, alguns são melhores condutores do que outros. Como a corrente elétrica é definida pelo movimento ordenado dos elétrons livres do metal, pode-se dizer que em alguns metais o movimento ocorre mais facilmente que em outros. Por exemplo, nos fios de cobre, os elétrons têm mais facilidade para se movimentar que nos fios de níquel-cromo.

Para quantificar a maior ou a menor dificuldade com que os elétrons fluem por um fio metálico, utiliza-se uma grandeza física denominada **resistência elétrica**. Aplicando-se uma mesma diferença de potencial, verifica-se que, quanto maior a resistência elétrica, menor a quantidade de elétrons que se movimentam pelo fio condutor, ou seja, menor é a intensidade de corrente elétrica.

(Elementos representados em tamanhos não proporcionais entre si. Cores fantasia.)

Lâmpada de baixa resistência elétrica ligada a uma bateria. A corrente elétrica será bem intensa.

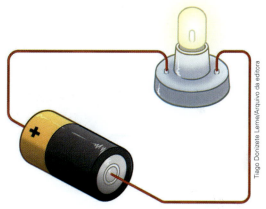

Lâmpada de elevada resistência elétrica ligada a uma bateria. A corrente elétrica será pouco intensa.

Portanto, a resistência elétrica e a corrente elétrica são inversamente proporcionais.

Assim, para que se consiga uma corrente elétrica mais intensa em um condutor com resistência elétrica mais elevada, é necessário que se aumente a ddp (tensão elétrica) do circuito elétrico.

(Elementos representados em tamanhos não proporcionais entre si. Cores fantasia.)

A corrente elétrica é pouco intensa, pois a lâmpada apresenta uma resistência elevada.

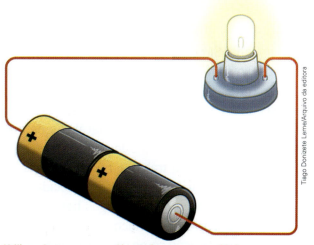

Utilizando-se a mesma lâmpada, a corrente elétrica torna-se mais intensa quando se aumenta a ddp do circuito elétrico.

Capítulo 8 • A Eletrodinâmica 129

Com a observação de diversos circuitos elétricos como estes, o cientista alemão **Georg Simon Ohm** (1789-1854) verificou a relação entre a corrente elétrica, a resistência elétrica e a ddp e a apresentou pela relação matemática conhecida como a **primeira lei de Ohm**:

$$U = R \cdot i$$

Em que:
U = diferença de potencial (ddp) ou tensão elétrica
R = resistência elétrica
i = intensidade da corrente elétrica

As unidades do SI envolvidas nessa equação são:
Diferença de potencial → volt (V)
Intensidade da corrente elétrica → ampère (A)
Resistência elétrica → ohm (Ω) (em homenagem a Georg Simon Ohm)

Veja um exemplo que mostra uma aplicação dessa expressão.

O circuito ilustrado ao lado mostra uma lâmpada de filamento ligada aos terminais de uma bateria de 9 V. Utilizando um instrumento que mede a intensidade de corrente elétrica (amperímetro), descobrimos que o circuito é percorrido por uma corrente elétrica de 2 A. Aplicando a lei de Ohm, calcula-se a resistência elétrica do filamento da lâmpada:

A lâmpada, ao ser ligada a uma bateria de 9 V, é percorrida por uma corrente elétrica de 2 A.
(Elementos representados em tamanhos não proporcionais entre si. Cores fantasia.)

U = 9 V   U = R · i
i = 2 A   9 = R · 2
R = ?   R = 9/2
                 R = 4,5 Ω

UM POUCO MAIS

George Simon Ohm

Georg Simon Ohm foi um cientista que nasceu em Erlangen, na Alemanha. Foi professor de Matemática em Colônia e em Nuremberg.

Entre 1825 e 1827, Ohm desenvolveu a primeira teoria matemática da condução elétrica nos circuitos, baseando-se no estudo da condução do calor e usando fios metálicos de diferentes comprimentos e diâmetros nos seus estudos.

Na época, seu trabalho não recebeu o merecido reconhecimento: a lei de Ohm permaneceu desconhecida até 1841. Até essa data, Ohm não tinha conseguido empregos permanentes e tivera dificuldades para manter um nível econômico estável. Em 1852, dois anos antes de morrer, conseguiu posição como professor de Física na Universidade de Munique.

Georg Simon Ohm (1789-1854).

❯ Resistores

Em equipamentos elétricos, como ferro de passar roupa, chuveiro e secador de cabelos, ocorre a conversão de energia elétrica em energia térmica, por meio de um dispositivo denominado **resistor**. Essa conversão é conhecida como **efeito térmico** ou **efeito Joule**. A intensidade desse efeito está relacionada à intensidade da corrente elétrica.

A resistência elétrica de um condutor depende do tipo de material de que ele é feito. Materiais diferentes oferecem resistências diferentes à passagem de corrente elétrica, ou seja, apresentam resistência específica, característica do metal de que são feitos. A essa resistência específica dá-se o nome de **resistividade elétrica**. Fios de cobre, por exemplo, apresentam resistividade elétrica diferente de fios de prata.

Materiais condutores com elevada resistividade são utilizados na fabricação de resistores. A principal finalidade do resistor é diminuir o valor da corrente elétrica que circula pelo trecho do circuito onde está inserido.

Os resistores são representados graficamente por:

(Cores fantasia.)

A fotografia mostra uma aplicação de resistor. O resistor responsável pelo aquecimento da água do chuveiro é feito de uma liga (mistura) dos metais níquel e cromo.

(Elementos representados na figura não apresentam proporção de tamanho entre si.)

Em um circuito elétrico, os fios metálicos também funcionam como resistores, porém sua resistência é muito pequena quando comparada à dos demais resistores envolvidos no circuito. Nesse caso, a resistência elétrica dos fios condutores pode ser considerada desprezível.

EM PRATOS LIMPOS

Resistência ou resistor?

Em geral, as pessoas se referem ao resistor denominando-o resistência, o que não é preciso cientificamente. É comum ouvir frases como "O chuveiro está com a resistência queimada" ou "Queimou a resistência do aquecedor".

O que queima é o resistor, pois ele é o dispositivo colocado no circuito. A resistência é uma grandeza física que caracteriza os condutores de eletricidade.

NESTE CAPÍTULO VOCÊ ESTUDOU

- Corrente elétrica.
- Efeitos da corrente elétrica.
- Tensão elétrica (ou ddp).
- Resistência elétrica.
- Primeira lei de Ohm.
- Os resistores e o efeito Joule.

ATIVIDADES

PENSE E RESOLVA

1 As ilustrações a seguir representam um pedaço de fio condutor metálico em duas situações diferentes.

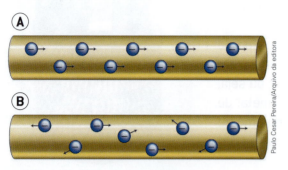

(Elementos representados em tamanhos não proporcionais entre si. Cores fantasia.)

a) Qual das ilustrações representa o condutor metálico no momento em que **não** há condução de corrente elétrica? Justifique sua resposta.

b) Em qual das ilustrações o fio condutor deve estar ligado a uma pilha? Justifique sua resposta.

c) Conceitue corrente elétrica.

2 Observe o trecho ampliado do fio condutor no circuito elétrico mostrado a seguir.

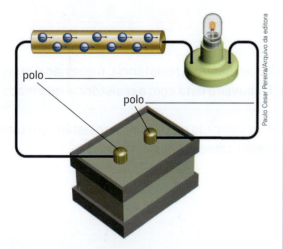

(Elementos representados em tamanhos não proporcionais entre si. Cores fantasia.)

a) Na bateria acima, indique qual é o polo positivo e o negativo. Justifique sua resposta.

b) Indique o sentido da corrente elétrica no circuito (horário ou anti-horário).

3 Determine a quantidade de carga que atravessa uma lâmpada ligada a uma bateria durante 30 segundos, que é percorrida por uma corrente elétrica de 0,1 A.

4 Guardadas as devidas proporções, o ser humano pode ser considerado um condutor e apresenta uma resistência elétrica que depende de vários fatores como umidade da pele (seca ou molhada), resíduos de outros materiais na pele, machucados, etc. Os valores da sua resistência elétrica podem variar de 500 Ω a 3 000 Ω, em média.

Dependendo da tensão elétrica, ao sofrer um choque, a corrente elétrica pode apresentar intensidades variadas e, consequentemente, efeitos variados.

- Quando a corrente elétrica tem intensidade em torno de 0,001 A, é possível sentir um certo formigamento.
- Com intensidade em torno de 0,01 A, pode haver sobrecarga no sistema nervoso e causar dor e contrações musculares.
- Correntes elétricas com intensidade igual ou superior a 0,1 A podem causar sérias queimaduras e até parada cardíaca, com risco de morte.

Considere o caso em que uma pessoa com resistência elétrica de 2 500 Ω leva um choque em uma instalação elétrica de 110 V. Com base nas informações apresentadas no enunciado, é possível que ela:

a) nem sinta a corrente elétrica.

b) sinta um pequeno formigamento.

c) sinta dor e contração muscular.

d) sofra uma parada cardíaca.

5 Um colega lhe pede ajuda para trocar a "resistência" de um chuveiro alegando que ela está queimada. O que você diria ao colega para desfazer o equívoco em relação à linguagem científica? Explique.

SÍNTESE

1 Utilizando os termos do quadro, complete corretamente a frase a seguir:

> positivo   positivo   pilha   negativo
> negativo   elétrons

Um gerador, como uma _____, apresenta um polo positivo e um polo negativo. Como os _____ são partículas que têm carga negativa, em um circuito fechado eles migram do polo _____ para o polo _____. O sentido convencional adotado para a corrente elétrica é do polo _____ para o polo _____.

2 A figura a seguir mostra uma lâmpada, que pode ser considerada como um resistor, ligada a uma bateria de 1,5 V e sendo percorrida por uma corrente elétrica de intensidade 0,2 A, como indicada no amperímetro (medidor de corrente elétrica).

(Elementos representados em tamanhos não proporcionais entre si. Cores fantasia.)

a) Qual é a função da pilha no circuito elétrico?

b) Qual é o valor da resistência elétrica da lâmpada?

c) Se adicionarmos adequadamente mais uma pilha de 1,5 V ao circuito, qual será o novo valor da intensidade da corrente elétrica? O que ocorrerá com o brilho da lâmpada?

DESAFIO

Os telefones celulares apresentam uma bateria que, de tempos em tempos, precisa ser recarregada. A unidade mais utilizada na medida de carga armazenada nessas baterias é o mAh, que corresponde a 3,6 C.

Para recarregar as baterias, os celulares são ligados a carregadores que fornecem, em média, uma corrente elétrica de 2 A.

Sabendo que a bateria de um celular está completamente carregada quando sua carga for de 3 000 mAh, o tempo que o celular deve ficar ligado ao carregador é de:

a) 30 minutos.

b) 1 hora.

c) 1,5 hora.

d) 1 dia.

PRÁTICA

Fechando circuitos

Objetivo

Utilizando materiais simples, construir um circuito elétrico e verificar experimentalmente o conceito de circuito fechado.

Material

- 1 pilha nova
- 1 lâmpada de lanterna de 1,5 V a 2,5 V
- 1 pedaço de fio de cobre de 15 cm a 20 cm de comprimento

> **ATENÇÃO!**
> Peça a um adulto que descasque e raspe bem (com um estilete) as duas extremidades de cada fio.

Procedimento

1. Usando apenas um pedaço de fio de cobre e uma pilha nova, é possível acender uma pequena lâmpada. O processo é mostrado no modelo abaixo.

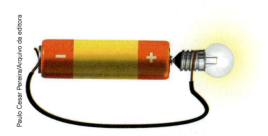

2. Observe detalhadamente que o circuito é fechado, formando um caminho metálico sem interrupção, que vai de um polo a outro da pilha, passando pelo filamento da lâmpada.

3. Observe a seguir um conjunto de possibilidades. Com base no modelo, verifique em quais situações o circuito estaria fechado e a lâmpada iria acender.

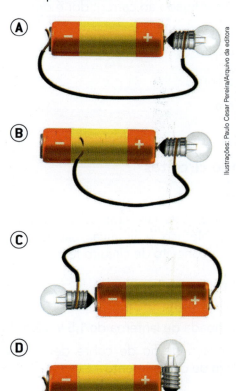

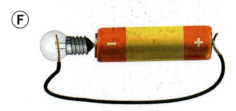

(Elementos representados em tamanhos não proporcionais entre si. Cores fantasia.)

Discussão final

1. Em que situações a lâmpada acende nos circuitos apresentados nas ilustrações?

2. Se o filamento da lâmpada utilizada nesta atividade queimar, haverá corrente elétrica do polo negativo da pilha até a lâmpada? Justifique.

Capítulo 9 — Circuitos elétricos

ANBI/Shutterstock

Vários aparelhos ligados em um mesmo derivador.

Observe a fotografia. Você já deve ter utilizado na sua residência um derivador de tomada ou tomada "T", não utilizou? Você acha que o uso excessivo desses derivadores pode causar algum problema? O excesso de aparelhos ligados em uma única tomada por meio desse tipo de tomada pode causar algum acidente? Será que instalações elétricas irregulares podem causar danos aos aparelhos elétricos?

Os aparelhos elétricos da sua residência apresentam características e condições de funcionamento específicas para que possam funcionar adequadamente e realizar as transformações de energia a que são submetidos.

Neste capítulo vamos entender um pouco mais os circuitos elétricos presentes no nosso cotidiano, verificar as condições e características do seu funcionamento e as transformações de energia que proporcionam.

❯ Identificando os aparelhos e componentes elétricos

Atualmente somos dependentes da eletricidade para realizar a maioria das atividades em nosso cotidiano.

Sem a eletricidade não conseguiríamos ligar o celular, acender uma lâmpada, dar partida no carro ou mesmo assistir a um filme na televisão. Mas, para que possamos utilizar os aparelhos que dependem da eletricidade de maneira adequada, precisamos saber interpretar algumas informações que neles estão gravadas e nos respectivos manuais de instruções de instalação e de uso.

Além disso, devemos ficar bem atentos a dados que ficam bem visíveis próximos às tomadas onde os aparelhos são ligados, instalando-os de forma adequada para evitar acidentes, danos elétricos e desperdício de energia.

Se você observar atentamente, verificará que existe nos aparelhos elétricos uma etiqueta do fabricante com as informações nominais de corrente elétrica, tensão elétrica (ddp), potência de funcionamento, entre outros dados. Essas informações são as condições elétricas necessárias, indicadas pelos fabricantes para que os aparelhos elétricos funcionem de maneira adequada.

Etiqueta de identificação das características nominais de um aparelho elétrico.

Nessa etiqueta há algumas grandezas físicas – que você já conheceu no capítulo anterior – como tensão elétrica (ddp) e corrente elétrica. A potência foi mencionada no 7º ano, quando você estudou as máquinas a vapor, mas vamos falar um pouco mais sobre ela adiante, no capítulo 12. A frequência, por sua vez, será estudada somente no volume do 9º ano.

Conhecendo-se os valores nominais de funcionamento, o segundo passo é identificar alguns circuitos e seus componentes a partir de suas características.

Para que possam funcionar, os aparelhos elétricos precisam ser ligados a uma **fonte de energia elétrica**, um dispositivo que apresente uma ddp em seus terminais, como vimos no capítulo anterior.

Bateria de automóvel e pilhas são fontes de energia elétrica.

(Elementos representados em tamanhos não proporcionais entre si.)

UM POUCO MAIS

Adaptadores

Muitos aparelhos elétricos são elaborados para funcionar com baixas ddps, de 1,5 V a 12 V, em média.

Os telefones celulares, por exemplo, funcionam com uma bateria de ddp da ordem de 5,0 V, uma ddp bem abaixo dos 110 V ou 220 V da rede elétrica residencial.

Nesse caso, para carregar a bateria do telefone celular não podemos ligá-lo diretamente à rede elétrica; precisamos de um adaptador, também chamado de carregador, que faz a adaptação da ddp da rede elétrica para a ddp da bateria do celular.

Nesses adaptadores há valores nominais de ddp e corrente elétrica de entrada (rede elétrica residencial) e valores nominais de ddp e corrente elétrica de saída (telefone celular).

Em uma residência podem ser encontrados alguns tipos de adaptadores além dos de telefone celular como, por exemplo, em telefones sem fio, computadores portáteis (*notebooks*), *tablets*, rádios, entre outros.

Um adaptador (carregador) de telefone celular é um circuito elétrico que realiza a conversão de ddp da rede elétrica residencial para a ddp do telefone celular.

No rótulo dos adaptadores, é possível identificar alguns valores nominais, por exemplo:

Entrada:
- 110-240 V, que significa que pode ser ligado tanto em 110 V como em 220 V;
- 0,35 A, que representa a intensidade da corrente elétrica fornecida pela rede elétrica durante seu funcionamento.

Saída:
- 5,0 V, que indica a ddp que poderá ser fornecida à bateria do telefone celular;
- 2,0 A, que indica a corrente elétrica que poderá ser fornecida à bateria do telefone celular.

Alguns aparelhos elétricos apresentam como função principal a produção de aquecimento. Eles têm como característica transformar energia elétrica em energia térmica e apresentam um resistor como elemento principal. Esses aparelhos são chamados de **aparelhos resistivos**.

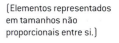

(Elementos representados em tamanhos não proporcionais entre si.)

O chuveiro, o ferro de passar roupas e o aquecedor são aparelhos resistivos.

Capítulo 9 • Circuitos elétricos 137

Há também aparelhos com a finalidade de transformar energia elétrica em energia mecânica, e seu funcionamento se dá a partir da utilização de **motores elétricos**. Nesses aparelhos há também a transformação de energia elétrica em outras modalidades como sonora e térmica, embora não seja esta a sua finalidade.

(Elementos representados em tamanhos não proporcionais entre si.)

Furadeira, ventilador e liquidificador são aparelhos elaborados a partir de motores elétricos.

Existem ainda alguns aparelhos elétricos que se destinam à comunicação entre as pessoas e ao armazenamento de informações. Geralmente, esses aparelhos transformam a energia elétrica em várias modalidades, não sendo apenas uma em particular. Por exemplo, o telefone celular transforma, ao mesmo tempo, energia elétrica em energia sonora, em energia luminosa e energia térmica. Costumamos chamar esses aparelhos de **elementos de sistemas de informação e comunicação**.

O telefone celular, a TV e os computadores são elementos de sistemas de informação e comunicação.

Em todos os aparelhos há componentes elétricos que são elementos que fazem parte de um circuito elétrico ou de uma instalação elétrica.

Resistores, transistores, diodos, LEDs, lâmpadas e outros componentes estão presentes em muitos circuitos elétricos e se apresentam nos mais variados tamanhos e funções.

Interruptores de luz, fios e LEDs são exemplos de componentes de um circuito elétrico.

No volume do 7º ano você estudou um pouco sobre a Terceira Revolução Industrial. A microeletrônica foi um dos alicerces dessa revolução e alavancou o desenvolvimento de aparelhos a partir de componentes de circuitos elétricos cada vez menores e mais sofisticados.

EM PRATOS LIMPOS

Lâmpadas elétricas

A finalidade de uma lâmpada elétrica é transformar energia elétrica em energia luminosa. Nas últimas décadas as lâmpadas elétricas usadas nas residências mudaram muito.

As primeiras lâmpadas elétricas, as lâmpadas incandescentes, foram gradativamente sendo retiradas do mercado desde a restrição estabelecida pela Portaria Interministerial 1 007/2010, com o objetivo de minimizar o desperdício no consumo de energia elétrica.

Essas lâmpadas apresentam uma baixa eficiência no que diz respeito à transformação de energia elétrica em luminosa, pois geram muito mais energia em forma de calor do que em forma de luz. Nesse aspecto, as lâmpadas incandescentes se assemelham muito aos resistores.

O Instituto Nacional de Metrologia, Qualidade e Tecnologia (Inmetro), órgão que regula e fiscaliza com caráter educativo o consumo de energia, propôs um programa de substituição gradativa das lâmpadas incandescentes pelas lâmpadas fluorescentes compactas e permitiu que fossem comercializadas apenas lâmpadas incandescentes de baixa potência, como as utilizadas em pequenas lanternas e enfeites natalinos.

As lâmpadas fluorescentes compactas, também chamadas de lâmpadas frias, como o próprio nome diz, transformam energia elétrica muito mais em energia luminosa do que em calor, o que proporciona melhor eficiência. No entanto, causam impacto ambiental com o seu descarte, pois são elaboradas a partir do mercúrio, que é uma substância tóxica.

Atualmente, em conformidade com as propostas de economia de energia elétrica e preservação do meio ambiente, começam a ganhar espaço as lâmpadas de LED que apresentam eficiência ainda maior que as lâmpadas fluorescentes compactas e são mais duráveis.

Lâmpada a óleo

Lâmpada incandescente

Lâmpada fluorescente

Lâmpada de LED

Até o início do século XIX utilizavam-se velas e lâmpadas a óleo e a gás para a iluminação. Durante a Segunda Revolução Industrial, começaram a surgir as primeiras lâmpadas elétricas (incandescentes). No início do século XXI, as lâmpadas incandescentes foram perdendo espaço para as lâmpadas fluorescentes compactas e para as lâmpadas de LED.

 UM POUCO MAIS

LED

Em 1962, o engenheiro estadunidense **Nick Holonyak** (1928-), apoiado nos cientistas Henry J. Round e Oleg V. Losev, criou um novo componente eletrônico, o diodo emissor de luz, mais conhecido como LED (*Light Emmiting Diode*).

Quando inventado, o LED só emitia luz vermelha. Na década de 1970, o LED foi aperfeiçoado e surgiu com uma nova cor: o verde.

Com a criação do LED azul pelos físicos japoneses **Isamu Akasaki** (1929-), **Hiroshi Amano** (1960-) e **Shuji Nakamura** (1954-), pelo qual ganharam o prêmio Nobel de Física em 2014, foi possível a geração de outras cores para compor a luz branca.

A nova geração de LED criou mais possibilidades tecnológicas e mudou intensamente nossa relação com os equipamentos eletrônicos.

> Aparelhos resistivos

Analisando sob o aspecto prático e mais amplo, os aparelhos elétricos diferem entre si apenas em relação à transformação de energia que realizam. Assim, quando se estuda o funcionamento dos aparelhos e circuitos elétricos, é comum esquematizá-los como se todos fossem aparelhos resistivos.

Entendendo o funcionamento dos aparelhos resistivos, é possível, então, entender os demais aparelhos.

No estudo dos aparelhos resistivos, vamos dar ênfase ao seu elemento principal: o **resistor**. Vamos verificar as diferentes formas de associá-lo e o que isso representa fisicamente no aparelho elétrico.

Devido ao efeito Joule, os resistores têm características que os tornam muito úteis no dia a dia: estão presentes em chuveiros elétricos, ferros de passar roupa, torradeiras, fornos elétricos, panelas elétricas e outros aparelhos. Em determinadas situações é preciso associar mais de um resistor. Mas como essa associação é feita?

Associar resistores tem por finalidade aumentar ou diminuir a resistência elétrica em um circuito. Essas associações podem ser realizadas basicamente de duas maneiras: em **série** e em **paralelo**. Os dois tipos de associação podem, ainda, ser combinados de várias maneiras para atender às necessidades de cada situação.

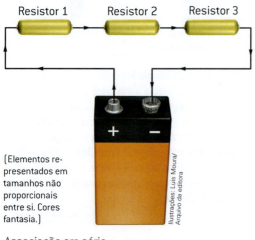

(Elementos representados em tamanhos não proporcionais entre si. Cores fantasia.)

Associação em série com 3 resistores.

Associação em série

Na associação em série, os resistores são ligados em sequência, de tal maneira que o terminal de um resistor é ligado ao terminal do resistor seguinte e, assim, sucessivamente. Todos eles estão ligados a uma fonte de tensão (bateria, pilha ou tomada elétrica). A figura ao lado ilustra uma associação em série com 3 resistores.

A principal característica dessa associação é que só há um caminho para a corrente elétrica: ela é obrigada a passar por todos os resistores. Dessa forma, a intensidade da corrente elétrica que atravessa o resistor **1** é a mesma para o resistor **2** e a mesma para o resistor **3**. Assim, temos:

> Na associação em série de resistores, a corrente elétrica tem a mesma intensidade em cada um dos resistores.

Tomando-se o filamento de uma lâmpada como resistor, observe as duas situações descritas a seguir.

Situação I: quando se tem apenas uma lâmpada ligada à bateria de 9 V, o brilho da lâmpada é bastante intenso, porque toda a ddp da bateria é aplicada sobre uma única lâmpada. Assim, pode-se dizer que a ddp da bateria é a mesma ddp da lâmpada.

(Elementos representados em tamanhos não proporcionais entre si. Cores fantasia.)

140

Situação II: ao se associar outra lâmpada idêntica, em série, o brilho de cada uma é menos intenso do que o anterior, porque a ddp da bateria é dividida em duas partes, 4,5 V para cada lâmpada, o que justifica o brilho menos intenso.

(Elementos representados em tamanhos não proporcionais entre si. Cores fantasia.)

Dessa forma, podemos concluir que:

> Na associação em série de resistores, a ddp é dividida proporcionalmente em tantas partes quanto for o número de resistores associados.

Se os resistores da associação forem iguais, a ddp será dividida em partes iguais. No entanto, se os resistores forem diferentes, a ddp será dividida em partes diferentes. De qualquer forma, a soma das ddps em cada resistor é a ddp da bateria.

Na associação em série, quanto maior o número de resistores do circuito, maior será a resistência elétrica e, portanto, menor será a intensidade da corrente que o percorre.

Por meio de algumas relações em um circuito elétrico, pode-se comprovar que a resistência elétrica equivalente (R_{eq}) de uma associação de resistores em série é dada pela soma das resistências de cada um dos resistores:

$$R_{eq} = R_1 + R_2 + ... + R_n$$

Veja o exemplo.

No circuito elétrico abaixo, os resistores R_1, R_2, R_3 e R_4 têm resistências elétricas respectivamente iguais a 5 Ω, 12 Ω, 3 Ω e 10 Ω. Determine a resistência equivalente dessa associação de resistores.

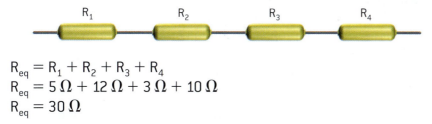

$R_{eq} = R_1 + R_2 + R_3 + R_4$
$R_{eq} = 5\ \Omega + 12\ \Omega + 3\ \Omega + 10\ \Omega$
$R_{eq} = 30\ \Omega$

A resistência equivalente é de 30 Ω.

A inconveniência dessa associação é que, se um dos resistores se queimar, todos os demais que estiverem em série com ele deixarão de funcionar. Isso ocorre porque o circuito se abre, interrompendo a passagem da corrente elétrica.

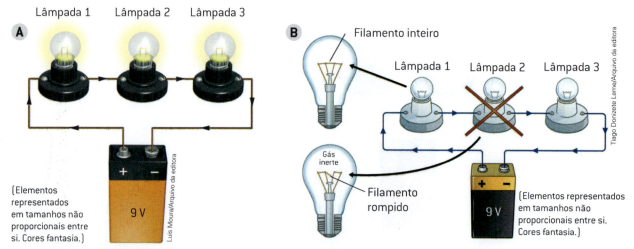

Na figura **A**, as três lâmpadas estão em perfeito estado e ligadas a uma bateria em uma associação em série. Se uma das lâmpadas queimar (figura **B**), as outras duas lâmpadas, apesar de estarem em perfeito estado, se apagarão, pois o circuito estará aberto.

UM POUCO MAIS

As lâmpadas da árvore de Natal

O conjunto de lâmpadas usado em enfeites natalinos é geralmente composto de lâmpadas associadas em série. Cada lampadazinha do conjunto tem valor de ddp nominal, em média, de 10 V. Para que ela funcione adequadamente, precisa ser ligada a uma fonte de ddp de 10 V.

No entanto, a rede elétrica de uma residência fornece uma ddp de 110 V. Se ligarmos a lampadazinha diretamente nessa rede elétrica, certamente ela queimará.

Assim, utiliza-se uma associação em série de lampadazinhas. Nesse caso, serão necessárias 11 lampadazinhas.

Nessa ligação, para que todas as lampadazinhas se acendam, é preciso que elas estejam em perfeito estado. Quando uma das lampadazinhas queima, as demais lampadazinhas se apagarão, pois o circuito ficará aberto e não haverá passagem de corrente elétrica.

Os chuveiros elétricos, em geral, utilizam uma associação de resistores em série (um resistor entre **A** e **B**, e outro entre **B** e **C**).

Nos chuveiros elétricos, a ligação dos resistores é feita de maneira semelhante.

A ddp da rede elétrica pode ser ligada entre os terminais **B** e **C**, representando a posição "inverno", ou entre os terminais **A** e **C**, representando a posição "verão". Na posição "inverno", a resistência é **menor** e proporciona uma corrente elétrica **mais intensa** e, consequentemente, mais energia elétrica é tranformada em energia térmica (calor).

Na posição "verão", a resistência é **maior** porque é igual à soma das resistências dos dois resistores. Assim, a intensidade da corrente é **menor** e menos energia elétrica é transformada em energia térmica.

Associação em paralelo

Na associação em paralelo, todos os resistores são ligados aos mesmos terminais da fonte de tensão (bateria, pilha ou tomada elétrica). A figura ao lado ilustra uma associação em paralelo com três resistores.

Um dos terminais de cada resistor está ligado ao polo positivo da bateria e o outro terminal está ligado ao polo negativo, ou seja, todos os resistores estão ligados aos mesmos pontos e, portanto, à mesma ddp.

As instalações elétricas residenciais são feitas dessa forma. Todas as lâmpadas estão ligadas em paralelo, ou seja, ligadas à mesma ddp de 110 V ou 220 V, dependendo da ddp da rede elétrica. Assim, temos:

> Na associação em paralelo de resistores, a ddp é a mesma para cada um dos resistores.

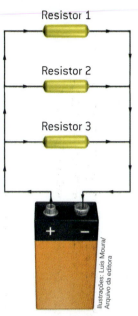

(Elementos representados em tamanhos não proporcionais entre si. Cores fantasia.)

A maioria das residências recebe três fios da rede de energia elétrica: dois fios correspondentes às fases e um ao neutro. Na instalação elétrica, os equipamentos são projetados para serem ligados entre uma fase e o neutro (uma lâmpada em 110 V, por exemplo) ou entre duas fases (um chuveiro em 220 V, por exemplo).

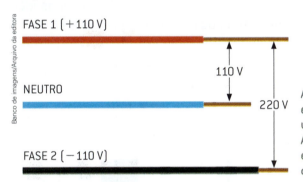

Aparelhos que funcionam em 110 V são ligados entre uma fase e um neutro. Aparelhos que funcionam em 220 V são ligados entre duas fases.

Para entender a instalação elétrica residencial, pode-se representar a fase pelo polo positivo de uma bateria, o neutro pelo polo negativo e os equipamentos por resistores. Mesmo que de forma simplificada, o circuito representado dá ideia de como é a associação em paralelo.

Observe as situações a seguir, que representam esquematicamente parte da instalação elétrica em uma residência.

(Elementos representados em tamanhos não proporcionais entre si. Cores fantasia.)

Representação simplificada de uma instalação elétrica residencial.

Na figura, todas as lâmpadas estão acesas e apresentam brilhos iguais, pois são lâmpadas iguais.

Observe agora a ilustração a seguir:

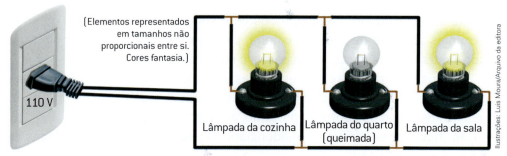

Neste caso, a lâmpada do quarto está queimada.

Na figura, a lâmpada do quarto está queimada, mas as demais lâmpadas não têm seu brilho alterado, ou seja, a corrente elétrica que circulava em cada lâmpada continua com a mesma intensidade.

Na associação em paralelo, cada resistor (lâmpada) é independente dos demais, diferentemente da associação em série, em que a queima de um resistor (lâmpada) faz com que o circuito seja interrompido.

Na associação de resistores em paralelo, a intensidade da corrente elétrica fornecida pela bateria varia em função da quantidade de resistores associados e da resistência de cada um deles. A intensidade total da corrente é dada pela soma das intensidades das correntes elétricas dos resistores.

As ilustrações a seguir representam dois circuitos com baterias idênticas, cuja ddp é de 9 V e os resistores idênticos têm resistência de 9 Ω.

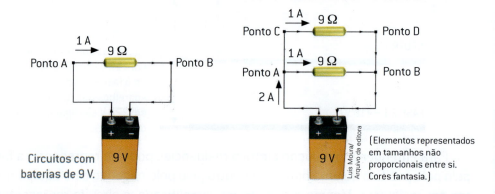

A ddp entre os pontos **A** e **B** nos dois circuitos e entre os pontos **C** e **D** é constante e igual a 9 V. No primeiro caso, a corrente elétrica tem intensidade 1 A. Ao adicionar outro resistor idêntico em paralelo ao primeiro, haverá também a passagem de uma corrente elétrica de intensidade 1 A, o que acarreta aumento da intensidade da corrente elétrica fornecida pela bateria (2 A). Assim, a cada novo resistor colocado em paralelo, haverá novo acréscimo da intensidade da corrente elétrica fornecida pela bateria. Por esse motivo, a intensidade de corrente total fornecida pela bateria depende da quantidade de resistores e o seu valor é igual à soma dos valores das intensidades das correntes que passam por cada resistor.

Generalizando, temos:

> Na associação em paralelo de resistores, a corrente elétrica total é dividida em tantas partes quanto for o número de resistores associados.

Se os resistores associados em paralelo forem iguais, a corrente elétrica total fornecida pela bateria será dividida em partes iguais. Se os resistores forem diferentes, a corrente elétrica total será dividida em partes diferentes correspondentes a cada resistor. De qualquer forma, a soma das intensidades das correntes elétricas em cada resistor será a intensidade da corrente elétrica total fornecida pela bateria. Com isso, pode-se concluir que, se a corrente elétrica fornecida pela bateria aumentou, houve uma diminuição da resistência elétrica equivalente (R_{eq}) do circuito como um todo.

Ao se adicionar mais resistores em paralelo, há um aumento da intensidade da corrente elétrica e, consequentemente, um aumento no consumo da energia elétrica.

É comum encontrarmos em fornos elétricos uma chave seletora para a ligação dos resistores que realizam o aquecimento. Com ela é possível ligar apenas 1 resistor (superior ou inferior) ou 2 resistores associados em paralelo (superior e inferior).

Nos automóveis, as lâmpadas e outros equipamentos elétricos estão associados em paralelo e ligados a uma bateria de 12 V. Quando uma de suas lâmpadas se queima, as demais não se apagam.

EM PRATOS LIMPOS

Como funciona o controle de volume nos aparelhos de som?

O reostato é um resistor de resistência variável, possibilitando aumentar ou diminuir a intensidade da corrente elétrica que circula em um circuito elétrico. Em eletrônica, os reostatos também são chamados de potenciômetros e trimpots.

Podemos citar como exemplo de utilização de reostatos no cotidiano o controle de volume em aparelhos de som, controladores de intensidade luminosa (*dimmer*) e alguns controladores de velocidade em ventiladores de teto.

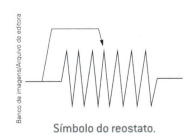

Símbolo do reostato.

Potenciômetro usado no controle de volume em aparelhos do som.

Capítulo 9 • Circuitos elétricos 145

> **NBR:** significa Norma Brasileira. As NBRs são aprovadas pela Associação Brasileira de Normas Técnicas (ABNT) e advertem os profissionais sobre as normas básicas de instalações elétricas, para que essas instalações não ofereçam riscos às edificações, aos seres humanos, aos animais, aos bens materiais, etc.

❱ A segurança das instalações elétricas

Na legislação atual, pela norma NBR 5 410, que rege as instalações elétricas de baixa tensão (instalações residenciais, prediais, comerciais e até industriais), tomadas e fios devem apresentar especificações para que estejam adequados às condições de segurança e bom funcionamento dos aparelhos elétricos.

Conforme a norma NBR 5 410, as instalações elétricas devem apresentar um **condutor de proteção**, também chamado de fio terra, que atua como um elemento de segurança.

Uma instalação elétrica bem projetada conta com o fio terra constituindo um sistema de aterramento.

Geralmente identificado com cor verde ou verde com listra amarela, é um fio de segurança que acompanha toda a instalação. Por estar ligado em todas as tomadas, o fio terra conecta todos os aparelhos elétricos à haste de aterramento enterrada no solo.

Esquema simplificado de um aterramento residencial.

(Elementos representados em tamanhos não proporcionais entre si. Cores fantasia.)

As tomadas e os plugues cuja instalação elétrica comporta um fio terra devem se apresentar com três polos (três pinos). O fio terra é ligado ao pino do meio.

Se, por algum motivo, ocorrer um desvio de corrente elétrica por um aparelho ou por um fio da instalação elétrica, como um curto-circuito, o fio terra "absorve" esse desvio de corrente elétrica e contribui para que os demais aparelhos elétricos e a fiação não sofram sobrecarga.

É comum as pessoas não se importarem muito com o aterramento, pois os aparelhos elétricos funcionam sem ele, mas, além de proteger dos choques elétricos e de desvios de corrente elétrica, ele protege os aparelhos elétricos das oscilações de energia e evita a ocorrência de arcos elétricos (faíscas) que podem gerar incêndios.

As tomadas e os plugues, conforme a NBR 5 410, devem ser bem dimensionados em relação à máxima corrente elétrica que podem suportar. Valores acima do especificado podem causar danos elétricos e provocar acidentes.

O conector de aterramento está ligado, por meio do fio terra (verde), a uma haste de cobre de, em média, 2,4 m de comprimento enterrada no solo.

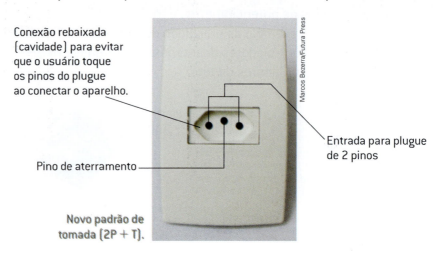

Novo padrão de tomada (2P + T).

146

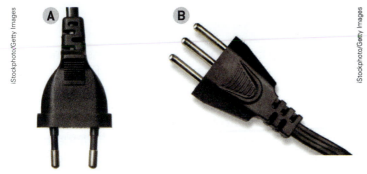
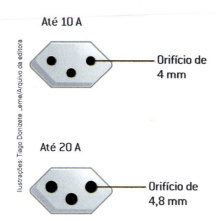

Especificação das tomadas 2P + T.

Até 2011, o plugue de 2 pinos (2P) era o mais comum e mais utilizado na maioria dos eletrodomésticos (**A**). Após essa data, o plugue de 2 pinos + fio terra (2p + T) passou a ser o plugue-padrão utilizado nos eletrodomésticos no Brasil (**B**). Os dois modelos de plugue apresentam o formato que se encaixa perfeitamente nas cavidades das tomadas.

Na instalação elétrica residencial, é comum a utilização de um derivador de tomadas (tomada "T").

Com o uso dele, podemos colocar mais aparelhos elétricos em paralelo. No entanto, deve-se tomar cuidado ao usá-lo, pois com mais aparelhos elétricos em paralelo, há um aumento da corrente elétrica na instalação elétrica.

Assim, deve-se levar em consideração a corrente elétrica de cada aparelho elétrico conectado ao "T" para que não ultrapasse a corrente suportada pela tomada e pela instalação elétrica.

Por efeito Joule, o aumento da corrente elétrica pode causar derretimento de tomadas e de capa de fios, provocando danos elétricos e curto-circuitos.

Tomada "T".

NESTE CAPÍTULO VOCÊ ESTUDOU

- Identificação dos valores nominais de ddp e de corrente elétrica dos aparelhos elétricos.
- Classificação dos aparelhos elétricos.
- Circuitos resistivos.
- Associação em série de resistores.
- As relações entre ddp (tensão elétrica), intensidade de corrente elétrica (i) e resistência elétrica (R) em uma associação em série de resistores.
- Pequenos circuitos com resistores associados em série.
- Associação em paralelo de resistores.
- As relações entre ddp (tensão elétrica), intensidade de corrente elétrica (i) e resistência elétrica (R) em uma associação em paralelo de resistores.
- Pequenos circuitos com resistores associados em paralelo.
- Padrões de segurança nas instalações elétricas residenciais.

ATIVIDADES

PENSE E RESOLVA

1 Faça uma pequena lista dos aparelhos elétricos que você pode encontrar em uma residência e classifique-os em aparelhos resistivos, aparelhos com motores elétricos ou elementos de sistemas de informação e comunicação.

2 Em um adaptador de telefone celular estão inscritas as seguintes informações:

A partir delas, é possível concluir que

a) a ddp fornecida à bateria é de 1 A e a corrente elétrica é de 5 V.

b) a resistência elétrica do adaptador é de 1 A e a ddp é de 5 V.

c) a ddp fornecida à bateria é de 5 V e a corrente elétrica é de 1 A.

d) a resistência elétrica do adaptador é de 5 V e a corrente elétrica é de 1 A.

3 Os aparelhos ou componentes listados a seguir transformam energia elétrica em outra(s) modalidade(s) de energia. Para cada um deles, identifique a modalidade de energia transformada mais predominante.

a) LED
b) Ferro de passar roupa
c) Batedeira
d) Torradeira
e) Computador

4 Em maio de 2018, a concessionária de energia elétrica da cidade de Ribeirão Pires, no estado de São Paulo, desenvolveu um projeto de eficiência de energia elétrica. Com este projeto os moradores podiam trocar gratuitamente até oito lâmpadas incandescentes ou fluorescentes compactas ou halógenas por lâmpadas de LED de 8 W. O projeto teve início na Vila do Doce de Ribeirão Pires e tinha a expectativa de troca de 40 mil lâmpadas.

A medida realizada pela concessionária da cidade de Ribeirão Pires de trocar lâmpadas incandescentes, fluorescentes compactas ou halógenas por lâmpadas de LED, poderá proporcionar à região:

a) maior consumo de energia elétrica na região onde as lâmpadas estão sendo trocadas.

b) maior desenvolvimento tecnológico na região onde as lâmpadas estão sendo trocadas.

c) maior economia de energia elétrica e maior durabilidade das lâmpadas que estão sendo trocadas.

d) racionamento de energia nos bairros, uma vez que essas lâmpadas provocarão aumento no consumo de energia elétrica.

5 Quatro resistores de resistências $R_1 = 2\ \Omega$, $R_2 = 3\ \Omega$, $R_3 = 5\ \Omega$ e $R_4 = 7\ \Omega$ estão associados em série e ligados a uma bateria.

a) Represente o circuito elétrico descrito.

b) Qual é o valor da resistência equivalente do circuito?

6 No circuito abaixo, o que acontecerá se uma das lâmpadas queimar? Justifique sua resposta.

7 Qual a função do fio terra nas instalações elétricas residenciais?

8 Considere os três circuitos elétricos a seguir e responda.

Circuito I

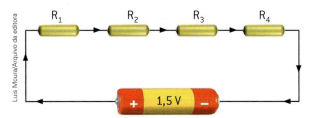

Circuito II

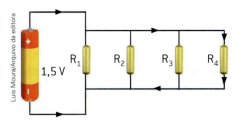

Circuito III

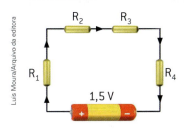

a) Indique os circuitos cujos resistores estão associados em série e os que estão em paralelo.

b) Em qual ou quais circuitos a intensidade da corrente que passa em cada resistor é igual à corrente total produzida pela pilha?

c) Em qual ou quais circuitos a ddp de cada resistor é igual à ddp fornecida pela pilha?

d) Em qual ou quais circuitos há semelhança com a ligação das lâmpadas de iluminação natalina?

e) Em qual ou quais circuitos há semelhança com a ligação das lâmpadas de iluminação em uma residência?

9 Leia, analise o esquema abaixo e responda.

No circuito elétrico representado na ilustração existem duas lâmpadas iguais, uma bateria e um interruptor desligado. O que ocorrerá com o brilho da lâmpada **1** quando o interruptor for ligado e a lâmpada **2** acender? Justifique sua resposta.

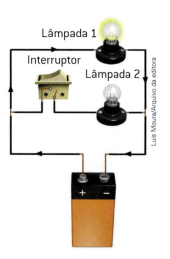

SÍNTESE

1 O resistor de um chuveiro pode ser representado pelo esquema abaixo.

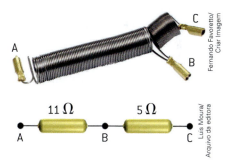

Quando o chuveiro está ligado na posição verão, a tensão elétrica da rede de 220 V está ligada entre os terminais **A** e **C**. Quando o chuveiro está ligado na posição inverno, a tensão elétrica da rede de 220 V está ligada entre os terminais **A** e **B**.

a) Que tipo de aparelho elétrico é o chuveiro? Qual a transformação de energia que ele realiza?

b) A associação entre R_1 e R_2 é em série ou em paralelo?

c) Qual o valor da resistência elétrica quando o chuveiro está ligado na posição verão?

Capítulo 9 · Circuitos elétricos

d) Qual o valor da resistência elétrica quando o chuveiro está ligado na posição inverno?

e) Por qual dos dois resistores passa uma corrente com intensidade maior quando o chuveiro está ligado na posição verão?

f) Em qual das posições, inverno ou verão, a intensidade da corrente elétrica no chuveiro é maior?

g) Em qual das posições, inverno ou verão, há mais consumo de energia elétrica?

2 Crie um pequeno texto com medidas de segurança em uma residência para se evitar acidentes ou mesmo um incêndio de origem elétrica.

PRÁTICA

Associando e observando lâmpadas em série

Objetivo

Construir um circuito elétrico e verificar o comportamento de lâmpadas associadas em série.

Material

- 3 lâmpadas iguais, do tipo utilizado em lanternas, de 2,2 V a 3 V (as lâmpadas devem ser da mesma marca e ter a mesma "voltagem")
- 3 soquetes
- 2 pedaços de 20 cm de fio de cobre
- 6 pedaços de 10 cm de fio de cobre
- 2 pilhas em bom estado

Procedimento

1. Monte, primeiramente, um circuito com apenas uma lâmpada, conforme indica o circuito a seguir (**A**). Observe o brilho da lâmpada.

2. Em seguida, ligue duas lâmpadas em série, conforme indica a figura a seguir (**B**), e observe o brilho das duas lâmpadas.

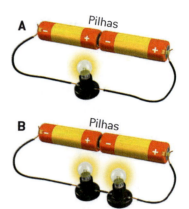

Discussão final

1 Comparando o brilho de cada lâmpada do circuito **B** com o brilho da lâmpada do circuito **A**, o que você observa?

2 Nesse tipo de associação, mantendo-se as mesmas características do circuito, o que se espera que aconteça à medida que se aumenta o número de lâmpadas no circuito?

3 Experimente desligar apenas uma lâmpada, desenroscando-a do soquete. O que acontece com a outra?

4 Monte agora um circuito com três lâmpadas associadas em série, conforme a ilustração **C** abaixo, e responda:

a) Houve alteração no brilho das lâmpadas em relação aos circuitos anteriores?

b) Experimente desligar apenas uma lâmpada, desenroscando-a do soquete. O que acontece com as outras duas?

5 Por que dizemos que as lâmpadas (resistores) nos circuitos **A**, **B** e **C** estão associadas em série?

> **ATENÇÃO!**
>
> Para lâmpadas de 1,2 V, faça o experimento usando uma pilha. Só use duas pilhas associadas em série com lâmpadas de 2,2 V a 3 V.

150

LEITURA COMPLEMENTAR

Fusível: a proteção dos circuitos

Nas residências, a maioria das ligações elétricas é feita em paralelo. Nesse caso, quando todas as lâmpadas e outros aparelhos elétricos estão funcionando, a intensidade da corrente elétrica é a maior possível. No entanto, os fios utilizados nas instalações elétricas têm um limite de intensidade de corrente elétrica que podem suportar. Quando a corrente é muito intensa, o fio pode aquecer e há o perigo de a capa de plástico derreter, provocando curto-circuito e incêndios.

Para evitar esse risco, são usados fusíveis, dispositivos que interrompem a passagem da corrente elétrica quando esta ultrapassa determinado valor de intensidade, previamente considerado seguro. O fusível mais comum é constituído por um fio metálico cuja temperatura de fusão é relativamente baixa.

O chumbo e o estanho são dois metais muito utilizados para esse fim, pois permitem a passagem da corrente até o valor máximo de intensidade para os quais foram fabricados. Se a corrente ultrapassa esse valor (a maioria deles vem com o valor limite impresso, como 5 A, 15 A, 30 A, 50 A, etc.), o fio aquece tanto que se funde (derrete), interrompendo a passagem da corrente.

Os disjuntores são tipos especiais de fusíveis que também protegem os circuitos. São produzidos para suportar diferentes intensidades de corrente. Quando esses valores de corrente são ultrapassados, uma mola é aquecida, desloca-se e abre a chave interna do disjuntor, "desarmando-o", isto é, interrompendo a passagem da corrente. O símbolo a seguir é comumente utilizado para representar fusíveis nos circuitos elétricos.

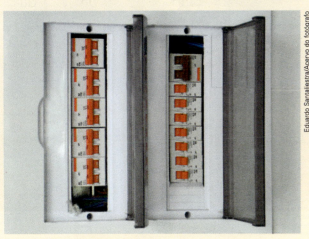

Caixa de distribuição de uma instalação elétrica.

O fusível e seu símbolo, usado em representações de circuitos.

(Elementos representados em tamanhos não proporcionais entre si).

Questões

1. Qual é a função do fusível em um circuito elétrico?
2. Por que a temperatura de fusão do fio no fusível tem que ser baixa?
3. O que são disjuntores? Qual é a sua função?
4. Com a supervisão de um adulto, observe se na instalação elétrica de sua casa há disjuntores. Converse com as pessoas de sua casa sobre a importância desses dispositivos.

Capítulo 9 • Circuitos elétricos

Capítulo 10

Magnetismo e eletromagnetismo

Alexandre Macieira/Tyba

O magnetismo está presente no nosso cotidiano de diversas maneiras. Os cartões magnéticos, por exemplo, são muito populares e podem armazenar uma pequena quantidade de dados digitais na sua tarja magnética.

Atualmente, é possível ver que o uso do cartão magnético é bem variado, além de muito utilizado no transporte público de algumas cidades. Por possuírem uma tecnologia simples e barata, as tarjas magnéticas em cartões foram, e ainda são, amplamente utilizadas no setor bancário, de eventos, em comércios e em indústrias, principalmente para identificação e controle de acesso às empresas.

De onde surgiram as ideias para se criar os cartões magnéticos? Como são guardadas as informações nestes cartões? Como eles interagem com dispositivos elétricos?

Neste capítulo vamos estudar o magnetismo, sua relação com a eletricidade e as aplicações tecnológicas relacionadas a esses dois fenômenos.

❯ Magnetismo e ímãs

Segundo registros históricos, os gregos foram os primeiros a relatar a ação de algumas rochas encontradas em uma região da Ásia Menor denominada Magnésia. Daí o nome da rocha com essa propriedade — a magnetita — e do fenômeno — o magnetismo.

Os ímãs naturais, como a magnetita, apresentam a propriedade de atrair objetos metálicos de ferro, de níquel e de cobalto. Esses metais são denominados ferromagnéticos. Outros metais, como o cobre, o alumínio e o chumbo não são atraídos por ímãs.

A bússola, uma invenção atribuída aos chineses, é um instrumento de orientação que se utiliza de um ímã. Os chineses perceberam que um pequeno pedaço de ímã natural em forma de barra, suspenso por um fio ou flutuando sobre um pedaço de cortiça em água, alinhava-se na direção norte-sul da Terra.

Convencionou-se chamar de polo norte a extremidade do ímã (que funciona como uma bússola) que aponta para a região geográfica norte e de polo sul a extremidade oposta, que aponta para a região geográfica sul. Por se tratar de ímãs, esses polos são caracterizados como polos magnéticos.

Bússola.

> Neste livro representaremos a extremidade da agulha que aponta o polo norte geográfico da Terra em vermelho e a extremidade oposta em azul.

Atração e repulsão magnética

Ao aproximar um ímã de outro, dependendo da posição, surgem entre eles forças de **atração** ou de **repulsão**. Isso ocorre porque os ímãs apresentam polaridade, ou seja, apresentam polos que determinam a orientação da ação de sua força magnética. Convencionou-se que **polos de mesmo nome se repelem e polos de nomes diferentes se atraem**.

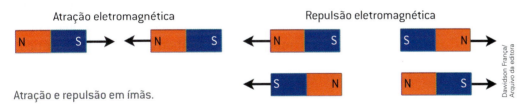

Atração e repulsão em ímãs.

Outra característica importante dos ímãs é a **inseparabilidade dos polos magnéticos**. Cortando-se um ímã de barra ao meio, as duas metades obtidas serão ímãs completos, com norte e sul magnéticos. Por mais que você divida um ímã, sempre obterá ímãs completos.

Ao cortarmos um ímã, as duas partes se tornarão ímãs completos, com polo norte e polo sul.

Capítulo 10 • Magnetismo e eletromagnetismo 153

Campo magnético

Um ímã cria a seu redor uma região de influência magnética denominada **campo magnético**.

Para visualizar o campo magnético ao redor de um ímã, é comum a utilização de limalha de ferro (pó de ferro). A forma como a limalha se distribui permite a representação do campo através de linhas de ação de sua força em torno do ímã.

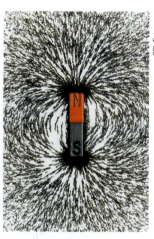

Campo magnético ao redor de um ímã de barra.

Campo magnético ao redor de um ímã em forma de U.

Outra maneira de verificar essas linhas é percorrer com uma bússola o contorno do ímã. A agulha da bússola se orienta segundo as linhas de campo que passam por ela, pois ela é, na verdade, um pequeno ímã.

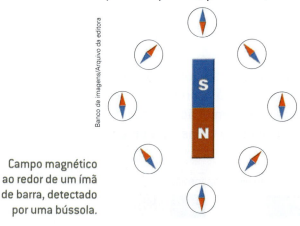

Campo magnético ao redor de um ímã de barra, detectado por uma bússola.

Com base nessas observações, foram criados modelos com o campo magnético representado por linhas orientadas, que é possível perceber com o uso de limalhas de ferro, como descrito no texto anterior. Essas linhas representam a ação da força desse campo (que agem sem a necessidade de contato), e são denominadas **linhas de indução magnética**. A orientação dessas linhas, por convenção, parte sempre do polo norte magnético no sentido do polo sul magnético.

Representação do campo magnético ao redor de um ímã de barra. Note que as linhas estão orientadas do polo norte magnético ao polo sul magnético.

Representação do campo magnético ao redor de um ímã em forma de U.

154

O campo magnético da Terra

Colocando-se sobre uma mesa algumas bússolas, afastadas umas das outras, observa-se que todas elas estarão alinhadas na direção norte-sul. Esse fato indica que a Terra cria um campo magnético ao seu redor, que interage com o campo criado pela bússola.

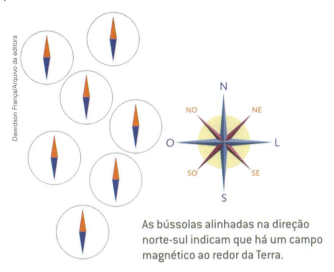

As bússolas alinhadas na direção norte-sul indicam que há um campo magnético ao redor da Terra.

Uma das possíveis causas desse comportamento magnético da Terra pode estar relacionada às camadas mais próximas do núcleo e ao próprio núcleo do planeta, onde há uma concentração muito grande de níquel e ferro. A parte mais externa do núcleo, devido à alta temperatura, está em grande parte no estado líquido. Essa massa metálica encontra-se eletrizada e, por causa do movimento de rotação da Terra, cria uma corrente elétrica que dá origem às propriedades magnéticas do planeta. Como o polo norte de uma bússola aponta para a região norte geográfica e o polo sul da bússola aponta para a região sul geográfica, pode-se dizer que a Terra se comporta como um enorme ímã (veja a figura abaixo).

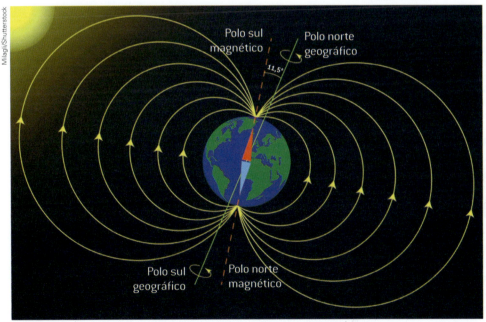

Por convenção, como o polo norte magnético da agulha da bússola aponta para a região norte, próximo ao polo norte geográfico estará localizado o polo sul magnético da Terra, pois polos magnéticos opostos se atraem e polos magnéticos de mesmo nome se repelem. Consequentemente, próximo ao polo sul geográfico, estará localizado o polo norte magnético da Terra, que interage com o polo sul magnético da agulha da bússola.

Fonte: NASA. 2012: Magnetic Pole Reversal Happens all the (Geologic) Times, 30 nov. 2011. Disponível em: <www.nasa.gov/topics/earth/features/2012-poleReversal.html>. Acesso em: 29 jul. 2018.

(Elementos representados em tamanhos não proporcionais entre si. Cores fantasia.)

› Eletromagnetismo

Por volta de 1820, o físico dinamarquês **Hans C. Öersted** (1777-1851) observou que uma bússola sofria interação quando colocada próxima a um fio condutor percorrido por corrente elétrica (cargas em movimento). Surgia o eletromagnetismo.

O experimento de Öersted

Em seu experimento, inicialmente, Öersted segurou uma bússola com a agulha paralela ao fio de um circuito elétrico aberto, como mostrado na figura abaixo.

Ao fechar o circuito, inicia-se a passagem da corrente elétrica e a agulha da bússola muda de direção, como mostrado na figura **A**. Invertendo o sentido da corrente, conforme se vê na figura **B**, a agulha da bússola gira no sentido oposto.

Os resultados desse experimento permitiram a Öersted evidenciar que um fio condutor, quando percorrido por uma corrente elétrica, gera ao seu redor um campo magnético e que o sentido desse campo magnético **depende** do sentido da corrente. Ele foi o primeiro a notar que a eletricidade podia gerar efeitos magnéticos. Surgia, então, o **eletromagnetismo**, ramo da Física que estuda as interações entre correntes elétricas e corpos magnetizados.

A ilustração mostra o comportamento das agulhas da bússola colocada paralelamente a um circuito elétrico aberto.

(Elementos representados em tamanhos não proporcionais entre si. Cores fantasia.)

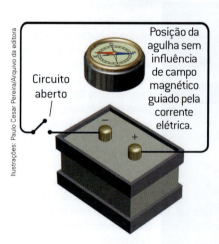

(Elementos representados em tamanhos não proporcionais entre si. Cores fantasia.)

A ilustração mostra a mudança de comportamento das agulhas da bússola colocada paralelamente a um circuito elétrico fechado. Note dois momentos desse experimento: em **A**, com o circuito fechado, a agulha da bússola muda de direção em relação ao circuito aberto. Em **B**, quando o sentido da corrente elétrica é invertido, a agulha da bússola passa a girar no sentido oposto.

UM POUCO MAIS

Eletroímã

Uma aplicação do campo magnético criado por uma corrente elétrica são os eletroímãs. Esses dispositivos são ímãs temporários, pois só atuam como ímã quando o circuito elétrico é fechado. São utilizados em telefones, computadores, alto-falantes e em guindastes (usados na separação de metais em depósitos).

O **eletroímã** é um dispositivo composto de um conjunto de espiras justapostas envolvendo um núcleo de material ferromagnético. Quando as espiras são ligadas a uma pilha ou bateria, surge uma corrente elétrica que gera ao seu redor um campo semelhante àquele encontrado nos ímãs naturais. A intensidade do campo dependerá da intensidade da corrente elétrica e do número de espiras.

Os guindastes eletromagnéticos são usados para retirar ferro e ligas de ferro da sucata. Eles são formados por um grande disco de ferro que, quando sujeito à corrente elétrica, transforma-se em um poderoso eletroímã.

(Elementos representados em tamanhos não proporcionais entre si. Cores fantasia.)

À esquerda, representação de um eletroímã produzido com uma pilha, um prego e um fio esmaltado de cobre. À direita, um campo magnético produzido por um ímã natural. Segundo os resultados de Öersted, o campo magnético formado pelo eletroímã é semelhante ao gerado pelo ímã natural.

Desde a descoberta de Öersted, outros cientistas tentaram descobrir se o oposto também era possível, isto é, obter corrente elétrica do magnetismo. Dois cientistas, o inglês **Michael Faraday** (1791-1867) e o estadunidense **Joseph Henry** (1797-1878), destacaram-se ao produzir corrente elétrica em um circuito a partir do campo magnético gerado por um ímã.

Faraday, em uma de suas experiências, notou que, ao movimentar um ímã no espaço interno de uma bobina (um fio condutor formando um conjunto de espiras justapostas), gerava-se uma corrente elétrica. Esse fenômeno é chamado de **indução eletromagnética**.

Foi a descoberta da indução eletromagnética que possibilitou a construção de **dínamos**, que são geradores mecânicos de eletricidade. Os dínamos foram aperfeiçoados e, para a geração de energia elétrica, tornaram-se muito mais eficientes que as pilhas e as baterias da época, abrindo caminho para a "era tecnológica da eletricidade".

O cientista inglês Michael Faraday (A), com um ímã em barra em sua mão, e o cientista estadunidense Joseph Henry (B).

Justaposto: que está posto junto ou ao lado de.

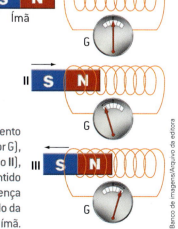

Na situação I, o ímã está em repouso em relação à bobina e ao galvanômetro, instrumento que detecta a passagem de corrente elétrica de pouca intensidade (identificado por G), e indica zero, ou seja, não há corrente elétrica. Ao introduzir o ímã na bobina (situação II), o galvanômetro indica a presença de corrente elétrica. Ao movimentar o ímã no sentido contrário (situação III), retirando-o da bobina, o galvanômetro também registra a presença de corrente elétrica, mas no sentido contrário ao da situação II, indicando que o sentido da corrente elétrica depende do sentido de movimento do ímã.

Capítulo 10 • Magnetismo e eletromagnetismo

UM POUCO MAIS

Bobina elétrica

Uma bobina elétrica consiste no enrolamento de um fio condutor para formar um conjunto de espiras justapostas.

É vasta a utilização de bobinas elétricas em quase todos os equipamentos em que há conversão de energia. Aparecem em alto-falantes, captadores de instrumentos musicais, instrumentos de medida, circuitos de ignição de automóvel, discos rígidos de computadores e geradores de energia elétrica.

Bobina utilizada em alto-falante.

O captador da guitarra elétrica é elaborado a partir de uma bobina elétrica.

Motores elétricos e dínamos

O motor elétrico tem por finalidade transformar a energia elétrica em energia mecânica.

De forma simples, pode-se dizer que o motor elétrico é constituído de duas partes, uma fixa e uma móvel. As duas partes funcionarão como ímãs. Podem ser dois eletroímãs ou um ímã e um eletroímã.

Ao lado temos um esquema básico de funcionamento de um motor elétrico a partir de um ímã e um eletroímã, representado pela bobina.

Quando a bobina é percorrida por corrente elétrica fornecida pela pilha, cria-se um campo magnético que interage com o campo magnético do ímã fazendo com que a bobina gire. É, basicamente, um sistema de atração e repulsão entre dois eletroímãs.

Quando fazemos a ação inversa, ou seja, quando giramos mecanicamente o ímã, é possível, por indução eletromagnética, criar uma corrente elétrica na bobina. Dessa forma, gera-se energia elétrica a partir da energia mecânica, como ocorre nos geradores elétricos e dínamos.

(Elementos representados em tamanhos não proporcionais entre si. Cores fantasia.)

Motor elétrico simples que pode ser construído em casa.

Em algumas bicicletas são utilizados dínamos. A energia mecânica gerada com a movimentação da bicicleta é parcialmente transformada em energia elétrica.

158

❯ Geração de energia elétrica

Vimos que a movimentação dos ímãs no interior das espiras, por meio da indução eletromagnética, gera uma corrente elétrica.

Outra maneira de se verificar a indução eletromagnética é movimentar uma espira no interior de um campo magnético. É dessa forma que a energia elétrica é gerada em usinas hidrelétricas, termelétricas, nucleares e eólicas.

Essas usinas fazem uso de uma turbina elétrica, uma enorme estrutura cilíndrica composta de várias pás, que realiza um movimento giratório com a pressão da água (na usina hidrelétrica) ou do vapor de água (termelétrica e nuclear) ou do vento (eólicas), ganhando, assim, energia cinética.

As turbinas são acopladas por um eixo a geradores elétricos. Os geradores são formados por um conjunto de bobinas que giram no interior de um campo magnético criado por gigantescos ímãs, proporcionando a movimentação de elétrons e, consequentemente, gerando uma corrente elétrica.

Fotografia de uma turbina elétrica que funciona pela pressão do vapor de água.

EM PRATOS LIMPOS

Gerador ou conversor?

Apesar de o nome "gerador" sugerir que a energia é gerada, sabemos que esse é um conceito equivocado, pois a energia pode ser transformada, mas não criada.

Os geradores elétricos são, portanto, equipamentos responsáveis por converter energia. Ele recebe esse nome em virtude de o movimento das bobinas que o constituem gerar, a partir da energia cinética, uma corrente elétrica.

Fotografia de um gerador da usina hidrelétrica binacional de Itaipu, localizada na fronteira entre o Brasil e o Paraguai.

Capítulo 10 • Magnetismo e eletromagnetismo

UM POUCO MAIS

Funcionamento de uma usina hidrelétrica

Em uma usina hidrelétrica, a energia armazenada na água do reservatório (**energia potencial gravitacional**) transforma-se em energia cinética ao movimentar uma turbina. Acoplado à turbina, o gerador converte a energia cinética em energia elétrica. Como veremos no próximo capítulo, os transformadores elevam a tensão da energia elétrica, facilitando sua distribuição. A distribuição é feita por meio das torres de transmissão.

> Como já visto no volume do 6º ano, **energia potencial gravitacional** é aquela associada à atração dos corpos pela Terra para seu centro. Ela está relacionada à altura de um corpo em relação ao solo. A água armazenada em reservatórios também apresenta energia potencial gravitacional.

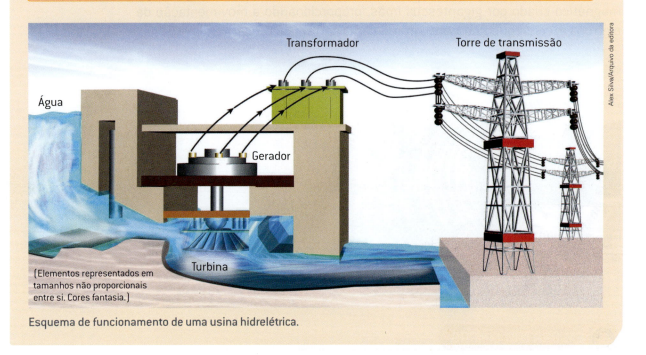

Esquema de funcionamento de uma usina hidrelétrica.

Outras aplicações do eletromagnetismo

Em 1873, o físico escocês **James C. Maxwell** (1831-1879), unindo as teorias e descobertas de vários cientistas como **Charles A. Coulomb** (1736-1806), **André-Marie Ampère** (1775-1836) e **Michael Faraday** (1791-1867), lançou seu livro *Tratado sobre eletricidade e magnetismo* que deu grande visibilidade e novas perspectivas ao eletromagnetismo.

O desenvolvimento das teorias sobre o eletromagnetismo trouxe novas ideias e possibilidades de seu uso nas mais variadas áreas, desde o setor de transportes até a medicina.

Atualmente, muitos aparelhos e dispositivos considerados indispensáveis como cartões magnéticos, rádio e telefones só foram criados porque houve esse desenvolvimento.

O eletromagnetismo alavancou os elementos de sistemas de comunicação e informação. As primeiras televisões, aquelas antigas de tubo, também têm seu funcionamento baseado no eletromagnetismo.

O desenvolvimento das fitas magnéticas permitiu o surgimento dos discos magnéticos e discos rígidos (HDD – *hard disk drive*), assim como os cartões magnéticos que hoje são amplamente utilizados em bancos e em estabelecimentos em geral, como escolas, corporações e hotéis.

(Elementos representados em tamanhos não proporcionais entre si.)

No verso dos cartões magnéticos há uma traja magnética (*magstripe*) desenvolvida a partir de materiais ferromagnéticos funcionando como pequenos ímãs.

Os discos rígidos (HDD – *hard disk drive*) conseguem armazenar dados e informações de forma magnética. Atualmente, a capacidade de armazenamento desses discos equivale à de cerca de 1 milhão de discos magnéticos e à de milhões de fitas magnéticas.

O trem de levitação magnética — MagLev Cobra — foi desenvolvido na Universidade Federal do Rio de Janeiro (UFRJ) pelo Instituto Alberto Luiz Coimbra de Pós-graduação e Pesquisa em Engenharia (Coppe), pela Escola Politécnica e pelo Laboratório de Aplicações de Supercondutores (Lasup).

Além dessas aplicações apontadas, o eletromagnetismo está começando a ser utilizado, em alguns países, como Japão, China e Alemanha, nos chamados MagLev (*Magnetic levitation transport*).

As forças magnéticas de atração e repulsão resultantes da interação entre o trem e o trilho pelo uso de materiais supercondutores permitem que o trem flutue sobre os trilhos. Essa característica os torna mais eficientes que os trens comuns, pois podem atingir altas velocidades (cerca de 600 km/h) com pouco ruído e baixo consumo de energia.

Com o avanço tecnológico e barateamento da tecnologia utilizada, esses trens prometem uma revolução nos meios de transporte.

Na medicina, a ressonância magnética também é um fruto do eletromagnetismo. Muito utilizada na medicina diagnóstica em clínicas e hospitais, permite análises eficazes de partes do corpo humano com imagens de grande precisão, sem a necessidade de métodos mais invasivos.

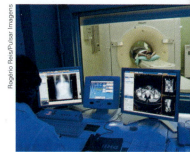

As imagens obtidas na ressonância magnética provêm da interação entre um sistema magnético da máquina e pulsos de radiofrequência com o corpo do ser humano.

NESTE CAPÍTULO VOCÊ ESTUDOU

- Ímãs e suas propriedades magnéticas.
- O comportamento das bússolas e o campo magnético terrestre.
- Eletromagnetismo.
- Indução eletromagnética.
- Processo de geração de energia elétrica.
- Desenvolvimento e aplicações do eletromagnetismo.

Capítulo 10 • Magnetismo e eletromagnetismo **161**

ATIVIDADES

PENSE E RESOLVA

1 Um ímã na forma de barra (**AB**) foi quebrado ao meio, criando-se duas novas barras **AC** e **DB**. O que ocorrerá — atração ou repulsão — quando forem aproximadas:

a) a extremidade **A** e a **D**?

b) a extremidade **C** e a **B**?

c) a extremidade **C** e a **D**?

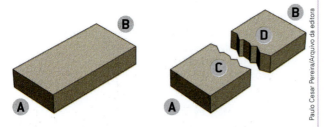

2 Em quais regiões estão situados, respectivamente, os polos magnéticos terrestres?

3 Utilizando um ímã, aproxime-o de vários objetos metálicos que existem em sua residência. Faça uma lista desses objetos indicando quais são atraídos e quais não são atraídos pelo ímã. Elabore uma justificativa para o ímã não atrair tais metais.

4 Por que a agulha de uma bússola se desloca de sua posição original quando é aproximada a um fio por onde passa uma corrente elétrica?

5 As situações abaixo descrevem um ímã nas proximidades de uma espira.

I. um ímã se aproximando de um conjunto de espiras.

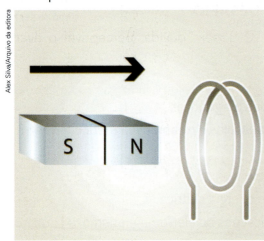

II. um ímã em repouso no interior de uma espira.

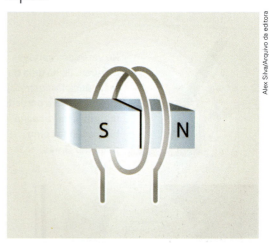

III. um conjunto de espiras se aproximando de um ímã.

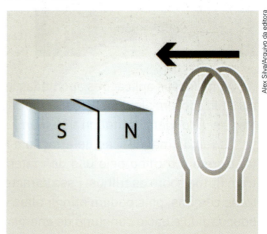

Responda onde surgirá corrente elétrica e justifique sua resposta.

a) Apenas na situação I.

b) Apenas na situação II.

c) Nas situações I e II.

d) Nas situações I e III.

6 Em 2016, pesquisadores chineses descreveram algumas hipóteses sobre o funcionamento de uma espécie de GPS natural que alguns animais possuem e que os auxilia no senso de direção. Este GPS natural justificaria, por exemplo, o fato de as tartarugas conseguirem voltar sempre à mesma praia em que nasceram para desovarem, sem se perder.

A tartaruga é muito fiel à praia onde nasceu. Quando atingem a maturidade sexual, as tartarugas fêmeas regressam à sua praia natal (e somente nela) para enterrar os seus ovos na areia. Após saírem dos ovos, os filhotes seguem rumo ao mar. Foto tirada na praia do Madeiro, em Pipa (RN), 2016.

Uma das hipóteses do funcionamento desse GPS natural é que o cérebro desses animais apresentaria "elementos ferromagnéticos" e eles se alinhariam com o campo magnético terrestre.

A quais objetos abaixo esses elementos se assemelham? Justifique sua resposta.

a) motores elétricos
b) bússolas
c) bobinas
d) supercondutores

7 Nos sistemas de segurança é comum o uso de detectores de metais. É possível encontrá-los em portas giratórias de bancos, em portas de acesso de aeroportos ou, até mesmo, em modelos portáteis, em entradas de estabelecimentos que exigem segurança, como mostra a figura a seguir.

O funcionamento dos detectores de metal se baseia no efeito criado quando uma bobina é ligada a uma bateria.

Quando um objeto metálico é aproximado da bobina provocará um distúrbio nesse efeito que será detectado e interpretado como a presença de metal. Assinale a opção que completa a frase a seguir: "A respeito do efeito mencionado, quando uma bobina é ligada a uma bateria, pode-se dizer que ele está relacionado

a) à corrente elétrica criada por uma bateria".
b) à corrente elétrica criada por um ímã".
c) ao campo magnético criado por um ímã".
d) ao campo magnético criado por uma corrente elétrica".

SÍNTESE

1 Analise as afirmações a seguir e reescreva corretamente a(s) afirmação(ões) falsa(s).

I. O polo Sul magnético terrestre coincide com o polo Sul geográfico.
II. Polos magnéticos de mesmo nome se repelem e polos magnéticos de nomes diferentes se atraem.
III. Os ímãs atraem todos os metais.
IV. Ao quebrar um ímã ao meio, ele passará a ter apenas um polo.
V. A energia elétrica pode ser gerada a partir da indução eletromagnética.
VI. Os motores elétricos transformam energia elétrica em energia mecânica.

2 O dínamo é um dispositivo que gera energia elétrica a partir da energia mecânica. Nele há a presença de dois componentes imprescindíveis para que ocorra a conversão de energia. Quais são esses componentes?

DESAFIO

É, sem dúvida, perceptível o avanço tecnológico alcançado com as aplicações do eletromagnetismo. No entanto, suas aplicações também causam impactos socioambientais. Sob este foco, pesquise e escreva em seu caderno aspectos positivos e negativos das aplicações (novas e obsoletas) do eletromagnetismo apresentadas a seguir.

a) Fitas de vídeo cassete (VHS)
b) Cartão magnético
c) Trem de levitação magnética (MagLev)

Capítulo 10 • Magnetismo e eletromagnetismo

PRÁTICA

Construindo um eletroímã

Objetivo

Construir um eletroímã e verificar seu funcionamento como ímã temporário.

> **ATENÇÃO!**
>
> Para sua segurança, peça o auxílio de um adulto.

Material

- 1 prego ou parafuso grande
- 2 a 3 metros de fio esmaltado de cobre, números 22 a 26, ou fios bem finos envolvidos por uma capa plástica
- alguns alfinetes, tachinhas ou pregos pequenos
- fita-crepe e tiras de borracha para prender as pilhas ou suporte para pilhas
- 2 a 3 pilhas novas, grandes ou médias
- 2 caixas de fósforos

Procedimento

1. Enrole a porção central do fio no prego, formando uma bobina, deixando a ponta livre. Quanto mais voltas, melhor. Prenda a bobina com uma fita-crepe para que o fio não se desenrole e as espiras (voltas) não fiquem amontoadas umas sobre as outras.

2. Coloque a bobina sobre as 2 caixas de fósforos, deixando próximos da ponta do prego alguns alfinetes, pregos e outros objetos ferrometálicos bem pequenos.

3. Coloque duas ou mais pilhas em série. Se você não tiver suporte para as pilhas, prenda-as com tiras de borracha ou fita-crepe. Uma das extremidades do fio deve ser bem presa a um dos polos da pilha. Ligue, manualmente, por alguns segundos, a outra extremidade no outro polo. Encoste e desencoste o fio no polo da pilha, em intervalos de tempo bem pequenos (5 se-

gundos no máximo), para que ela não seja danificada.

4. Se o eletroímã estiver funcionando bem, os alfinetes e outros pequenos objetos ferromagnéticos serão atraídos pela ponta do prego. Com o eletroímã desligado, a carga é solta, isto é, os objetos se soltam da ponta do prego.

5. Se ele não estiver funcionando, verifique:

   - o contato entre as pilhas e entre as extremidades do fio e a pilha;
   - a distância entre os alfinetes e a ponta do prego;

   Se você estiver usando fio esmaltado, é possível que o verniz não isole completamente o fio do prego. Envolva, então, a parte do prego onde está a bobina com um pedaço de fita-crepe, deixando a ponta do prego exposta.

6. Você pode também fazer outras verificações com seu ímã temporário: como se comporta uma bússola próxima ao eletroímã ligado e desligado, que materiais são ferromagnéticos, etc.

Discussão final

1. Vamos supor que na sua cidade estivessem montando uma usina para tratamento e reciclagem do lixo, e você soube que os responsáveis pelo projeto estavam em dúvida entre usar um ímã permanente grande e usar um eletroímã na seção que se encarregaria da separação de objetos ferrosos. Se você fosse convidado a opinar, o que você sugeriria? Justifique.

2. Utilizando um prego de ferro, 3 a 4 metros de fio esmaltado de cobre e duas pilhas novas, você construiu um "modelo rudimentar" de um eletroímã. Um parafuso comum de ferro ao ser atraído por um eletroímã se transformará em um ímã permanente ou temporário? Por quê?

3. Que diferenças é possível estabelecer entre um eletroímã e um ímã permanente?

Capítulo 11
Fontes e matrizes energéticas

Cidade costeira iluminada à noite na Ilha de Creta, Grécia, em 2017.

Você já parou para pensar de onde vem a energia elétrica que faz funcionar as lâmpadas da sua escola, um ventilador ou uma geladeira? Como essa energia é obtida? Essa obtenção causa algum impacto social ou ambiental?

Para responder a essas e a outras perguntas, vamos estudar neste capítulo o que são fontes de energia elétrica e como ela é obtida, além dos impactos sociais e ambientais envolvidos em todo o processo.

❯ A energia que utilizamos

O ser humano utiliza energia elétrica em muitas das atividades que realiza no dia a dia. Podemos afirmar que a sociedade atual é quase que totalmente dependente da energia elétrica.

A energia elétrica é utilizada para acender uma lâmpada, para dar a partida em um automóvel, para fazer funcionar um telefone celular, etc.

Mas de onde vem a energia elétrica que utilizamos?

Composição de fotografias de satélite mostrando a iluminação da Terra durante a noite. Os pontos claros representam pontos onde há maior utilização da energia elétrica para iluminação.

A energia não pode ser criada nem destruída, apenas transformada de uma modalidade em outra. Nesse processo, frequentemente são obtidas diferentes modalidades de energia, mas a energia total é sempre a mesma. Isso significa que a "quantidade" de energia antes e depois das transformações é sempre a mesma. Esse princípio é conhecido como **lei da conservação da energia**.

As energias totais inicial e final no automóvel, respectivamente antes e depois das suas transformações, têm o mesmo valor. Isso ocorre em todos os corpos e sistemas.

No caso da energia elétrica, ela pode ser obtida de várias fontes: da energia solar; dos movimentos de massas de água e do ar; dos recursos fósseis (petróleo e seus derivados), do carvão mineral e do gás natural; da energia proveniente da biomassa (lenha, carvão vegetal, etc.) e dos biocombustíveis (etanol, metanol, biodiesel, etc.); e da energia nuclear.

As fontes de energia compõem um sistema ou conjunto de energia ao qual damos o nome de **reservas energéticas**.

❯ Reservas energéticas

O Sol é a fonte primária de energia na Terra, fundamental para a existência da maioria das fontes e modalidades de energia do planeta. Podemos considerar o Sol como uma fonte inesgotável de energia, já que, de acordo com estudos científicos, o Sol continuará existindo pelos próximos 4,5 bilhões de anos.

No entanto, não se pode dizer o mesmo sobre os combustíveis fósseis ou minerais, pois a exploração indiscriminada acarretará o seu esgotamento. Por isso, esses recursos são chamados de **recursos naturais não renováveis**.

Já os combustíveis obtidos a partir de elementos da natureza que podem ser repostos pelo ser humano em intervalos de tempo menores, como o bioetanol, proveniente da cana-de-açúcar ou da madeira, e o biodiesel, proveniente de plantas oleaginosas, são classificados como **recursos naturais renováveis**.

Planta oleaginosa: planta da qual é possível obter óleo.

Plataforma de petróleo brasileira no Rio de Janeiro (RJ), 2018. O petróleo é um combustível fóssil não renovável.

Usina de biodiesel em Candeias (BA). O biodiesel é produzido no Brasil a partir de uma fonte de energia renovável.

Capítulo 11 • Fontes e matrizes energéticas 167

❯ Como se obtém a energia elétrica?

Boa parte dos aparelhos elétricos, como televisão, jogos eletrônicos, computadores e eletrodomésticos, faz uso da energia elétrica proveniente de uma usina transformadora de energia elétrica. Há várias usinas transformadoras de energia elétrica, como hidrelétricas, termelétricas, nucleares, eólicas e solares.

Usina hidrelétrica de Itaipu, em Foz do Iguaçu (PR), 2015.

As **usinas hidrelétricas de grande porte** são compostas de um grande lago formado pela água represada de um rio com grande vazão. A água represada acumula energia potencial gravitacional e, ao escoar pelas tubulações, converte a energia potencial gravitacional em energia cinética, fazendo girar as pás de uma turbina acoplada a um gerador, de onde se obtém a energia elétrica que será transportada por fios condutores de alta tensão até os centros distribuidores. Essa é uma fonte de energia praticamente inesgotável e, portanto, renovável, mas seu funcionamento permanente depende de um volume mínimo de água represada.

Para se manter uma grande usina hidrelétrica é necessária a construção de uma grande represa. Para isso, em alguns casos, é preciso inundar regiões férteis, o que geralmente ocasiona a destruição da fauna e da flora locais, além de eventuais problemas sociais para as populações ribeirinhas.

Para evitar grandes áreas inundadas e graves problemas socioambientais, é válido optar por uma hidrelétrica a fio de água, que não dependa de grandes reservatórios de água, aproveitando predominantemente a força das correntezas de rios pequenos e médios. Por outro lado, por não apresentar grandes reservatórios de água, a produção de energia elétrica pode variar de acordo com as condições geológicas do rio, como: largura, inclinação, tipo de solo, obstáculos e quedas, quantidade de chuva que o alimenta, etc.

Hidrelétrica a fio de água em Porto Velho (RO), 2017.

Dependendo da variação do período de chuva e seca que afetam diretamente o rio, a produção de energia elétrica pode não ser suficiente para atender a demanda local.

Devido ao custo mais baixo de implementação, se comparado ao de outras usinas e ao grande potencial hídrico do Brasil, as usinas hidrelétricas são as maiores responsáveis pela geração de energia elétrica no país.

Nas **usinas termelétricas**, a queda-d'água é substituída pela energia térmica resultante da combustão de diversos materiais combustíveis. A energia química contida nos combustíveis é transformada em energia térmica durante a combustão, que é utilizada para aquecer a água até passar para o estado de vapor. O vapor de água, sob alta pressão, é conduzido por tubulações e move as pás de uma turbina que, por sua vez, aciona o gerador.

O combustível utilizado nas usinas termelétricas pode ser fóssil (como os derivados do petróleo, gás natural, carvão mineral, urânio), renovável (como os produtos da biomassa) ou decorrente de resíduos de indústrias.

Usina termelétrica em Candiota (RS), 2017.

Um dos fatores positivos do uso de termelétricas é o menor custo para sua implementação, em relação a outros tipos de usinas. Além disso, a pequena área utilizada para sua instalação, se comparada às das hidrelétricas, não causa inundações de terras produtivas, não desloca populações e não depende de condições atmosféricas. Por isso, essas usinas podem ser construídas perto dos locais de consumo, reduzindo custos de transmissão e distribuição de energia.

Por outro lado, a queima de combustíveis, como o carvão mineral e o *diesel*, libera gases altamente poluentes e material particulado, por exemplo, fuligem e fumaça.

Pensando na preservação do ambiente, algumas dessas usinas utilizam o biogás, uma mistura gasosa resultante da fermentação do lixo orgânico, como combustível para acionar os geradores de energia elétrica. Mesmo sendo uma alternativa renovável para substituir o uso de combustíveis fósseis, há ainda certa dificuldade de se armazenar esse tipo de gás.

As **usinas nucleares** têm funcionamento parecido com o das usinas termelétricas, porém o combustível utilizado para a liberação de energia térmica que aquece a água é radioativo, como o urânio e o plutônio. Em um processo específico denominado fissão nuclear, que ocorre no interior do reator nuclear, os núcleos atômicos, que contêm grande quantidade de energia química, são quebrados, liberando grande quantidade de energia térmica. Assim como na usina termelétrica, essa energia é utilizada para transformar água em vapor, que, sob alta pressão, é conduzido por tubulações, movimentando as pás de uma turbina, que, por sua vez, acionam um gerador, obtendo-se a energia elétrica.

As usinas nucleares apresentam em comum com as usinas termelétricas o fato de não dependerem de condições climáticas e de não necessitarem de grandes áreas para a sua implementação, mas com a vantagem de poluírem menos a atmosfera com gases que intensificam o efeito estufa, uma vez que não utilizam derivados do petróleo, nem carvão mineral. Porém, seu uso deve ser bem avaliado, pois as consequências decorrentes de algum acidente estrutural nas instalações da usina nuclear poderá liberar material radioativo no ambiente, provocando situações muito graves, que podem até causar a morte de muitas pessoas e animais, além de alterações genéticas nos organismos sobreviventes. Além disso, a contaminação radioativa da atmosfera, do solo, dos rios e dos aquíferos torna grandes áreas inabitáveis, causando um impacto ambiental, social e econômico de proporções globais.

Outro problema das usinas nucleares é a produção de **lixo nuclear** (rejeito radioativo), pois os resíduos resultantes do processo da fissão nuclear são altamente radioativos e precisam ser acondicionados e isolados por centenas de anos. Em algumas regiões dos Estados Unidos, o rejeito radioativo é embalado em tambores de ferro, recoberto por uma camada de concreto e lançado em minas abandonadas ou em sítios geológicos apropriados. No Brasil, tais rejeitos ficam provisoriamente armazenados na Central Nuclear Almirante Álvaro Alberto (CNAAA – conjunto das usinas nucleares de Angra 1, Angra 2 e Angra 3) até que a Comissão Nacional de Energia Nuclear (CNEN) determine um local apropriado para seu armazenamento definitivo.

As usinas nucleares, em relação a outros tipos de usinas geradoras de energia elétrica, apresentam alto custo de implementação e manutenção.

As **usinas eólicas** utilizam a energia cinética do vento (movimento de massas atmosféricas – energia eólica) para obter energia elétrica. Um campo repleto de gigantescos "cata-ventos" (aerogeradores) tem o mesmo princípio das turbinas nas demais usinas. O vento transfere energia cinética ao movimentar as pás de uma turbina que aciona um gerador de energia elétrica.

Para que a energia eólica seja considerada tecnicamente aproveitável, é necessário que os ventos tenham uma velocidade mínima de 7 a 8 m/s a uma altura de 50 m. Quando essas condições não são alcançadas, a usina eólica precisa de energia complementar de outras usinas.

O investimento inicial em tecnologia para instalação de parques eólicos é maior do que para a construção de outros tipos de usinas, por exemplo, as usinas térmicas. Mas essa diferença é compensada posteriormente, pois as usinas eólicas têm custos de operação e manutenção cerca de 2,5 vezes menores, além de não terem gastos com combustível – que, no caso, é o próprio vento – e com as medidas para reduzir as emissões de gases estufa, como acontece nas usinas térmicas. Por isso, a usina eólica ainda é uma alternativa importante para obtenção de energias "mais limpas".

Assim como muitos países, o Brasil também está à procura desse tipo de fonte alternativa de energia. Porém, de fato, nenhuma fonte é totalmente limpa. Até mesmo a energia eólica implica danos, embora seus efeitos sejam considerados bem menos agravantes ao ambiente do que aqueles provocados por usinas que utilizam recursos fósseis não renováveis.

Nas usinas nucleares, como a de Angra dos Reis (RJ), 2017, os combustíveis nucleares (materiais radioativos) produzem calor que é utilizado para vaporizar a água. O vapor de água movimentará turbinas que estão acopladas a geradores, onde ocorre a obtenção de energia elétrica.

Além disso, as usinas eólicas podem causar poluição sonora e visual (alterações na paisagem natural) por causa da vasta região ocupada pelos aerogeradores, interferir na rota das aves migratórias e causar interferência eletromagnética, causando perturbações nos sistemas de comunicação e transmissão de dados (rádio, televisão, etc.) em locais próximos.

De qualquer forma, deve ser levado em consideração que as usinas eólicas não liberam poluentes, não causam inundações de terras, não deslocam populações e evitam custos elevados de transmissão e distribuição de energia, pois podem ser construídas nas proximidades dos locais de consumo. Também não afetam o ambiente por radioatividade caso ocorra algum acidente.

No Brasil, a região Nordeste é a que apresenta melhores condições de implementação desse importante tipo de usina, a partir de energia renovável.

Usina eólica em Traíri (CE), 2017.

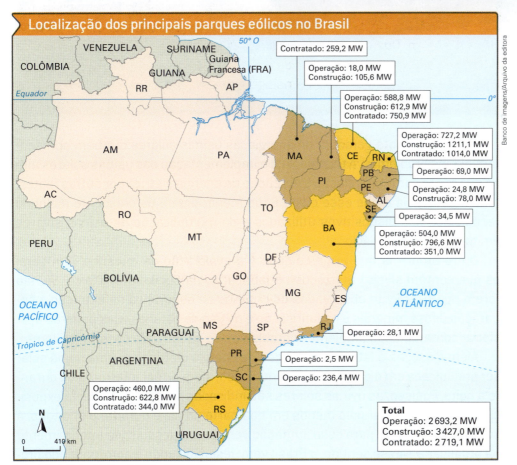

Fonte: Agência Nacional de Energia Elétrica (ANEEL), 2017.

No mapa, "contratado" refere-se às usinas eólicas já leiloadas que ainda serão construídas, "construção" representa aquelas que já foram definidas e estão em fase de construção para posterior operação, e "operação" indica as usinas eólicas que já produzem energia elétrica.

Capítulo 11 • Fontes e matrizes energéticas   171

As **usinas solares** transformam a radiação solar em energia elétrica. Elas são formadas por grandes conjuntos de placas fotovoltaicas que convertem a energia solar em energia elétrica.

Assim como as usinas eólicas, as usinas solares também são consideradas fontes mais limpas de energia, pois não liberam gases poluentes, não causam inundações de terras produtivas, não deslocam populações, podem ser construídas nas proximidades dos locais de consumo e com o diferencial de poder abastecer locais de difícil acesso e/ou com pouca oferta de ventos.

Usina eólica e solar em Tacaratu (PE), 2015.

Como toda fonte geradora de energia, as usinas solares também apresentam alguns problemas. A tecnologia e a implementação das usinas solares ainda são muito caras em relação à obtenção de energia elétrica por outras fontes, mas a tendência é que esse custo fique menor diante da crescente melhoria tecnológica nos dispositivos utilizados e da multiplicação de usinas solares em todo o território nacional.

Outro problema que exige cuidado é a exploração de minérios (em geral os que contêm silício) utilizados na fabricação da célula fotovoltaica. Se não forem rigorosamente observados os critérios de segurança na extração e separação desse minerais e na fabricação e no uso de baterias, eles poderão ocasionar contaminação ambiental e problemas de saúde para os trabalhadores.

Além disso, há o fato de a obtenção de energia elétrica em uma usina solar ser prejudicada em dias de chuva ou nublados, além de ser interrompida durante a noite. Por isso, as usinas solares são indicadas para locais onde há exposição de radiação solar pelo menos em boa parte do dia e durante o ano todo. A solução tecnológica para essa limitação vem sendo pesquisada intensamente na atualidade. Nesse sentido, o Brasil vem desenvolvendo e aprofundando projetos nessa área e incrementando o uso da radiação solar para obter energia elétrica, pois dispõe de incidência de energia solar praticamente durante todo o ano em quase toda sua extensão territorial.

❯ Matrizes energéticas

Matriz energética representa o conjunto de fontes disponíveis em um país, em um estado ou no mundo, para suprir a demanda de energia. De maneira geral, pode-se dizer que a matriz energética de um país está relacionada à reserva energética que ele usa e prioriza a partir de seus recursos naturais, tecnológicos e financeiros.

Se comparada com a de outros países, a **matriz energética brasileira** é uma das que apresenta maior porcentagem de utilização de fontes renováveis.

Fonte: Balanço Energético Nacional (BEN) publicado pela Empresa de Pesquisa Energética (EPE), 2017.

Participação das fontes de energia na matriz energética mundial.

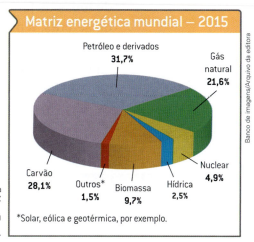

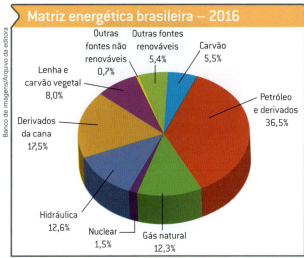

Fonte: Balanço Energético Nacional (BEN) publicado pela Empresa de Pesquisa Energética (EPE), 2017.

Participação das fontes de energia na matriz energética brasileira.

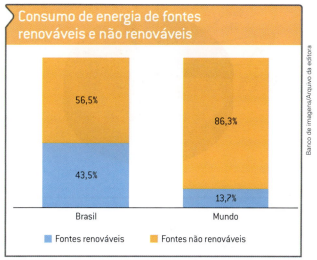

Fonte: Balanço Energético Nacional (BEN) publicado pela Empresa de Pesquisa Energética (EPE), 2017.

Gráfico comparativo do consumo de energia proveniente de fontes renováveis e não renováveis no Brasil e no mundo.

Segundo o gráfico acima, apresentado pelo Balanço Energético Nacional (BEN) em 2017 tendo por base o ano 2016, a matriz energética brasileira apresentou 43,5% de participação de fontes renováveis e 56,5% de participação de fontes não renováveis. Essa energia foi utilizada em indústrias, transportes, residências, agropecuária, setor energético, serviços e outros.

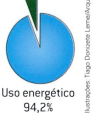

(Elementos representados em tamanhos não proporcionais entre si. Cores fantasia.)

Principais setores responsáveis pelo consumo de energia no Brasil (2016).

Fonte: Balanço Energético Nacional (BEN) publicado pela Empresa de Pesquisa Energética (EPE), 2017.

Capítulo 11 • Fontes e matrizes energéticas   173

Muitas vezes o conceito de **matriz energética** é confundido com o conceito de matriz elétrica. Enquanto a matriz energética representa o conjunto de todas as fontes de energia disponíveis e utilizadas por um país em todos os setores, a matriz elétrica é formada pelo conjunto de fontes disponíveis apenas para a geração de energia elétrica. Assim, concluímos que a matriz elétrica é parte da matriz energética de um país.

Segundo os dados apresentados abaixo no gráfico da matriz elétrica do Brasil, o país utilizou 81,7% de fontes renováveis e 18,3% de fontes não renováveis em 2016 para obtenção de energia elétrica.

Observe também o gráfico da matriz elétrica mundial.

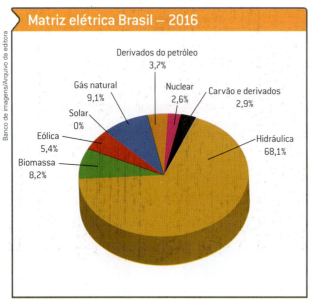

Fonte: Balanço Energético Nacional (BEN) publicado pela Empresa de Pesquisa Energética (EPE), 2017.
Percentual de cada fonte utilizada na geração de energia elétrica no Brasil, em 2016.

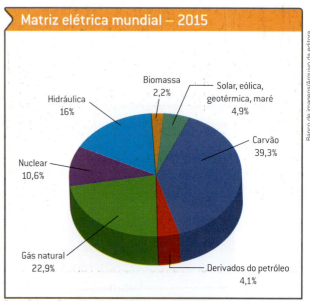

Fonte: Balanço Energético Nacional (BEN) publicado pela Empresa de Pesquisa Energética (EPE), 2017.
Percentual de cada fonte utilizada na geração de energia elétrica no mundo, em 2015.

Você deve ter percebido a grande diferença entre o Brasil e o mundo na utilização de fontes renováveis e não renováveis para a geração de **energia elétrica**.

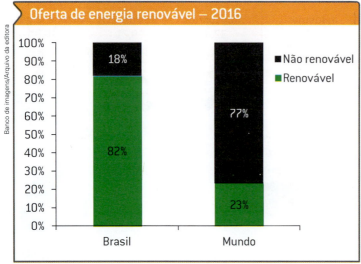

Fonte: Balanço Energético Nacional (BEN) publicado pela Empresa de Pesquisa Energética (EPE), 2017.

A busca por fontes alternativas para a obtenção de energia elétrica, principalmente em locais distantes dos grandes centros distribuidores, é cada vez mais intensificada. Na década de 2000-2010, foi instituído no Brasil o Programa de Incentivo às Fontes Alternativas de Energia Elétrica (Proinfa), que implantou, segundo dados divulgados pela Eletrobrás em 2014, um total de 119 empreendimentos, constituído por 41 usinas eólicas, 19 usinas térmicas a biomassa e 59 pequenas centrais hidrelétricas, também chamadas hidrelétricas a fio de água.

❯ Exploração da energia e problemas socioambientais

É certo que a utilização da energia elétrica proporciona melhores condições de vida e permite o avanço tecnológico. No entanto, a exploração de recursos energéticos de maneira indiscriminada, assim como os demais efeitos causados pela produção, distribuição e uso da energia criam problemas socioambientais.

Entre esses problemas, podemos citar: o aquecimento global, provocando aumento da temperatura média anual da Terra, com possíveis alterações climáticas e elevação dos níveis dos mares e oceanos; a poluição atmosférica em geral, ocasionando a chuva ácida e a inversão térmica; a destruição da flora e da fauna; a contaminação do solo, da água e do ar; e a destruição da camada de ozônio.

Cientistas do mundo todo discutem a gravidade dos impactos ambientais relacionados com a geração e a distribuição da energia, cada vez mais necessária para os padrões de vida atual.

O emprego de fontes não renováveis (como petróleo e seus derivados, gás natural, carvão mineral e urânio) está associado a maiores riscos socioambientais, tanto locais quanto globais.

Os países desenvolvidos e em desenvolvimento estão à procura de fontes alternativas que causem menos impactos, ou seja, energias mais limpas que as obtidas de fontes fósseis não renováveis.

É necessário que se façam investimentos em pesquisas para diversificação e manutenção de matrizes energéticas limpas. A ideia é inovar tecnologicamente os processos de obtenção de energia com fontes mais limpas: o Sol, as marés, o vento e a energia obtida da biomassa. Por suas condições naturais e geográficas favoráveis à produção de biomassa, o Brasil vem assumindo uma posição de destaque no cenário mundial, pois nosso país está entre os maiores produtores de energia elétrica a partir de fontes renováveis, principalmente de hidrelétricas.

UM POUCO MAIS

Primeiros passos rumo ao desenvolvimento sustentável

- Intensificação da discussão mundial sobre o uso racional da energia.
- Adoção de práticas de consumo consciente e sustentável, evitando o desperdício e as ações com forte apelo consumista.
- Conscientização sobre a necessidade de economizar energia em todo o planeta, independentemente do país ou de sua fonte principal de energia.
- Preservação dos recursos naturais e seu aproveitamento de forma sustentável, além de discussões sobre geração, uso e distribuição da energia.

Capítulo 11 • Fontes e matrizes energéticas 175

EM PRATOS LIMPOS

O que significa energia limpa?

Energia limpa é a energia proveniente de recursos naturais renováveis e de processos que não poluem ou que poluem muito pouco o ambiente, de modo que o próprio ambiente possa se recuperar do eventual impacto ambiental nesse processo. De forma geral, pode-se dizer que a produção e o consumo de energia limpa liberam uma quantidade de gases e resíduos que não contribuem para o aquecimento global.

Todas as fontes de energia apresentam possíveis danos ambientais que podem se somar a danos sociais, sendo algumas em maior escala que outras. No entanto, acredita-se que os combustíveis fósseis sejam os maiores responsáveis pelos danos ambientais. Por causa do consumo exagerado, estima-se que, em breve, as reservas de petróleo, carvão mineral e gás natural vão se esgotar. Por essa razão começam a ser significativas as vantagens competitivas dos países com capacidade de produção e uso de energia proveniente de fontes renováveis.

O Brasil, por exemplo, desenvolveu projetos com o etanol e o biodiesel como alternativas aos combustíveis fósseis, principalmente nos transportes com automóveis bicombustíveis, que são chamados de automóveis *flex*.

Além disso, muitos projetos têm sido desenvolvidos para a utilização da energia solar na obtenção de calor (por meio de aquecedores solares) e eletricidade (por meio de placas fotovoltaicas), uma vez que o Brasil dispõe de boa incidência solar durante todo o ano em praticamente todo o território nacional. Também no país estão se multiplicando as instalações de usinas eólicas, provocando aumento na obtenção de energia elétrica.

Os automóveis bicombustíveis podem utilizar tanto o etanol (álcool hidratado) quanto a gasolina.

NESTE CAPÍTULO VOCÊ ESTUDOU

- Fontes de energia renováveis e não renováveis.
- Processos de obtenção de energia elétrica.
- Matrizes energéticas mundial e brasileira.
- Matriz elétrica do Brasil e do mundo.
- Problemas socioambientais causados pela obtenção de energia elétrica.

ATIVIDADES

PENSE E RESOLVA

1. Compare os gráficos que mostram a matriz elétrica do Brasil e do mundo nas páginas 173 e 174. Quais seriam as principais semelhanças e diferenças entre as diversas fontes utilizadas (renováveis e não renováveis) para obtenção de energia elétrica no Brasil e no mundo?

2. No Brasil, atualmente, tanto a gasolina, obtida do petróleo, quanto o etanol, obtido da cana-de-açúcar, são fontes de energia para os automóveis. Pensando em recursos naturais renováveis e não renováveis, como você classificaria o etanol e a gasolina? Por quê?

3. Observe o gráfico a seguir que representa o percentual de cada combustível utilizado no transporte no Brasil em 2016.

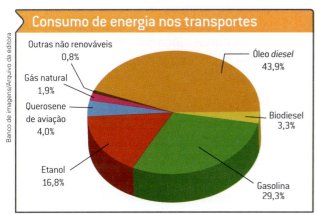

Fonte: Balanço Energético Nacional (BEN) publicado pela Empresa de Pesquisa Energética (EPE), 2017.

Com base no gráfico, responda:

a) Qual o percentual de combustíveis de fontes renováveis utilizados no transporte?

b) Qual o percentual de combustíveis de fontes não renováveis utilizados no transporte?

4. Observe a composição de fotografias de satélite mostrando a iluminação da Terra durante a noite na página 166 e, com base nela, responda:

a) O que se pode dizer das pessoas em relação ao acesso à energia elétrica?

b) Em que lugares se dá a maior concentração de uso de energia elétrica?

c) Há uma relação entre o número de habitantes em uma região e o consumo de energia elétrica?

5. Compare uma usina hidrelétrica de grande porte, como a de Itaipu, com uma usina hidrelétrica de pequeno porte regional e indique vantagens e desvantagens de cada uma.

6. Com base nos aspectos positivos sobre o uso da radiação solar para obtenção de energia elétrica em usinas solares no Brasil, são feitas quatro afirmações. Selecione a afirmação correta e justifique sua escolha.

   I. O Brasil se apresenta como um candidato em potencial para a utilização desse tipo de usina, pois é um país privilegiado em relação à exposição solar durante o ano todo.

   II. O Brasil não tem as condições mínimas de utilizá-la, pois seu desenvolvimento tecnológico ainda é muito pequeno e apenas uma ou duas regiões dispõem de incidência solar suficiente.

   III. O Brasil tem condições de utilizá-la apenas nas regiões Sul e Sudeste devido ao grande desenvolvimento tecnológico regional e às condições climáticas.

   IV. O Brasil não tem condições de utilizá-la ainda, pois, apesar de apresentar uma boa exposição solar durante todo o ano, a extensão do seu território e as diferenças climáticas acentuadas entre as regiões brasileiras dificultam a sua implementação.

SÍNTESE

1. Selecione a alternativa que apresenta uma possível sequência para obtenção de energia elétrica a partir da queima de combustíveis fósseis.

a) Energia térmica liberada na combustão do etanol → energia cinética do vapor da água girando uma turbina → obtenção de energia elétrica.

b) Energia térmica liberada na combustão do carvão mineral → energia nuclear que faz girar uma turbina → obtenção de energia elétrica.

Capítulo 11 • Fontes e matrizes energéticas 177

c) Energia térmica obtida em coletores solares → energia cinética do vapor da água girando uma turbina → obtenção de energia elétrica.

d) Energia térmica liberada na combustão do gás natural → energia cinética do vapor da água girando uma turbina → obtenção de energia elétrica.

2 A tabela a seguir apresenta o total anual de energia elétrica gerada no Brasil por todas as fontes em conjunto e também o total anual de cada fonte nos anos de 2015 e 2016.

Fontes geradoras de energia elétrica – Brasil		
Fonte	Total de energia gerada em 2015 (GWh)	Total de energia gerada em 2016 (GWh)
Hidrelétrica	359.743	380.911
Gás natural	79.490	56.485
Biomassa	47.394	49.236
Derivados do petróleo	25.657	12.103
Nuclear	14.734	15.864
Carvão	18.856	17.001
Eólica	21.626	33.489
Solar fotovoltaica	59	85
Outras não renováveis	13.669	13.723
Geração total	581.228	578.898

Fonte: Balanço Energético Nacional (BEN) publicado pela Empresa de Pesquisa Energética (EPE), 2017.

Com base nos dados da tabela, responda:

a) Independentemente da fonte utilizada, a geração de energia elétrica aumentou ou diminuiu de 2015 para 2016?

b) Considerando apenas o total gerado por fontes renováveis, pode-se afirmar que a geração de energia elétrica aumentou ou diminuiu de 2015 a 2016? Justifique.

c) Quais fontes renováveis tiveram aumento na geração de energia elétrica de 2015 para 2016?

d) Quais fontes não renováveis tiveram aumento na geração de energia elétrica de 2015 para 2016?

e) Considerando a crescente preocupação com impactos socioambientais decorrentes da geração de energia por usinas já instaladas e em operação no Brasil, quais os tipos de usinas renováveis, que vêm aumentando a implantação nas duas últimas décadas, têm maior probabilidade de surgirem nos próximos anos?

DESAFIO

O setor de transporte é o grande consumidor de energia proveniente de fontes não renováveis. Observe a tabela abaixo com o percentual de cada combustível utilizado em cada segmento de transporte.

Segmento do transporte				
Combustível	Rodoviário (automóveis, ônibus e caminhões)	Ferroviário (trens a *diesel* e trens elétricos)	Aéreo (aviões e helicópteros)	Hidroviários (navios e embarcações em geral)
Gás natural veicular (GNV)	2,0%	-	-	-
Óleo *diesel*	45,4%	84,3%	-	30,3%
Biodiesel	3,4%	-	-	-
Mistura de *diesel* e biodiesel	-	-	-	69,7%
Gasolina	31,2%	-	1,3%	-
Álcool	18%	-	-	-
Querosene	-	-	98,7%	-
Energia elétrica	-	15,7%	-	-

Fonte: Relatório Síntese de 2017 publicado pela Empresa de Pesquisa Energética (EPE), ano base 2016.

Com base nesses dados, proponha algumas medidas que promovam a diminuição do consumo de energia de fontes não renováveis com possibilidade de maior utilização de fontes renováveis.

LEITURA COMPLEMENTAR

Energia das marés

A força gravitacional do Sol e da Lua interferem nas marés (mudanças no nível do mar). Seu potencial energético tem sido utilizado desde o século XI, na costa da Inglaterra e da França, para a movimentação de pequenos moinhos.

Quando afuniladas em baías, as marés podem atingir até 15 metros de desnível. Dessa forma, seu aproveitamento energético requer a construção de barragens e instalações geradoras de eletricidade.

A energia das marés ou energia maremotriz é uma forma de geração de eletricidade obtida a partir das alterações de nível das marés, através de barragens (que aproveitam a diferença de altura entre as marés alta e baixa) ou através de turbinas submersas (que aproveitam as correntes marítimas).

O sistema mais utilizado é o de barragens, que consiste na construção de diques que captam a água durante a alta da maré. Essa água armazenada é então liberada durante a baixa da maré, passando por uma turbina que gera energia elétrica.

Uma usina de aproveitamento da energia das marés requer três elementos básicos: casa de força ou unidades geradoras de energia, eclusas, para permitir a entrada e saída de água da bacia, e barragem. [...]

No entanto, a captação desse tipo de energia é restrita a poucas localidades, pois o desnível das marés deve ser superior a 7 metros. [...] No Brasil, os locais favoráveis à construção de estações para o aproveitamento dessa forma de energia são o estuário do rio Bacanga, em São Luís (MA), com marés de até 7 metros, e, principalmente, a ilha de Macapá (AP), com marés de 11 metros.

Para a instalação de estações de captação de energia das marés são necessários altos investimentos, sendo sua eficiência baixa (aproximadamente 20%).

Com relação aos impactos ambientais, os mais comuns estão relacionados à flora e fauna. Porém, esses impactos são bem inferiores se comparados aos causados por hidrelétricas instaladas em rios.

Outro agravante é a possibilidade do rompimento das estruturas por furacões, terremotos ou qualquer razão que leva a uma inundação da região costeira. Os riscos ocupacionais também são elevados durante a construção da estrutura da usina, que requer operações abaixo do nível d'água.

Fonte: FRANCISCO, Wagner de Cerqueira e. Fontes de Energia. **Mundo Educação**. Disponível em: <https://mundoeducacao.bol.uol.com.br/geografia/energia-das-mares.htm> (acesso em: 26 jul. 2018).

Questões

1. Como é obtida a energia elétrica e qual é o dispositivo responsável pela sua produção em uma usina de energia maremotriz, que também se faz presente em outras usinas como hidrelétrica, termelétrica e eólica?

2. O que é necessário para que se aproveite de maneira satisfatória a energia das marés?

3. As marés constituem uma fonte de energia renovável ou não renovável?

Capítulo 11 · Fontes e matrizes energéticas

Capítulo 12
Distribuição e consumo da energia elétrica

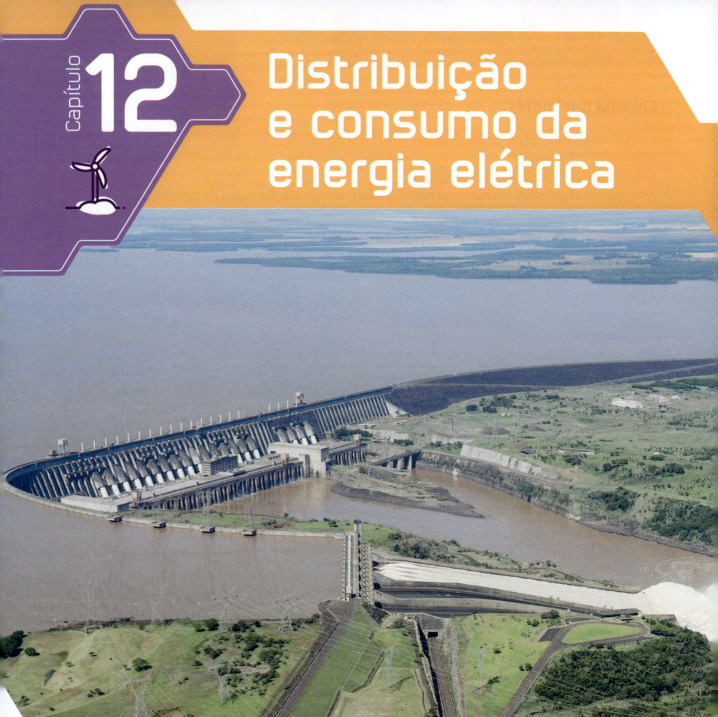

Usina Hidrelétrica de Itaipu (PR).

Na fotografia podemos ver a barragem da Usina de Itaipu e suas turbinas e geradores. Na base da fotografia se encontra uma parte da usina onde se inicia o sistema de distribuição da energia elétrica.

Você sabe como ocorre a distribuição da energia elétrica? Como a energia elétrica chega a sua residência? É possível calcular o quanto você consome de energia elétrica em sua residência? Como?

Neste capítulo vamos estudar como a energia elétrica é distribuída, desde a usina até a sua residência, e entender como ela é cobrada, como se calcula a quantidade de energia consumida pelos aparelhos da sua casa e o que pode ser feito para utilizá-la de forma sustentável.

❯ Energia para todos

Com o crescimento populacional somado ao desenvolvimento econômico e tecnológico, houve um crescente aumento no consumo de energia pela população para a produção de bens e fornecimento de serviços.

Para atender a essa demanda da sociedade moderna, tem sido necessária maior disponibilidade dos recursos utilizados como fonte de energia. Porém, é preciso que a exploração desses recursos seja menos prejudicial ao ambiente e que haja mudança de postura das pessoas, procurando utilizar a energia de forma mais consciente, para que todos possam usufruí-la de maneira a suprir suas necessidades com igualdade.

Para que isso seja possível, é importante que a obtenção de energia ocorra de forma sustentável, na tentativa de conservar os recursos naturais e o meio ambiente.

A ciência e a tecnologia são grandes aliados nesse processo, pois buscam tornar a produção, o uso e a distribuição de energia cada vez mais eficientes e, ainda, melhorar as condições de vida da população em geral, procurando conservar os recursos naturais para as futuras gerações.

Atualmente, a energia elétrica é uma das modalidades mais utilizadas em todo o mundo. Como vimos no capítulo anterior, ela pode ser obtida de diversas maneiras, por exemplo, por meio de usinas hidrelétricas, termelétricas, nucleares, eólicas e solares.

A seguir, veja as etapas de transmissão e distribuição de energia elétrica com um pouco mais de detalhes.

A Subestação de Furnas, em Foz do Iguaçu (PR), 2015, ocupa uma área total de 2 300 000 m² e é responsável pela transmissão de grande parte da energia produzida pela Usina de Itaipu para o Brasil.

INFOGRÁFICO

Como a energia elétrica chega até nossas casas?

Como a maior parte da energia elétrica no Brasil provém de usinas hidrelétricas, elas serão utilizadas como exemplo para explicar a obtenção e a distribuição de energia elétrica.

Após a energia elétrica ser obtida nas usinas hidrelétricas, ela precisa chegar aos consumidores. Isso ocorre por meio das distribuidoras, que são empresas responsáveis por sua transmissão até os locais onde ela será utilizada.

Veja, a seguir, como ocorre a distribuição de energia elétrica até nossas casas.

R2 Editorial/Arquivo da editora

1 Usina hidrelétrica
Na usina hidrelétrica, a energia elétrica é obtida com tensões de até 25 kV (25 quilovolts = 25 000 V).

2 Subestação elevadora ou de transmissão
Em seguida, a energia elétrica passa por uma subestação elevadora, na qual existem transformadores que aumentam a tensão elétrica. Isso permite uma redução da espessura dos condutores (fios, cabos) usados nas linhas de transmissão e das perdas de energia do sistema, ao promover uma corrente elétrica de menor intensidade. Essa medida também permite menor custo de instalação do sistema.

3 Linhas de transmissão
Após o aumento da tensão nas subestações elevadoras, a energia elétrica atinge as linhas de transmissão de alta-tensão. Elas são formadas por conjuntos de torres de aço que sustentam os condutores. Estes últimos transmitem a energia elétrica desde a subestação elevadora até a subestação abaixadora. As tensões elétricas mais comuns para transmissão em longas distâncias estão entre 69 kV e 765 kV.

(Elementos representados em tamanhos não proporcionais entre si. Cores fantasia.)

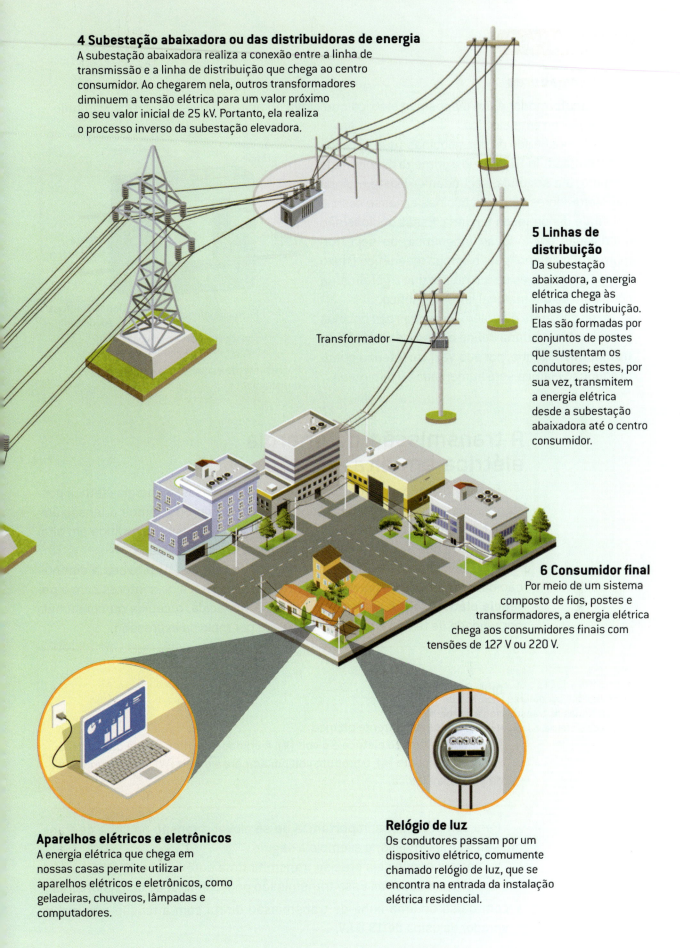

4 Subestação abaixadora ou das distribuidoras de energia
A subestação abaixadora realiza a conexão entre a linha de transmissão e a linha de distribuição que chega ao centro consumidor. Ao chegarem nela, outros transformadores diminuem a tensão elétrica para um valor próximo ao seu valor inicial de 25 kV. Portanto, ela realiza o processo inverso da subestação elevadora.

5 Linhas de distribuição
Da subestação abaixadora, a energia elétrica chega às linhas de distribuição. Elas são formadas por conjuntos de postes que sustentam os condutores; estes, por sua vez, transmitem a energia elétrica desde a subestação abaixadora até o centro consumidor.

Transformador

6 Consumidor final
Por meio de um sistema composto de fios, postes e transformadores, a energia elétrica chega aos consumidores finais com tensões de 127 V ou 220 V.

Aparelhos elétricos e eletrônicos
A energia elétrica que chega em nossas casas permite utilizar aparelhos elétricos e eletrônicos, como geladeiras, chuveiros, lâmpadas e computadores.

Relógio de luz
Os condutores passam por um dispositivo elétrico, comumente chamado relógio de luz, que se encontra na entrada da instalação elétrica residencial.

183

UM POUCO MAIS

Transformadores

O transformador é um dispositivo elétrico que eleva ou abaixa a tensão elétrica, variando também a corrente elétrica.

Ele é constituído de duas bobinas (que você estudou no capítulo 10), sendo a primeira denominada primária, e a segunda, secundária. Existem ainda transformadores com três bobinas e, nesse caso, a terceira é denominada terciária. Essas bobinas são interligadas por indução magnética, ou seja, formam um "caminho" para o campo magnético (fluxo magnético) através de um núcleo que é geralmente composto de um material ferromagnético.

A relação entre o número de espiras das bobinas primária e secundária define a chamada **relação de transformação**, que, por sua vez, caracteriza quanto a tensão elétrica será aumentada ou diminuída.

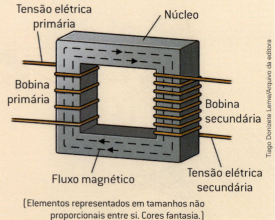

(Elementos representados em tamanhos não proporcionais entre si. Cores fantasia.)

Representação esquemática de um transformador.

A transmissão da energia elétrica em alta-tensão

Como mostrado no infográfico, até chegar às casas, a energia elétrica passa por subestações que são responsáveis por elevar ou diminuir a tensão elétrica. Na maior parte do percurso, essa energia elétrica é transmitida em alta-tensão para que a corrente elétrica seja de menor intensidade.

É possível entender como um **aumento de tensão** (U) provoca a diminuição da **intensidade da corrente** (i) relacionando esses dois fatores com a **potência elétrica** (P). A potência é a energia fornecida, recebida ou consumida por unidade de tempo e pode ser calculada por meio da expressão:

$$P = U \cdot i$$

Onde:
U: tensão elétrica
i: intensidade de corrente elétrica
A unidade de tensão elétrica é o volt (V). A unidade da intensidade da corrente elétrica é o ampère (A). O produto volt por ampère é o watt (W), que é a unidade da potência elétrica.

Para compreender a importância de se elevar a tensão na linha de transmissão, vamos analisar o exemplo a seguir.

Vamos supor que seja preciso transmitir uma potência de 40 MW da usina até o centro consumidor. Essa transmissão pode ser feita de duas maneiras:

- com o uso de uma linha de transmissão direta com a tensão nominal do gerador da usina de 13,8 kV;

- com o uso de uma linha de transmissão com a tensão elevada para 138 kV (linha de alta-tensão).

Nos dois casos, qual será a intensidade de corrente elétrica na linha de transmissão?

Situação 1:
P = 40 MW = 40 000 000 W
U = 13,8 kV = 13 800 V
i = ?
Aplicando-se a expressão, temos
P = U · i
40 000 000 = 13 800 · i
i ≅ 2 900 A

Situação 2:
P = 40 MW = 40 000 000 W
U = 138 kV = 138 000 V
i = ?
Aplicando-se a expressão, temos
P = U · i
40 000 000 = 138 000 · i
i ≅ 290 A

Com base nesses cálculos, pode-se observar que, ao elevar a tensão elétrica da linha de transmissão, há uma diminuição da intensidade da corrente elétrica da linha. A intensidade menor da corrente elétrica permite utilizar condutores com espessuras menores, facilitando o processo de isolamento e reduzindo os custos com o material dos fios. Isso deixa claro a necessidade de utilizar transformadores para transmitir a eletricidade sob alta-tensão. As mudanças de tensão elétrica também podem ocorrer em outras situações, como nas linhas de distribuição. Nesse caso, as linhas de distribuição são divididas em duas etapas:

I. **Linha de distribuição primária**: trabalha com a tensão elétrica de linha padrão de 13,8 kV. Geralmente, sustenta três condutores, representando as três fases, e um quarto condutor, que representa o aterramento.

II. **Linha de distribuição secundária**: trabalha com as tensões elétricas de 127 V ou 220 V. Aqui são mantidas as mesmas condições, ou seja, geralmente essa linha sustenta dois ou três condutores, representando, respectivamente, duas ou três fases, e um quarto condutor, que representa o aterramento.

Para que essa mudança na tensão elétrica seja possível, entre a linha de distribuição primária e a linha de distribuição secundária são colocados outros transformadores que diminuem a tensão de 13,8 kV da primária para 127 V ou 220 V utilizada na secundária.

Linhas de distribuição em Olinda (PE), 2015. Observe que os postes das linhas de distribuição são mais baixos que as torres de transmissão. Nos postes das linhas de distribuição, o efeito eletromagnético é menos intenso. Em alguns casos, há outros condutores que também são sustentados por esses postes, como as linhas de telefone e de TV a cabo.

Capítulo 12 • Distribuição e consumo da energia elétrica 185

❯ A energia elétrica nas residências

A energia elétrica que chega a todas as residências pode ser transmitida por dois ou três condutores. No caso de haver dois condutores (uma fase e um neutro), a tensão elétrica disponível será de 127 V. Quando há três condutores (duas fases e um neutro), é possível ter tensões elétricas de 127 V (entre uma fase e um neutro) e de 220 V (entre as duas fases).

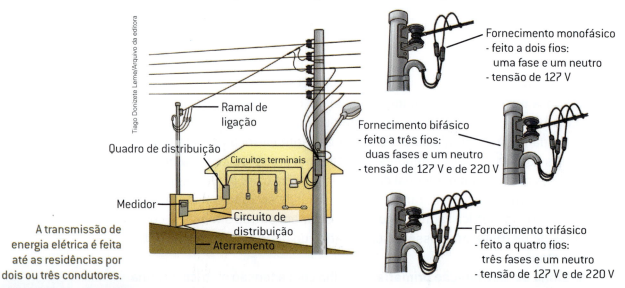

A transmissão de energia elétrica é feita até as residências por dois ou três condutores.

Relógio de luz residencial.

O controle do consumo de energia elétrica de uma residência é realizado pelo relógio de luz. Esse equipamento é capaz de medir, em kWh (quilowatt-hora), o consumo de energia elétrica, ou seja, a quantidade de energia elétrica transformada em outras modalidades de energia através de aparelhos elétricos ou instrumentos da residência. A unidade joule (J) do Sistema Internacional de Unidades não é utilizada aqui por ser muito pequena para a medida da energia elétrica. Por isso, é mais adequado o uso da unidade quilowatt-hora.

A unidade kWh vem da relação da energia elétrica com a potência:

$$P = \frac{\Delta E}{\Delta t}$$

Assim,

$$\Delta E = P \cdot \Delta t$$

Onde:
P: potência elétrica
ΔE: energia transformada (consumida)
Δt: intervalo de tempo

Define-se, então, o kWh como sendo a quantidade de energia transformada por um aparelho de potência de 1 000 W (1 kW) funcionando durante 1 hora.

A equivalência do kWh com o J (joule) vem da relação:

$$1 \text{ kWh} = 1\,000 \text{ W} \cdot 3\,600 \text{ s} = 3\,600\,000 \text{ J}$$

Pelo fato de o tempo de uso de aparelhos elétricos ser medido em horas, é mais fácil calcular o consumo mensal de energia elétrica em kWh do que em J.

A relação entre o consumo de energia elétrica e o uso de um aparelho pode ser obtida por meio da expressão apresentada anteriormente. Para entender melhor essa relação, vamos analisar o exemplo a seguir.

Considere uma residência com três pessoas. Se cada uma delas toma um banho diário com duração de 10 minutos com o uso de um chuveiro de 4 400 W, qual será o consumo de energia elétrica mensal desse chuveiro?

- Tempo de banho de 1 pessoa: 10 min
- Tempo de banho de 3 pessoas: $\Delta t = 30$ min $= 0,5$ h
- Potência do chuveiro: $P = 4\,400$ W $= 4,4$ kW

$\Delta E = P \cdot \Delta t$
$\Delta E = 4,4$ kW $\cdot 0,5$ h
$\Delta E = 2,2$ kWh

Portanto, o consumo diário é de 2,2 kWh.

Já o consumo mensal (30 dias) será:

$\Delta E_{mensal} = \Delta E \cdot 30 = 2,2$ kWh $\cdot 30$
$\Delta E_{mensal} = 66$ kWh

UM POUCO MAIS

Com a composição de fotografias de satélite da iluminação da Terra durante a noite, mostrada no capítulo 11, é possível verificar que há locais sem população e outros onde parte da população mundial tem pouco ou, até mesmo, nenhum acesso à energia elétrica.

Considerando que a energia elétrica pode proporcionar conforto e melhores condições de vida, é relevante a preocupação de que todos tenham acesso a ela.

No Brasil, essa preocupação levou à retomada do planejamento e execução de obras de infraestrutura social, urbana, logística e energética proporcionada pelo **Programa de Aceleração do Crescimento** (PAC), criado em 2007.

Composição de fotografias de satélite mostrando a iluminação da Terra, em 2016, durante a noite. Os pontos claros representam pontos onde há maior utilização da energia elétrica para iluminação.

Um dos focos desse programa é o fornecimento de energia elétrica para populações de baixa renda, que permitiu que muitas famílias residentes em áreas rurais tivessem acesso à energia elétrica, de forma gratuita, diminuindo a exclusão elétrica no país através de extensões de rede, implantação de sistemas de obtenção de energia elétrica isolados e realização de ligações domiciliares.

A prioridade do programa são as escolas rurais, as comunidades quilombolas e indígenas, os assentamentos, os ribeirinhos, os pequenos agricultores e as famílias em reservas extrativistas. Já foram atendidos pelo programa milhares de pessoas em 15 estados brasileiros, podendo ampliar ainda mais esse número se o programa for prorrogado até 2022, contribuindo para um desenvolvimento acelerado e sustentável.

O custo da energia elétrica

No Brasil, a obtenção, a transmissão, a distribuição e a comercialização da energia elétrica são reguladas pela Agência Nacional de Energia Elétrica (ANEEL), vinculada ao Ministério de Minas e Energia. Além de fiscalizar os serviços de energia elétrica, a ANEEL é responsável por implementar as políticas e diretrizes do governo federal no setor elétrico.

Também é a ANEEL que estabelece as tarifas a serem cobradas do consumidor final pela utilização da energia elétrica. O cálculo para essas tarifas se baseia em diversos fatores, envolvendo aspectos econômicos e de infraestrutura.

De acordo com a tarifa e a quantidade de energia elétrica consumida, o consumidor recebe a conta de energia elétrica que apresenta o custo total pelo serviço. Para exemplificar, apresentamos uma conta de energia elétrica a seguir.

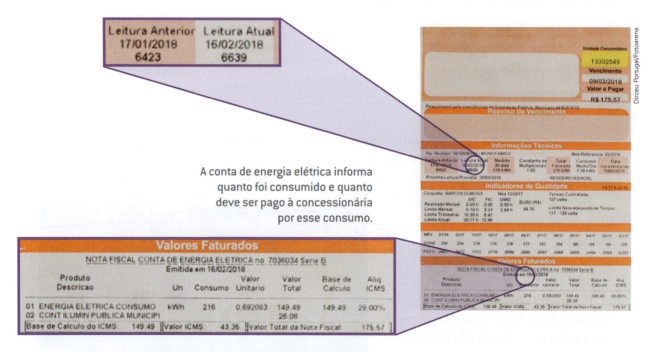

A conta de energia elétrica informa quanto foi consumido e quanto deve ser pago à concessionária por esse consumo.

O consumo mensal de energia elétrica é determinado pela diferença entre os valores da leitura atual e da anterior, realizadas no medidor (relógio de luz). Por exemplo, se considerarmos a conta de energia elétrica apresentada, obtemos o consumo mensal da seguinte forma:

- Leitura anterior: 6 423 kWh
- Leitura atual: 6 639 kWh
- Consumo mensal = 6 639 kWh − 6 423 kWh = 216 kWh

> **Leia também!**
>
> **Direitos e deveres dos consumidores de energia elétrica**
> Agência Nacional de Energia Elétrica (ANEEL). Brasília, 2013. Disponível em: <http://www2.aneel.gov.br/arquivos/pdf/cartilha_direitos_e_deveres.pdf/> (acesso em: 20 out. 2018).
>
> Cartilha que apresenta os principais direitos e deveres dos consumidores brasileiros em relação ao uso de energia elétrica no país.

A tarifa do kWh utilizada no cálculo depende da cidade, da distribuidora e do tipo de distribuição (número de fases). Nessa conta, o custo do kWh é de R$ 0,692083 que, multiplicado pelo consumo mensal, proporciona o custo da energia consumida:

- Custo da energia consumida = consumo mensal · custo do kWh
- Custo da energia consumida = 216 · 0,692083
- Custo da energia consumida = 149,489928

Arredondando-se esse valor, temos o custo da energia consumida: R$ 149,49.

A esse valor são acrescentadas outras taxas, como ICMS (Imposto Sobre Circulação de Mercadorias e Serviços) e contribuições de outros serviços, totalizando o valor final da conta de energia elétrica.

Com essa informação, também é possível calcular o custo mensal de energia consumida pelo chuveiro descrito anteriormente. Para isso, basta utilizar o custo do kWh dessa conta. Veja o cálculo a seguir.

- Consumo mensal do chuveiro: 66 kWh
- Custo do kWh: R$ 0,692083
- Custo da energia consumida = consumo mensal · custo do kWh
- Custo da energia consumida = 66 · 0,692083
- Custo da energia consumida = 45,677478

Arredondando-se esse valor, temos o custo da energia consumida pelo chuveiro: R$ 45,68.

Ao calcular o consumo de energia de eletrodomésticos e de outros aparelhos elétricos, pode-se avaliar qual é o impacto de cada um deles no consumo mensal de uma residência. Dessa forma, é possível controlar os gastos domésticos com energia elétrica e optar por utilizar equipamentos elétricos de forma consciente e sustentável.

> **Leia também!**
>
> **Consumo mais inteligente.**
> Disponível em: <https://www.aeseletropaulo.com.br/educacao-legislacao-seguranca/consumo-mais-inteligente/conteudo/conheca-o-programa> (acesso em: 2 ago. 2018).
>
> Consulte o *site* para conhecer um pouco mais o Programa Consumo mais inteligente. Além de conhecer o programa, você também poderá simular o cálculo de sua conta de energia elétrica.

EM PRATOS LIMPOS

O que consome mais energia: um chuveiro elétrico ou uma televisão?

É muito provável que pensemos que o chuveiro consome mais energia elétrica, pois sua potência é maior. Porém, a energia consumida não depende apenas da potência do aparelho, mas também do tempo que ele fica ligado.

Assim, se ambos forem ligados durante o mesmo intervalo de tempo, o chuveiro elétrico consumirá mais energia do que a televisão por apresentar maior potência.

Por outro lado, um aparelho elétrico, por mais potência que possa apresentar, não gastará nenhuma energia se ficar o tempo todo desligado.

Uma televisão ligada por 4 horas consome, em média, a mesma quantidade de energia utilizada em um banho de 7 minutos.

(Elementos representados em tamanhos não proporcionais entre si.)

Economia de energia

Um dos fatores que provocam o aumento do consumo de energia elétrica de um país é seu crescimento socioeconômico, o que implica em maior exploração dos recursos naturais e, consequentemente, poderá gerar impactos negativos ao meio ambiente. Por isso, cada vez mais se tem investido no uso eficiente da energia de forma a reduzir o consumo sem comprometer os demais aspectos envolvidos.

Nesse contexto, além das iniciativas governamentais, a economia de energia também é responsabilidade do consumidor, que deve cuidar para evitar desperdícios, utilizando a energia de forma sustentável.

No Brasil, para auxiliar o consumidor nesse processo e promover o uso dos recursos energéticos de forma eficiente, além da legislação, o governo investe em programas com essa finalidade.

Um desses programas é o Programa de Combate ao Desperdício de Energia Elétrica (Procel) instituído pela Eletrobras – Centrais Elétricas Brasileiras, em 1985. Por meio desse programa, em dezembro de 1993, foi criado o Selo Procel de Economia de Energia, que tem o objetivo de orientar consumidores no ato da compra sobre os níveis de eficiência energética de produtos dentro de cada categoria, e incentivar a fabricação de equipamentos mais eficientes de forma a promover a economia de energia elétrica.

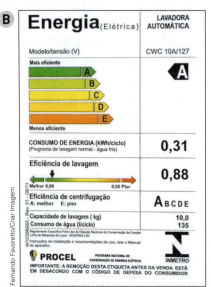

Em parceria com o Instituto Nacional de Metrologia, Normalização e Qualidade Industrial (Inmetro), também foi criada a Etiqueta Nacional de Conservação de Energia para certificar equipamentos e produtos. Atualmente, esses selos são considerados garantia de eficiência e qualidade.

(A) Selo Procel de economia de energia.
(B) Etiqueta Nacional de Conservação de Energia, presente em todos os produtos elétricos fabricados no Brasil.

NESTE CAPÍTULO VOCÊ ESTUDOU

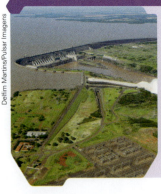

- A distribuição de energia elétrica no Brasil e o uso das redes de alta-tensão.
- A relação entre potência, tensão elétrica e intensidade de corrente elétrica.
- A relação entre potência, energia elétrica e tempo.
- O consumo e o custo da energia elétrica residencial.
- A importância de economizar energia elétrica.

ATIVIDADES

PENSE E RESOLVA

1 Enumere os itens abaixo de acordo com o caminho percorrido pela energia elétrica, desde sua produção até chegar ao consumidor final.

( ) Linha de distribuição

( ) Centro consumidor

( ) Usina hidrelétrica

( ) Subestação abaixadora

( ) Linha de transmissão

( ) Subestação elevadora

2 Qual o equipamento elétrico responsável por elevar ou abaixar a tensão elétrica?

3 Por que a energia elétrica é transmitida em alta-tensão?

4 A potência nominal de cada unidade geradora da usina hidrelétrica de Itaipu é de 700 MW. Se for utilizada uma linha de transmissão de 13,8 kV, qual será a corrente elétrica nessa linha?

5 A Usina Hidrelétrica de Xingó, localizada entre os estados de Alagoas e Sergipe, na região Nordeste do Brasil, é uma das maiores de sua categoria no país. Segundo a Agência Nacional de Energia Elétrica (ANEEL), ela apresenta uma potência de 3 162 000 kW.

Uma cidade como Arapiraca, em Alagoas, com pouco mais de 200 000 habitantes, consome, em média, 1 250 000 kWh por dia de energia elétrica. Cerca de quantas cidades como Arapiraca a Usina Hidrelétrica de Xingó é capaz de abastecer diariamente com a energia elétrica que ela é capaz de fornecer?

a) 150 **b)** 60 **c)** 12 **d)** 5

6 De acordo com a Agência Nacional de Vigilância Sanitária (Anvisa), os hospitais devem apresentar equipamentos de geração de energia elétrica auxiliar, que são geradores de energia elétrica compostos de um motor de combustão interna, usando como combustível o óleo *diesel*.

Esses geradores são acionados quando há interrupção do fornecimento de energia da rede elétrica, mantendo em pleno funcionamento os aparelhos dos hospitais e evitando que danos irreversíveis à saúde ocorram com a interrupção da energia. Em hospitais, utilizam-se geradores de potência máxima em torno de 1 500 kW.

Caso ocorra falta de energia da rede por 40 minutos em um hospital, qual a quantidade de energia fornecida pelo gerador citado acima, em kWh, trabalhando com a máxima potência?

a) 37,5 kWh **c)** 1 000 kWh

b) 600 kWh **d)** 60 000 kWh

7 É comum alguns aparelhos elétricos apresentarem um modo de trabalho chamado modo de espera (*standby*). Quando desligados, esses aparelhos entram no modo de espera para que, quando religados, apresentem uma inicialização mais rápida.

O que algumas pessoas não imaginam é que nesse modo de espera os aparelhos também estão consumindo energia elétrica.

- Uma TV em modo de espera, por exemplo, consome em média cerca de 2,5 W de potência. Se ela permanecer assim ao longo de 1 mês (30 dias), qual será o custo total da energia elétrica, em reais, considerando que o custo do kWh é R$ 0,56?

SÍNTESE

1 Aos poucos, as pessoas estão aderindo às lâmpadas de LED que são mais eficientes, pois proporcionam a mesma energia luminosa de outras lâmpadas com menor consumo de energia elétrica, ou seja, são mais econômicas.

Sabendo disso, considere uma residência que apresenta 10 lâmpadas fluorescentes compactas de 13 W que ficam acesas 4 horas por dia.

a) Qual o consumo da energia elétrica, em kWh, apresentado por essas lâmpadas em 1 mês (30 dias)?

Capítulo 12 · Distribuição e consumo da energia elétrica **191**

b) Se cada uma das lâmpadas for trocada por uma lâmpada de LED de 7 W que proporciona a mesma iluminação, qual será o novo consumo de energia elétrica, em kWh, apresentado por essas lâmpadas em 1 mês (30 dias)?

c) Qual a quantidade de energia economizada em 1 mês (30 dias) com a troca das lâmpadas?

d) Em um local onde o kWh custa R$ 0,50, qual o valor economizado anualmente na conta de energia elétrica?

2 Observe a conta de energia elétrica a seguir:

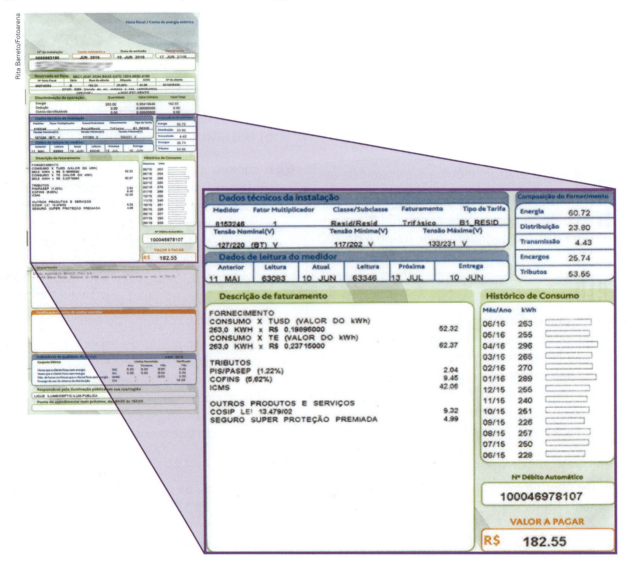

A partir das informações contidas na conta, determine:

a) a leitura de energia anterior do medidor.

b) a leitura de energia atual do medidor.

c) o consumo total de energia elétrica no mês.

d) o custo do kWh.

e) o custo mensal de um aparelho de potência 500 W que fica ligado seis horas por dia, durante os 30 dias do mês.

LEITURA COMPLEMENTAR

Dicas de economia e uso racional de energia

Os consumidores, além de calcular e conhecer o consumo de seus aparelhos, podem combater o desperdício de energia e, consequentemente, reduzir sua conta. Confira abaixo algumas dicas para o uso racional de energia elétrica.

- Não demorar no chuveiro e desligar a torneira enquanto se ensaboa. Assim você economiza energia e água;
- Nos dias quentes, deixar a chave do chuveiro na posição verão;
- Preferir a luz natural durante o dia;
- Utilizar lâmpadas de Led ou fluorescentes compactas mais econômicas nos locais onde as luzes precisam ficar acesas por mais tempo;
- Apagar a luz ao deixar algum cômodo de sua residência;
- Não dormir com televisão ligada;
- Não forrar as prateleiras da geladeira e não colocar roupas para secar atrás do equipamento. Essas ações fazem o aparelho consumir mais energia elétrica;
- Não deixar a geladeira aberta por muito tempo e manter a borracha de vedação da porta sempre em boas condições;
- Não vale a pena desligar a geladeira como forma de economizar energia, pois esse eletrodoméstico leva aproximadamente 10 horas para perder a refrigeração interna depois de desligada. Na hora em que for ligada novamente vai funcionar até resfriar por completo e, por isso, a energia que foi poupada durante o tempo em que ficou desligada não será compensada. Desligar a geladeira só é interessante quando o período sem uso for longo;
- Preferir eletrodomésticos com o selo do Programa Nacional de Conservação de Energia Elétrica (Procel). O selo indica quais produtos são mais econômicos.
- Aproveitar, ao máximo, o calor do sol para secagem das roupas para reduzir uso da secadora.

Fonte: Aneel. Dicas de economia e uso racional de energia. Disponível em: <www2.aneel.gov.br/arquivos/PDF/17-05_materia2.pdf>. Acesso em: 3 ago. 2018.

Prédios inteiros podem ser projetados e construídos pensando em garantir o uso racional de recursos (como energia elétrica e água). O Museu do Amanhã (RJ), na foto, recebeu, em 2017, um prêmio internacional na categoria "Construção Verde Mais Inovadora".

Questões

1. Das dicas para uso racional da energia elétrica apresentadas, quais você segue em sua residência? E na sua escola?
2. Faça um levantamento da potência dos aparelhos de sua residência e proponha alguns procedimentos de economia de energia durante a utilização dos aparelhos que apresentam mais potência.
3. Elabore um cartaz com dicas para usar a energia elétrica de forma consciente para divulgar as dicas da Aneel em sua comunidade. Utilize fotografias para ilustrar as dicas que mais se aplicam na comunidade onde você mora.

Capítulo 12 • Distribuição e consumo da energia elétrica 193

UNIDADE 3
Terra e Universo

A obra **Quatro estações**, da artista plástica Tomie Ohtake (1913-2015), exposta na estação Consolação do metrô da cidade de São Paulo (SP), compõe-se de quatro painéis que simbolizam as estações do ano. Os painéis são feitos de pequenos pedaços coloridos de material usado no revestimento de pavimentos e têm o tamanho de 2 m × 15,40 m. Como você interpreta cada painel? Qual estação do ano estaria representada em cada um deles?

Quando é verão no Brasil, no hemisfério norte é inverno. Mas mesmo no Brasil o verão tem características bem diferentes, dependendo das regiões a que estamos nos referindo. O verão no Pará é bem diferente do verão do Rio Grande do Sul, por exemplo. E, em algumas cidades brasileiras, a mudança climática pode ser tão intensa que se diz até que, por exemplo, em São Paulo ou Curitiba, pode-se viver "as quatro estações em um único dia".

Nesta unidade vamos iniciar esse estudo pelo conjunto Sol-Terra-Lua, seus movimentos, interações e consequências para a existência dos períodos do dia e da noite, de eclipses e de estações do ano, nos diferentes pontos do globo terrestre. Isso se relacionará com as definições dos vários climas terrestres, com as previsões do tempo e as ações do ser humano nesse contexto, que vão desde alterações climáticas em escala global até a possibilidade de intervenções para se reestabelecer o equilíbrio ambiental, que vem se perdendo cada vez mais nos diferentes ecossistemas do planeta Terra.

Terra e Universo

Capítulo 13

Sistema Sol-Terra-Lua

Composição artística mostrando o planeta Terra entre o Sol e a Lua vistos do espaço.

(Elementos representados em tamanhos e distâncias não proporcionais entre si. Cores fantasia.)

O dia e a noite, as estações do ano, as fases da Lua e os eclipses solares e lunares são alguns dos fenômenos da natureza que sempre intrigaram – e ainda intrigam – várias civilizações.

Qual é a explicação para a ocorrência das estações do ano? As estações acontecem ao mesmo tempo nos dois hemisférios da Terra? A Lua só é visível quando anoitece? Como explicar que, em um período de aproximadamente 29 dias, a Lua mude gradativamente o seu aspecto visível? O que é fase da Lua? Como ocorre um eclipse? Quem se movimenta: a Lua, a Terra, o Sol ou todos esses corpos celestes?

Vamos discutir essas e outras questões neste capítulo.

❯ O conceito de movimento

No volume do 6º ano, utilizamos o modelo geocêntrico de Universo (modelo que considera a Terra o centro do Universo, com todos os outros corpos celestes orbitando ao seu redor) para explicar o movimento diário do Sol, responsável pela ocorrência do dia e da noite, e o movimento anual do Sol, responsável pela determinação das estações do ano e de outros fenômenos observados no céu.

Neste capítulo, vamos estudar as estações do ano, as fases da Lua e os eclipses, fenômenos observados com facilidade no céu. Para tanto, vamos agora utilizar o modelo heliocêntrico de Universo (modelo cosmológico que define que o Sol é o centro do Universo).

Desde sua retomada por Nicolau Copérnico (astrônomo e matemático polonês), esse modelo foi sendo aperfeiçoado por contribuições de inúmeros cientistas. Hoje, sabemos que o Sol está no centro do Sistema Solar e que todos os demais astros pertencentes a esse sistema orbitam ao redor dele.

Para entender qual astro se movimenta em relação ao outro, vamos estudar um dos conceitos mais importantes da Física: o conceito de **movimento**.

Para afirmar que um corpo está em movimento, precisamos estabelecer um referencial. Por exemplo: você e seus colegas estão dentro de um ônibus deslocando-se para fazer um estudo do meio em outra cidade. Todos vocês que estão dentro do ônibus podem afirmar que estão em movimento, em relação a qualquer referencial fixo ou móvel fora do ônibus, como as árvores que estão nas ruas e nas praças, a pista por onde o ônibus trafega, os outros carros que se deslocam, etc. No entanto, você e seus colegas, que estão sentados em suas poltronas, não estão em movimento uns em relação aos outros.

Agora imagine a seguinte situação: você está parado em uma esquina esperando para atravessar a rua, pois o sinal de trânsito está aberto. Então, você observa um carro que passa a certa velocidade, digamos a 40 km/h. Podemos afirmar que o carro está em movimento (a 40 km/h) em relação a você e também que você está em movimento (a 40 km/h) em relação ao carro. Percebeu que para afirmar que um corpo está se movendo precisamos saber qual é o ponto de referência?

Portanto, se olharmos da Terra o Sol movimentando-se em relação ao nosso planeta, podemos afirmar que a Terra também se movimenta em relação ao Sol.

Nas discussões dos temas deste capítulo e do próximo, vamos utilizar o Sol como centro de nosso sistema de astros, chamado Sistema Solar, com a Terra, a Lua e os demais astros desse sistema descrevendo órbitas ao redor dele.

Na tirinha a seguir, podemos ver um bom exemplo de movimento relativo.

Quem está em movimento? Quem está parado?

Fonte: Tira da Turma da Mônica nº 6997, publicada no expediente da revista **Cascão** nº 57, Editora Globo, maio de 2016.

Capítulo 13 • Sistema Sol-Terra-Lua 197

❯ Movimento de rotação da Terra

Ilustração representando o sentido do movimento de rotação e a inclinação do eixo da Terra em relação ao seu plano de órbita ao redor do Sol.
(Elementos representados em tamanhos e distâncias não proporcionais entre si. Cores fantasia.)

Rotação: do latim *rotatio onis*, que significa 'ação de mover a roda'. Movimento giratório de um corpo em torno de um eixo fixo; movimento que a Terra executa em torno de seu eixo imaginário; giro.

Translação: do latim *translatio*, que significa 'ação ou efeito de transladar'. Movimento de um corpo que muda de posição em um espaço; movimento de um astro em torno de outro astro.

Você já deve ter visto um modelo da Terra semelhante ao da imagem ao lado. Talvez tenha percebido que o eixo terrestre, que vai do polo norte ao polo sul, está inclinado. Esse modelo representa a posição da Terra em relação ao plano da sua órbita ao redor do Sol.

Em seu movimento de rotação, a Terra gira em torno de si mesma, ou seja, em torno desse eixo imaginário, o eixo de rotação terrestre.

O período de rotação da Terra é o intervalo de tempo em que o planeta dá uma volta completa em torno de si mesmo. Sua duração é de 23 horas, 56 minutos e 4 segundos. Por aproximação, determinou-se que um dia terrestre tem 24 horas.

Em consequência do movimento de rotação da Terra ocorrem o dia e a noite. Diz-se que faz "dia" na parte da Terra iluminada pelo Sol e "noite" na parte que não recebe os raios solares no mesmo período.

❯ Movimento de translação da Terra

Translação é o movimento que a Terra faz ao redor do Sol. O período de translação da Terra é o intervalo de tempo em que ela dá uma volta completa em torno do Sol e dura 365 dias e 6 horas, ou seja, aproximadamente um ano.

Tanto na translação quanto na rotação da Terra seu eixo está inclinado em relação ao plano da órbita ao redor do Sol. (Elementos representados em tamanhos e distâncias não proporcionais entre si. Cores fantasia.)

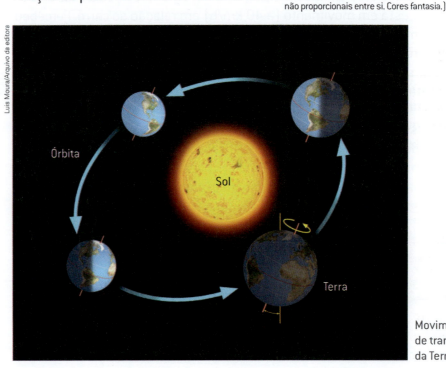

Movimento de translação da Terra.

198

UM POUCO MAIS

Um acerto de contas: o ano bissexto

O movimento de translação não demora 365 dias, mas 365 dias e 6 horas. A cada quatro anos temos um dia a mais. Então: 4 · 6 horas = 24 horas = 1 dia.

Para que o calendário oficial, com o passar dos anos, não sofra uma defasagem significativa, a cada quatro anos acrescenta-se um dia ao calendário. Assim, esse ano passa a ter 366 dias e é chamado ano bissexto. Veja: 365 dias + 1 dia = 366 dias = 1 ano bissexto.

Esse dia é incluído no mês de fevereiro. Assim, nos anos bissextos, o mês de fevereiro tem 29 dias.

❯ Estações do ano

Ao longo do ano, temos quatro estações: primavera, verão, outono e inverno. Quando é primavera no hemisfério norte, é outono no hemisfério sul, e vice-versa. Por que isso acontece?

As estações são causadas pela inclinação do eixo de rotação da Terra em relação à perpendicular ao plano definido pela órbita do planeta em torno do Sol.

Por causa da inclinação do eixo de rotação terrestre e do movimento de translação, os raios solares chegam à superfície da Terra com inclinações diferentes ao longo do ano, possibilitando a ocorrência das estações do ano nos dois hemisférios. Vamos ver como isso acontece nas páginas a seguir.

No hemisfério sul, entre os dias 21 e 22 de dezembro, inicia-se o verão. Em algumas regiões do planeta, observa-se o período diário de iluminação mais longo do ano, característica que marca o início dessa estação. À medida que se aproxima o outono, os dias (período de iluminação pelo Sol) começam a ficar mais curtos, até que, no primeiro dia do equinócio de outono, dia e noite tenham a mesma duração.

Com o passar do outono, a duração do dia vai ficando cada vez mais curta até o primeiro dia do inverno, quando o período de iluminação pelo Sol é o menor do ano. A partir desse dia, o período de iluminação pelo Sol aumenta, até que, novamente, o dia e a noite tenham a mesma duração — é o equinócio de primavera. Durante a primavera, o período iluminado vai ficando, dia a dia, um pouco maior que o período não iluminado, quando recomeça o ciclo.

A região da linha do equador recebe praticamente a mesma quantidade de luz solar o ano inteiro, e os dias e as noites têm duração aproximadamente igual a doze horas. Por isso, não há, nessas localidades, grande variação de temperatura de uma estação para outra.

Já nas regiões polares existem praticamente duas estações: o verão e o inverno. No inverno, as noites são mais longas que os dias, e, em muitas localidades, as temperaturas são mais baixas do que nas outras estações.

Representação da incidência dos raios solares no equinócio.

(Elementos representados em tamanhos e distâncias não proporcionais entre si. Cores fantasia.)

INFOGRÁFICO

As estações do ano no hemisfério sul

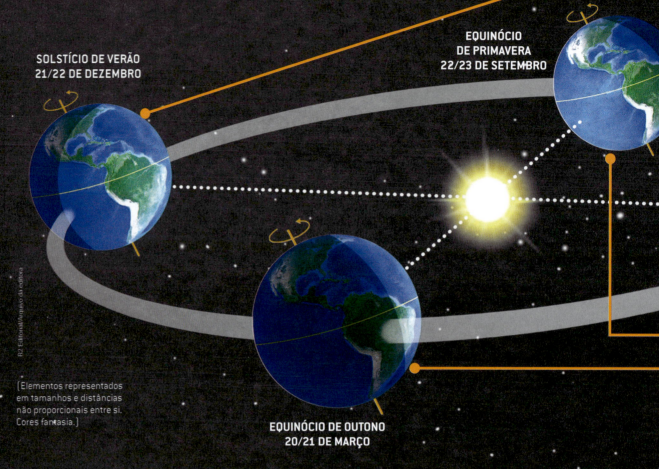

(Elementos representados em tamanhos e distâncias não proporcionais entre si. Cores fantasia.)

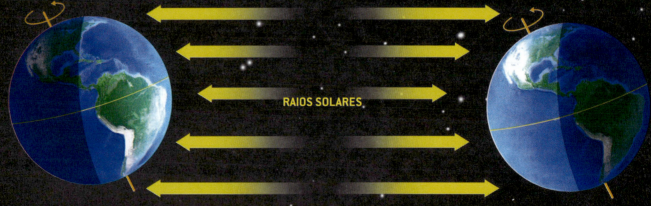

VERÃO
Devido à inclinação do eixo da Terra, os raios solares incidem quase perpendicularmente sobre o hemisfério sul, entre os meses de dezembro e março, deixando a energia mais concentrada e proporcionando dias mais longos e quentes nessa metade do planeta.

INVERNO
Entre os meses de junho e setembro, a inclinação do eixo da Terra provoca incidência menos intensa de raios solares sobre o hemisfério sul e mais intensa sobre o hemisfério norte. Assim, temos inverno na metade de baixo e verão na metade de cima do planeta.

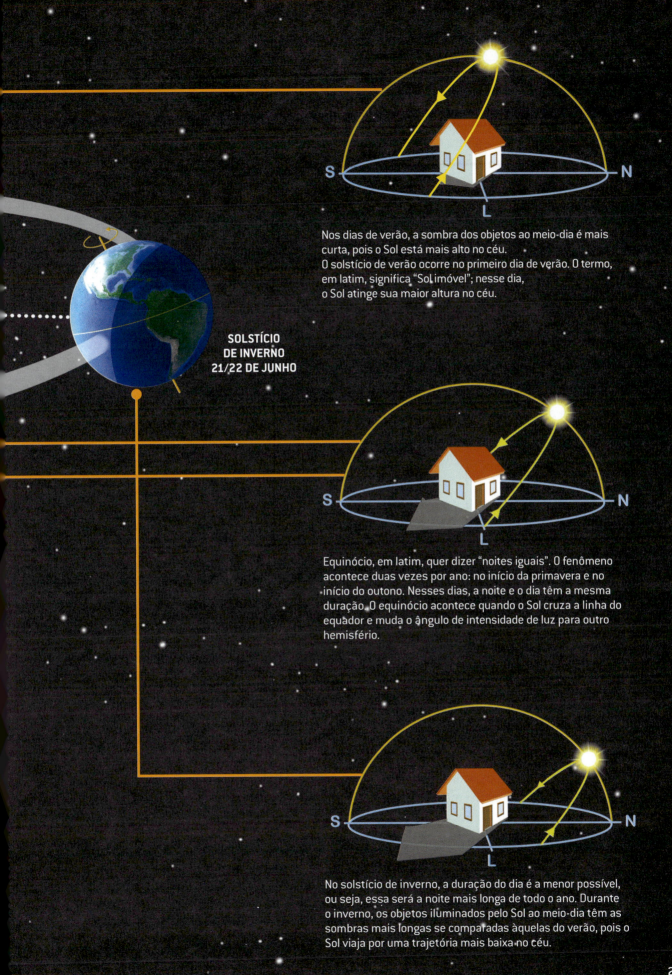

Nos dias de verão, a sombra dos objetos ao meio-dia é mais curta, pois o Sol está mais alto no céu.
O solstício de verão ocorre no primeiro dia de verão. O termo, em latim, significa "Sol imóvel"; nesse dia, o Sol atinge sua maior altura no céu.

SOLSTÍCIO DE INVERNO 21/22 DE JUNHO

Equinócio, em latim, quer dizer "noites iguais". O fenômeno acontece duas vezes por ano: no início da primavera e no início do outono. Nesses dias, a noite e o dia têm a mesma duração. O equinócio acontece quando o Sol cruza a linha do equador e muda o ângulo de intensidade de luz para outro hemisfério.

No solstício de inverno, a duração do dia é a menor possível, ou seja, essa será a noite mais longa de todo o ano. Durante o inverno, os objetos iluminados pelo Sol ao meio-dia têm as sombras mais longas se comparadas àquelas do verão, pois o Sol viaja por uma trajetória mais baixa no céu.

UM POUCO MAIS

Trajetória do Sol na abóbada celeste

A altura do Sol na abóbada celeste varia ao longo das estações do ano. Durante o inverno, a altura do Sol, isto é, o ângulo de elevação do Sol acima do horizonte, para uma dada hora do dia – meio-dia, por exemplo –, em uma determinada latitude, é bem menor que a altura do Sol no período do verão.

Quando está ocorrendo o período de verão em um hemisfério, as alturas do Sol são maiores, os dias mais longos e há mais **radiação solar**, isto é, a quantidade de energia que atinge uma determinada área por unidade de tempo é maior. Concomitantemente, no hemisfério oposto, as alturas do Sol são menores, os dias são mais curtos e há menos radiação solar. A quantidade total de radiação solar recebida na região (latitude) depende, então, da duração do dia, da altura do Sol e da época do ano.

Abóbada celeste: região do céu visível por um observador na superfície da Terra, também conhecida como "firmamento".

A altura do Sol influencia a intensidade de radiação solar de duas maneiras.

I. Quanto maior a altura do Sol, maior quantidade de radiação solar por área

Quando os raios solares atingem a Terra verticalmente, eles são mais concentrados em determinada área. Quanto menor a altura solar, mais espalhada e menos intensa a radiação. Observe a ilustração.

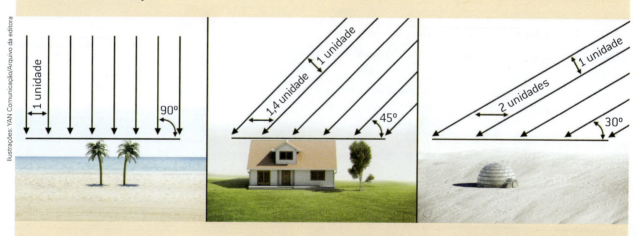

(Elementos representados em tamanhos não proporcionais entre si. Cores fantasia.)

Quanto maior a altura, maior a radiação solar recebida.

II. Interação da radiação solar com a atmosfera

Se a altura do Sol diminui, o percurso dos raios solares através da atmosfera aumenta, com isso a radiação solar é mais absorvida, refletida e espalhada na atmosfera, reduzindo a intensidade da radiação solar na superfície da região. Observe a ilustração.

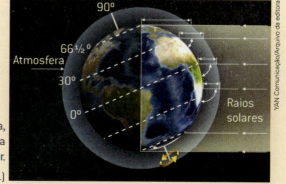

Variação da altura do Sol com a latitude. Se a altura do Sol é pequena, os raios que atingem a Terra percorrem distância maior na atmosfera e, consequentemente, a radiação solar nessa região será menor.

(Elementos representados em tamanhos não proporcionais entre si. Cores fantasia.)

❯ A Lua e seus movimentos

A Lua, satélite natural da Terra, executa três tipos de movimento. O primeiro é o de translação em torno da Terra; o segundo, como a Lua acompanha a Terra, ela também executa um movimento de translação ao redor do Sol. E o terceiro é o de girar em torno do próprio eixo, descrevendo, assim, um movimento de rotação.

Como os movimentos de translação em torno da Terra e de rotação em torno de seu eixo têm a mesma duração, a face da Lua que vemos da Terra é sempre a mesma. Portanto, para nós, o outro lado da Lua está sempre oculto.

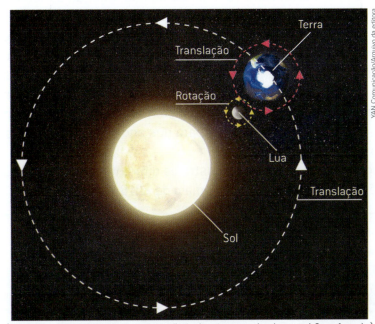

(Elementos representados em tamanhos e distâncias não proporcionais entre si. Cores fantasia.)

Os três movimentos da Lua em relação ao plano de translação da Terra.

Dizemos que a Lua tem rotação sincronizada com a translação. Observe nas ilustrações a seguir como seria o movimento da Lua sem rotação sincronizada e com rotação sincronizada.

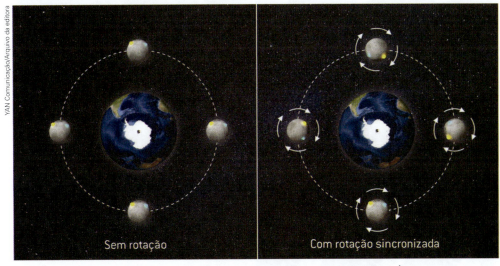

(Elementos representados em tamanhos e distâncias não proporcionais entre si. Cores fantasia.)

Devido ao movimento de rotação sincronizado, vemos sempre a mesma face da Lua.

Leia também!

Trombada interplanetária. Revista *Ciência Hoje das Crianças*. Disponível em: <http://chc.org.br/trombada-interplanetaria/> (acesso em: 21 jul. 2018).

Nesse artigo você encontra uma possível resposta para a pergunta "Como a Lua surgiu?".

Capítulo 13 • Sistema Sol-Terra-Lua **203**

Lela também!

As fases da Lua e sua influência no dia a dia. Revista *Ciência Hoje das Crianças*. Disponível em: <http://chc.org.br/ as-fases-da-lua- e-sua-influencia- no-dia-a-dia/> (acesso em: 21 jul. 2018).

Nesse artigo você encontra as interpretações indígenas para cada período lunar.

Fases da Lua

Embora vejamos sempre o mesmo lado da Lua, o aspecto dela vai mudando ao longo do tempo. O intervalo de tempo médio entre duas fases iguais conse- cutivas é de 29 dias, 12 horas, 44 minutos e 2,9 segundos, ou seja, aproxima- damente 29,5 dias. Esse período é chamado **mês sinódico** ou **lunação.**

Observando a Lua a cada dia, ao longo do mês, vemos que ela apresenta aspectos diferentes que podem ser agrupados em fases, descritas a seguir.

Na fase **nova**, a Lua está localizada entre o Sol e a Terra, e a face visível não está iluminada. Então, à medida que a posição da Lua muda em relação à Terra e ao Sol, a face visível começa a ser iluminada. Quando a metade dessa face está iluminada, temos a fase conhecida como **quarto crescente**. Pouco a pou- co, a face visível e iluminada vai aumentando até estar totalmente iluminada. Nesse momento temos a fase **cheia** e a Terra ocupa uma posição entre o Sol e a Lua. A seguir, a face visível e iluminada começa a diminuir progressivamente. Quando só metade da face visível estiver iluminada, teremos a lua em **quarto minguante**. Quando a Lua ficar de novo com a face iluminada totalmente volta- da para o Sol, portanto não visível para nós aqui na Terra, teremos a lua nova, e o ciclo lunar se repete.

A sequência de ilustrações mostra os diferentes aspectos da Lua, vista do hemisfério sul da Terra, no mês de maio de 2018.

Semana do ano	Segunda- -feira	Terça-feira	Quarta-feira	Quinta-feira	Sexta-feira	Sábado	Domingo
18		1 99% visível	2 96% visível	3 91% visível	4 85% visível	5 78% visível	6 69% visível
19	7 Quarto minguante	8 51% visível	9 41% visível	10 32% visível	11 23% visível	12 15% visível	13 8% visível
20	14 3% visível	15 Lua nova	16 1% visível	17 3% visível	18 9% visível	19 17% visível	20 26% visível
21	21 37% visível	22 Quarto crescente	23 59% visível	24 70% visível	25 79% visível	26 87% visível	27 93% visível
22	28 97% visível	29 Lua cheia	30 99% visível	31 98% visível			

Ilustrações: YAN Comunicação/Arquivo da editora

Metade e quarto

Se nas fases da lua em quarto crescente e quarto minguante nós vemos a metade da face visível iluminada, por que essas fases são chamadas de quarto? Para responder a essa pergunta, vamos usar uma bola de isopor como modelo da Lua.

Como você já sabe, nós vemos somente uma face da Lua, ou seja, metade dela. Para representá-la, usaremos metade da bola de isopor.

Vista frontal de metade da bola de isopor.
(Elementos representados em tamanhos não proporcionais entre si. Cores fantasia.)

Na imagem da página anterior, com o calendário lunar de maio de 2018, podemos ver que, a partir do dia primeiro de maio a Lua vai diminuindo sua "face cheia", até que no dia 7 somente metade da face visível da Lua está iluminada, ou seja, $\frac{1}{4}$ da esfera está iluminada, passando, a partir daí, para a fase minguante, até que no dia 15 ela atinge o primeiro dia de lua nova, não ficando visível a olho nu para nós na Terra.

A partir do dia 16, a metade visível da Lua vai ficando parcialmente iluminada até chegar à metade, ou seja, $\frac{1}{4}$ da esfera iluminada no dia 22, continuando a receber iluminação até atingir a fase "cheia" no dia 29, recomeçando o ciclo.

Portanto, o nome quarto vem do fato de estarmos vendo, na realidade, um quarto da esfera iluminada.

> Eclipse

O termo eclipse provém do latim *eclipsis*, cuja origem é um vocábulo grego que significa 'desaparição'. Em nossos estudos definimos eclipse como o fenômeno que ocorre quando um astro se interpõe a outro, impedindo que a luz da estrela chegue até ele. Da Terra, podemos observar eclipses parciais ou totais do Sol e da Lua.

Eclipse da Lua

A Lua é iluminada pelo Sol mesmo na lua nova, quando sua face iluminada está voltada para o Sol e não é vista da Terra. Porém, existe uma situação na qual a Lua não é iluminada pelo Sol: o eclipse lunar.

Acesse também!

Astronomia e Astrofísica UFRGS.
Endereço eletrônico do Departamento de Astronomia do Instituto de Física da Universidade Federal do Rio Grande do Sul. Disponível em: <http://astro.if.ufrgs.br/> (acesso em: 21 ago. 2018).

Nesse endereço há diversos artigos sobre o tema, com uma linguagem bastante agradável ao leitor.

Os eclipses lunares ocorrem quando o Sol, a Terra e a Lua estão alinhados e a Lua atravessa o cone de sombra projetado pela Terra no espaço, como mostra a figura a seguir.

Eclipses da Lua

Eclipse lunar penumbral
A Lua passa pela penumbra.

Eclipse lunar parcial
Parte da Lua passa pela umbra.

Eclipse lunar total
Toda a Lua passa pela umbra.

Nos eclipses lunares, que só ocorrem na fase cheia da Lua e quando Sol, Terra e Lua estão alinhados, a Lua percorre a sombra projetada pela Terra no espaço. Esses eclipses somente podem ser observados da parte da Terra em que é noite.

(Elementos representados em tamanhos e distâncias não proporcionais entre si. Cores fantasia.)

O cone de sombra projetado pela Terra é composto de duas regiões: a umbra e a penumbra. A umbra é a região mais interna, onde a luz do Sol não incide. A penumbra é a região mais externa, semi-iluminada pela luz do Sol.

Um observador posicionado na parte da Terra que está voltada para a Lua percebe que ela vai sendo encoberta pela sombra da Terra até perder o brilho totalmente. Nessa posição, em que a Lua não recebe luz direta do Sol, dizemos que ocorre um eclipse total. Essa situação pode durar até um pouco mais de uma hora.

Saindo da umbra e adentrando na penumbra, a intensidade do brilho da Lua vai aumentando gradativamente. Um eclipse lunar total com a Lua passando pela penumbra, pela umbra e novamente pela penumbra pode durar de três horas a um pouco mais de cinco horas. É importante observar que esse fenômeno não acontece todo mês, a cada lua cheia, pois ele depende do alinhamento dos planos das órbitas da Terra e da Lua.

 EM PRATOS LIMPOS

Lua Vermelha

Como o plano da órbita da Lua está inclinado em relação ao plano da órbita que a Terra realiza ao redor do Sol, não ocorrem eclipses em todas as fases da Lua.

Em geral, a Lua não desaparece completamente na sombra da Terra, mesmo durante um eclipse total. Na realidade, ela perde todo o brilho resultante da iluminação direta do Sol.

Ela adquire uma tonalidade avermelhada devido à refração e à dispersão dos raios solares pela atmosfera terrestre. No momento do eclipse, as condições atmosféricas também contribuem para a cor da Lua, que pode se apresentar alaranjada, avermelhada ou até mesmo marrom-escura. Partículas em suspensão geradas por erupções vulcânicas também colaboram para avermelhar ou escurecer ainda mais a Lua.

Eclipse do Sol

Da Terra também podemos ver o eclipse do Sol, que ocorre quando a Lua fica alinhada entre a Terra e o Sol.

Por alguns minutos, a sombra da Lua sobre uma região da Terra impede que as pessoas que estão no cone de sombra recebam a luz do Sol. Mesmo assim, é possível observar uma coroa brilhante ao redor da Lua, a coroa solar. Quem estiver na região da penumbra pode observar um eclipse parcial.

As pessoas que estão fora da umbra e da penumbra não verão nenhum eclipse.

Fotografia de evento de eclipse total do Sol.

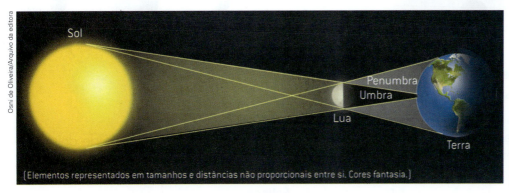

Esquema de um eclipse solar. Observe as regiões de umbra e penumbra.

UM POUCO MAIS

Cuidados na observação de eclipses do Sol

Observar o Sol sem os cuidados corretos pode causar danos irreversíveis aos olhos e até cegueira. Por isso, nunca observe o Sol diretamente, ou com binóculos, lunetas ou telescópios sem os filtros solares profissionais.

Para a observação de um eclipse do Sol em casa, sem equipamentos, deve-se fazer uma imagem projetada dele em uma parede que esteja na sombra, da seguinte maneira: coloque uma cartolina opaca com um pequeno furo circular de 1 cm de diâmetro sobre um espelho plano qualquer; faça incidir a iluminação solar sobre o espelho; projete a imagem do Sol na parede.

Para mais informações, consulte o *site* do Observatório Astronômico Frei Rosário, da UFMG, disponível em: <www.observatorio.ufmg.br/dicas08.htm> (acesso em: 5 jun. 2018).

NESTE CAPÍTULO VOCÊ ESTUDOU

- O conceito de movimento.
- O que são os movimentos de rotação e de translação da Terra.
- As consequências dos movimentos de rotação e de translação da Terra.
- Os fatores que determinam a ocorrência das estações do ano.
- As fases da Lua.
- O que são e como ocorrem os eclipses.

Capítulo 13 • Sistema Sol-Terra-Lua

ATIVIDADES

PENSE E RESOLVA

1 Observe a ilustração e responda às questões:

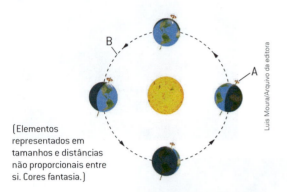

(Elementos representados em tamanhos e distâncias não proporcionais entre si. Cores fantasia.)

a) Quais são os movimentos da Terra indicados pelas letras A e B?

b) Explique esses movimentos.

c) Quanto tempo, aproximadamente, a Terra demora para realizar esses movimentos por completo?

d) Qual dos movimentos, **A** ou **B**, está associado à ocorrência de dias e noites? Por quê?

e) Qual dos movimentos, **A** ou **B**, associado à inclinação do eixo da Terra, está relacionado com a ocorrência das estações do ano?

2 Analise a ilustração e, depois, responda à questão.

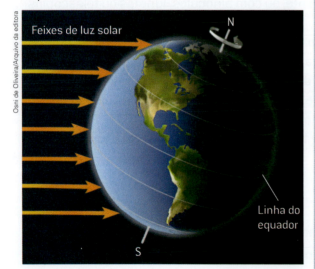

(Elementos representados em tamanhos e distâncias não proporcionais entre si. Cores fantasia.)

No verão, o polo da Terra mais inclinado em direção ao Sol recebe mais luz e calor. Na ilustração acima, quais estações estão ocorrendo nos hemisférios norte e sul?

3 No esquema a seguir está representada uma visão que alguém teria se estivesse muito afastado da Terra. Indique as fases da Lua nas posições que faltam. (Elementos representados em tamanhos e distâncias não proporcionais entre si. Cores fantasia.)

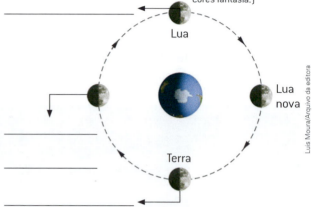

4 Observe as ilustrações abaixo de dois tipos de eclipse e faça o que se pede.

A – Eclipse _____

B – Eclipse _____

(Elementos representados em tamanhos e distâncias não proporcionais entre si. Cores fantasia.)

a) Indique acima a ilustração que representa: o eclipse lunar; o eclipse solar.

b) Em qual dos eclipses, para um observador localizado na Terra, a Lua não reflete a luz direta do Sol, e em qual deles o Sol deixa momentaneamente de ser visível por completo?

c) Os dois eclipses podem ocorrer simultaneamente? Justifique.

SÍNTESE

▶ Observe a fotografia ao lado, que mostra a Terra e a Lua. Depois, responda às questões a seguir.

a) O Sol deve estar à esquerda ou à direita da fotografia? Justifique.

b) Na fotografia, é dia ou noite na face esquerda da Terra? Por quê?

c) Escreva um pequeno texto explicando os dois principais movimentos da Terra e indicando a duração de cada um deles.

DESAFIOS

1 O gráfico abaixo mostra temperaturas médias fictícias, em graus Celsius (°C), no estado de Roraima. A fotografia mostra um dos marcos construídos no local por onde passa a linha do equador no Brasil.

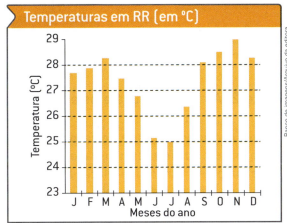

(Dados fictícios para fins didáticos.)

a) Consulte em um atlas o mapa com a divisão política do Brasil e dê o nome dos estados brasileiros por onde passa a linha do equador.

b) De acordo com o gráfico, em quais meses ocorreram as menores temperaturas?

c) Os meses em que ocorreram as menores temperaturas correspondem a qual estação do ano?

d) Nas regiões equatoriais, próximas da linha do equador, as variações de temperatura durante as estações do ano são muito pequenas. Qual é o valor aproximado da diferença entre a maior e a menor temperatura em Roraima?

e) É possível nevar em Roraima? Justifique.

2 A ilustração a seguir foi retirada de um artigo sobre o eclipse lunar que seria visto no Brasil. As horas mencionadas estão de acordo com o horário oficial de Brasília.

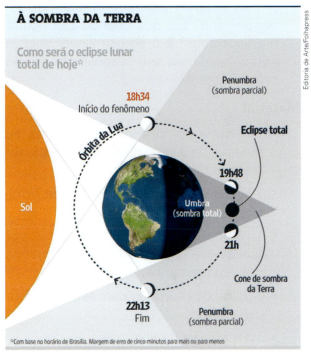

Fonte: Instituto Nacional de Pesquisas Espaciais (INPE).

(Elementos representados em tamanhos e distâncias não proporcionais entre si. Cores fantasia.)

Analise o esquema e responda.

a) Na representação da Terra, o Brasil está voltado para o Sol ou para a Lua? Essa representação está correta?

b) Qual é a duração desse eclipse?

c) Quanto tempo durou a fase total do eclipse?

d) Essa ilustração foi utilizada como esquema para representar um fenômeno natural. Porém, se fôssemos rigorosos, poderíamos apontar nela três falhas. Você consegue identificá-las?

PRÁTICA

Simulando eclipses

Objetivo

Criar um modelo utilizando isopor e lanterna potente para simular a ocorrência de dias e de noites. Isso ajudará a compreender como ocorrem as estações do ano.

Essa atividade possibilitará que você tire algumas dúvidas que podem ter ficado após o estudo deste capítulo, como: Por que os eclipses ocorrem só algumas vezes por ano? Em que fase da Lua ocorre o eclipse solar? E o eclipse lunar? Você já notou que é mais raro observar um eclipse solar? Por quê?

Material

- 1 lanterna potente (ou retroprojetor, ou projetor de *slides*, ou lâmpada), que representará o Sol
- 1 bola de isopor pequena (cerca de 2 cm), que representará a Lua
- 1 globo terrestre ou uma bola de isopor grande (de 15 cm a 20 cm de diâmetro), que representará a Terra
- 1 palito de churrasco para segurar o modelo da Lua
- Tinta guache de duas cores

> **ATENÇÃO!**
> Este experimento deve ser acompanhado por um adulto.

Procedimento

Parte 1: O dia e a noite

1. Peça a um adulto que fure a bola de isopor grande com o palito de churrasco para construir o modelo do planeta Terra. O palito deve percorrer o centro do isopor, atravessando-o do "polo norte" ao "polo sul" (a bola de isopor já vem com uma marcação na divisão do meio). Pinte o hemisfério norte de uma cor e o hemisfério sul de outra. Colocando o modelo da Terra em frente à lanterna acesa, perceba em qual lado do modelo é dia e em qual lado é noite.

2. Gire a bola que representa a Terra e observe que as regiões escuras vão sendo iluminadas, simulando o dia e a noite. É graças ao movimento de rotação da Terra que todo o planeta recebe a luz solar.

3. Posicione o globo terrestre (ou a bola de isopor) em relação à fonte de luz, como na figura abaixo. Você estará representando o verão no hemisfério sul terrestre.

4. Mantendo essa posição, gire a Terra em torno do seu eixo de rotação e observe que no polo sul terrestre será sempre dia e no polo norte terrestre será sempre noite.

(Elementos representados em tamanhos não proporcionais entre si. Cores fantasia.)

Parte 2: As fases da Lua e os eclipses

> Antes de iniciar esta parte, perceba que a Lua gira em torno da Terra em um plano de órbita ligeiramente inclinado em relação ao plano de órbita da Terra ao redor do Sol.

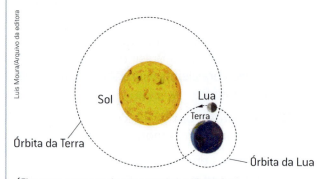

(Elementos representados em tamanhos e distâncias não proporcionais entre si. Cores fantasia.)

1. Para esta etapa, é mais fácil posicionar o globo terrestre sobre uma mesa. Posicione o modelo da Lua no lado oposto ao do Sol, um pouco acima dele, com a Terra no meio. Observe que uma face da Lua está totalmente iluminada pelo Sol e voltada para o lado da Terra que não recebe luz (noite). Quem está na Terra verá uma noite de fase cheia da Lua (figura **A**).

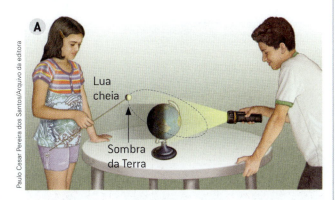

2. Mova a Lua para dentro da região de sombra da Terra; observe que a Lua vai deixando de receber a luz do Sol. Quando a Lua está totalmente dentro da sombra da Terra, quem está na superfície terrestre observa um eclipse total da Lua. Essa simulação não representa em escala as distâncias nem os tamanhos dos astros, por isso parece que o eclipse lunar é visível em toda a superfície da Terra onde é noite, mas isso não acontece.

3. Posicione a Lua no mesmo lado que o Sol. Observe que a face da Lua voltada para a Terra não está iluminada. É lua nova.

4. Para simular um eclipse do Sol, alinhe a Terra, a Lua e o Sol. Assim, a sombra da Lua atingirá a superfície da Terra (figura **B**). Observe que, como a Lua é bem menor do que a Terra, somente uma parte da superfície terrestre está encoberta pela sombra da Lua. Na realidade, somente o observador nessa região vê o eclipse total do Sol e o dia parece noite durante 1 a 3 minutos aproximadamente! Quem estiver fora do cone de sombra não percebe os efeitos do eclipse total do Sol.

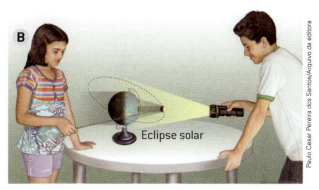

5. Para observar todas as fases da Lua, vá girando pouco a pouco a Lua em torno da Terra (figura **C**).

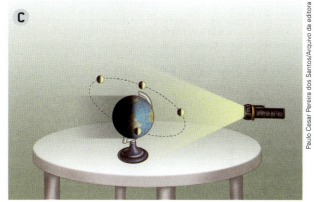

Discussão final

1. Usando os mesmos materiais, como você deve proceder para representar todas as estações do ano no hemisfério sul terrestre?

2. Em seu caderno, faça um resumo da atividade prática e anote suas observações.

> **ATENÇÃO!**
>
> Este experimento deve ser acompanhado por um adulto.

Capítulo 14
Climas terrestres e sua formação

Marcos Amend/Pulsar Imagens

Foto aérea de trecho da Floresta Amazônica cortado pelo rio Tapajós. Itaituba (PA), 2017.

O clima na Terra varia bastante de acordo com a região. Em um país com as dimensões do Brasil, essas variações climáticas podem ser facilmente observadas e percebidas entre os biomas.

Na Amazônia, em geral o clima é quente e úmido, bem diferente do que ocorre nos Pampas gaúchos, onde as temperaturas são mais amenas e as chuvas menos intensas e constantes, por exemplo. Mesmo em níveis mais restritos de território essa variação climática pode ser identificada. No estado de Minas Gerais, por exemplo, temos um clima no sul, onde as chuvas costumam ser intensas no verão, e outro no norte, que sofre com longos períodos secos, típicos das regiões de clima semiárido.

Por que, afinal, existem diferentes tipos de clima no mundo e em nosso país? Quais condições interferem nas mudanças climáticas de uma região? São as estações do ano que definem o clima? Estação do ano é sinônimo de clima?

Neste capítulo você poderá responder a essas e a outras questões relacionadas ao clima.

❭ De que precisamos para analisar e prever o clima?

Antes de analisar e fazer previsões sobre o clima, precisamos entender o que ele significa. **Clima** pode ser definido como o conjunto das condições atmosféricas (e suas variações) em um determinado local.

A relação entre a Terra e o Sol, por exemplo, é um fator importante para a definição do clima nas diversas regiões do planeta.

O clima de uma região é resultado de uma complexa rede de relações, cujos agentes nem sempre atuam da mesma forma ou com a mesma intensidade.

Nesse estudo, partiremos de uma visão de fora da Terra para atingir as condições mais particulares de locais específicos na Terra.

❭ A relação entre a Terra e o Sol

No capítulo anterior você já estudou algumas das relações entre a Terra, o Sol e a Lua. Algumas dessas interações são importantes para o estabelecimento do clima na Terra. Entre elas deve-se destacar:

- A rotação da Terra sobre seu próprio eixo dura aproximadamente 24 horas e, em consequência disso, temos períodos iluminados, chamados dia (período em que parte da Terra está voltada para o Sol, recebe radiação e se aquece – energia térmica), e períodos sem iluminação, chamados noite (período em que parte da Terra não está voltada para o Sol).

- Quando os raios solares atingem a Terra verticalmente, eles são mais concentrados e aumentam a radiação solar por área, como ocorre próximo à linha do equador. Quanto maior a altura solar (a altura do Sol no céu), mais concentrada e intensa é a radiação. Se a altura do Sol diminui, o percurso dos raios solares através da atmosfera aumenta, reduzindo a intensidade da radiação solar na superfície da região, como ocorre nas regiões mais próximas aos polos.

- A inclinação de 23,5° do eixo de rotação da Terra em relação à perpendicular ao plano definido pela órbita da Terra em torno do Sol (translação – em um período de 365 dias e 6 horas) torna possível a existência de quatro estações: primavera, verão, outono e inverno.

Incidência dos raios solares na Terra. Note que, nas regiões próximas aos polos, os raios solares atingem a superfície da Terra de maneira menos direta, ou seja, com um ângulo maior. Isso faz com que a intensidade dos raios solares seja menor nessas áreas e, por isso, elas são mais frias.

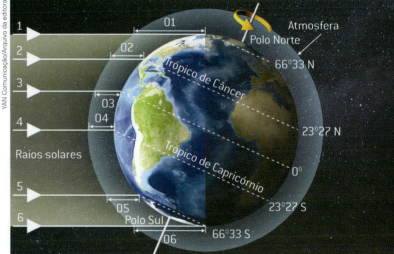

Fonte: UNIVERSIDADE FEDERAL DO PARANÁ. Departamento de Física. Disponível em: <http://fisica.ufpr.br/grimm/aposmeteo/cap2-1.html>. Acesso em: 23 jul. 2018.
(Elementos representados em tamanhos e distâncias não proporcionais entre si. Cores fantasia.)

Percurso anual da Terra em relação ao Sol e estações do ano no hemisfério sul do planeta.

Capítulo 14 • Climas terrestres e sua formação   213

❯ A atmosfera terrestre

No volume do 6º ano desta coleção, você estudou que a atmosfera da Terra é constituída de uma fina camada formada por gases que, em função da atração gravitacional, não se dispersam no espaço. A atmosfera pode ser dividida em camadas segundo as suas características de altitude e de temperatura.

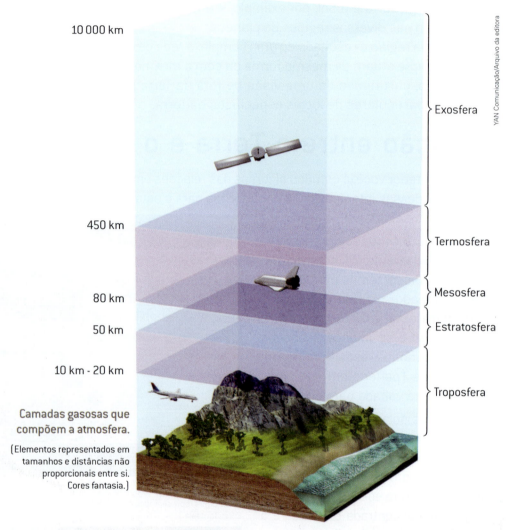

Camadas gasosas que compõem a atmosfera.
(Elementos representados em tamanhos e distâncias não proporcionais entre si. Cores fantasia.)

É na atmosfera que ocorrem os fenômenos estudados pelos meteorologistas (pesquisadores que fazem a previsão do tempo) e que tentam nos informar previamente se teremos um final de semana ensolarado ou um dia frio e chuvoso. Mesmo sendo especialistas no **clima** da Terra, os meteorologistas realizam a previsão do **tempo**.

Mas, afinal, qual é o correto: *clima* ou *tempo atmosférico*?

As variações do tempo ao longo de um dia, mês ou ano são determinadas pelas características climáticas e pelas próprias estações do ano. Como já vimos, são a inclinação do eixo da Terra e o movimento de translação os fatores que explicam a existência e a alternância das estações do ano. Cada estação do ano, por sua vez, apresenta condições e variações específicas de temperaturas médias, mínimas e máximas, bem como de pluviosidade (medida da quantidade de chuva).

Tempo atmosférico

É comum observarmos em vários meios de comunicação imagens que ilustram a previsão do tempo. Nelas aparecem diversas informações, como variações de temperatura, nebulosidade, possibilidade de chuva, velocidade do vento, entre outras.

A análise dessas informações nos mostra como os elementos do tempo atmosférico são dinâmicos, variando a cada dia.

No gráfico abaixo podemos observar que em uma data fictícia, na cidade do Rio de Janeiro, tanto a temperatura (gráfico de linha) como a nebulosidade (quantidade de nuvens no céu representada ao longo dos dias) variam em um intervalo de tempo curto. Isso mostra como a atmosfera é instável e como elementos do tempo atmosférico como temperatura, ventos e quantidade de nuvens se modificam constantemente.

Em um dia ensolarado de verão, por exemplo, o forte calor pode proporcionar a formação de chuvas convectivas, também chamadas de **chuvas de verão**, quando o ar quente e úmido se eleva, resfria, e precipita uma chuva de grande intensidade, mas com curto período de duração.

Portanto, o **tempo atmosférico** pode ser definido como o conjunto de condições relacionadas a temperatura, umidade, pressão, vento e presença ou ausência de precipitações de um determinado local da atmosfera num dado momento.

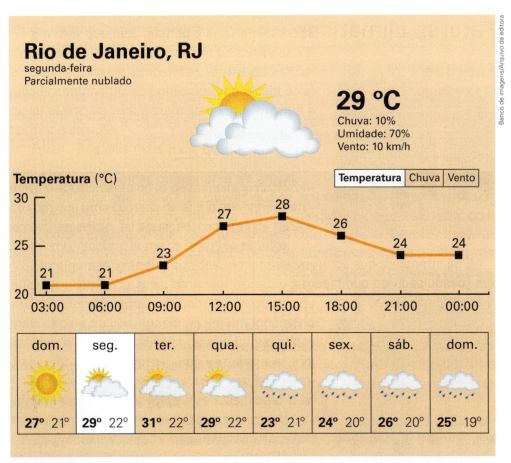

Previsão fictícia do tempo de domingo a domingo, com referência numa segunda-feira, no Rio de Janeiro (RJ).
(Dados fictícios para fins didáticos.)

Capítulo 14 • Climas terrestres e sua formação

Clima atmosférico

Para compreender as características climáticas de uma determinada região, é necessário observar e registrar as variações no tempo atmosférico ocorridas nos lugares ao longo de muitos anos, medidas a partir de **elementos climáticos**, com os quais conseguimos caracterizar e, assim, definir os diferentes tipos de clima.

> **Elementos climáticos:** radiação solar, pressão atmosférica, temperatura e umidade do ar.

Para fazer tal caracterização, entretanto, precisamos levar em conta e analisar não só os elementos climáticos, mas também os **fatores climáticos**, que são aqueles que, quando interagem entre si, afetam os elementos climáticos citados acima, fazendo-os variar.

> **Fatores climáticos:** altitude, massas de ar, latitude, relevo, maritimidade e continentalidade, vegetação e correntes marítimas.

Portanto, a formação dos tipos climáticos no nosso planeta está relacionada com a interação dos fatores climáticos entre si e com as condições específicas de cada região.

Fatores climáticos

Latitude

A latitude é uma descrição de localização medida em graus. Sua referência é a linha do equador e ela (a latitude) é calculada indicando o ângulo da distância de um ponto do meridiano de Greenwich (que é a linha usada como referência de 0° de longitude) até a linha do equador.

Meridiano de Greenwich: é uma linha imaginária que, mundialmente, convencionou-se usar como referência de 0° de **longitude**. Ela divide o planisfério em dois hemisférios: oriental (a leste do meridiano) e ocidental (a oeste do meridiano).

O meridiano de Greenwich corresponde à referência de 0° de longitude e recebeu esse nome por passar na localidade de Greenwich, Inglaterra.

Imagine que a Terra seja dividida em linhas imaginárias que "cortam" a superfície do planeta de norte a sul, como se fossem fatias (veja a imagem a seguir). A linha do equador é a única dessas linhas que divide a Terra em dois hemisférios idênticos e é a linha que serve de referência para todas as outras que se encontram paralelas a ela, recebendo por isso o nome de *paralelos*.

Variando de 0° a 90° norte e sul, as linhas que compõem as latitudes também são indicadores do clima da Terra. Conforme a sua proximidade com a linha do equador, a incidência de raios solares tende a ser perpendicular e a temperatura maior. Já em latitudes maiores, a temperatura diminui, pois os raios incidem com maior inclinação.

Influência da latitude no clima

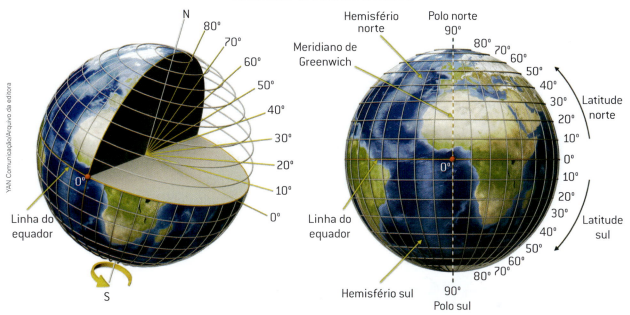

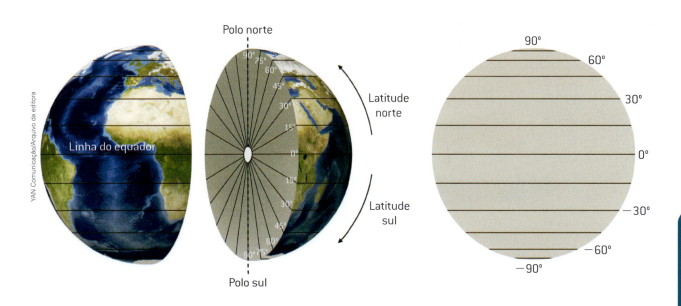

A linha do equador é a que marca a latitude 0°. As demais coordenadas são seus paralelos, que podem chegar até 90° nos polos, onde um ponto atinge a angulação máxima em relação à linha do equador: 90°.

Capítulo 14 • Climas terrestres e sua formação

Massas de ar

Massas de ar são grandes porções de ar que se deslocam na atmosfera. Elas possuem condições de temperatura, umidade e pressão mais ou menos homogêneas em relação aos seus locais de origem, isto é, onde foram formadas.

No que diz respeito à temperatura, existem as **massas de ar quente**, que se formam nos trópicos ou nas proximidades da linha do equador, e as **massas de ar frio**, formadas mais próximas das áreas polares.

Já com relação à presença de água, existem as **massas de ar úmido**, que são originadas em regiões litorâneas, oceânicas ou com vegetação densa, e as **massas de ar seco**, oriundas do continente.

Portanto, as massas de ar são responsáveis por levar suas características de umidade e temperatura para os lugares por onde passam, fazendo o tempo ficar mais seco ou chuvoso, mais frio ou mais quente pelo período em que se encontram em um determinado ponto do planeta.

O encontro entre duas massas de características distintas ocasiona uma área de turbulência denominada **frente**, geralmente marcada por eventos atmosféricos intensos, como chuvas e rajadas de vento. Quando esse contato ocorre entre duas massas de ar bastante carregadas de umidade, há formação das chuvas frontais (que recebem esse nome por que ocorrem justamente quando uma massa de ar frio se choca frontalmente com uma massa de ar quente), que costumam perdurar por vários dias.

As massas de ar são classificadas de acordo com região e latitude de origem. Veja a imagem abaixo.

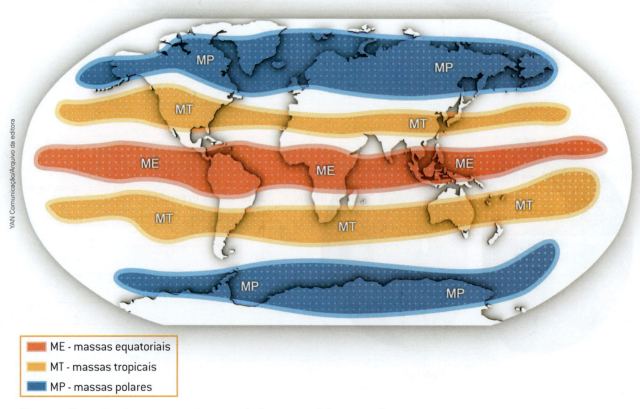

Esquema ilustrativo das massas polares, tropicais e equatoriais no mundo.

(Elementos representados em tamanhos não proporcionais entre si. Cores fantasia.)

Altitude

Conforme a altitude aumenta, ocorre uma diminuição da espessura da camada de gases acima desse local. Dessa forma, em picos acentuados o ar torna-se rarefeito, isto é, menos concentrado. Como há menor quantidade de ar, também será menor a pressão que essa camada de ar exerce nesses picos.

Quanto maior for a altitude, mais rarefeita será a camada atmosférica e menor será a interferência do efeito estufa nas camadas intermediárias e superiores da atmosfera. Dessa forma, na troposfera as temperaturas serão mais altas quanto mais próximos estivermos do nível do mar.

Na troposfera, quanto maior a altitude, mais rarefeito é o ar e menores são as temperaturas. Em média, a cada 100 metros a mais de altitude a temperatura fica 1 °C mais baixa.
(Elementos representados em tamanhos não proporcionais entre si. Cores fantasia.)

Relevo

O **relevo** atua como uma barreira natural à passagem de massas de ar carregadas de umidade. É comum a ocorrência de desertos próximos de grandes cordilheiras pela impossibilidade da passagem de massas de ar úmidas provenientes do oceano.

O relevo também pode influenciar na formação das chamadas **chuvas orográficas**, isto é, quando os ventos carregados de umidade sobem as encostas e provocam a formação de nuvens e chuvas. Toda a região da Baixada Santista, no estado de São Paulo, é alvo frequente desse tipo de chuva, cuja umidade proveniente do oceano Atlântico encontra na serra do Mar as condições propícias para sua propagação.

Os ventos úmidos provenientes do oceano são barrados pelo relevo e, ao ganhar altitude, resfriam-se e precipitam-se em forma de chuva orográfica.
(Elementos representados em tamanhos não proporcionais entre si. Cores fantasia.)

Maritimidade e continentalidade

São fatores climáticos ligados à proximidade (ou distância) dos oceanos ou de grandes corpos de água. Por conta disso, esses fatores terão uma relação muito direta com a umidade do ar no local, bem como as diferentes capacidades que áreas continentais e oceânicas têm de reter calor. Isso tudo leva as regiões a terem diferentes **amplitudes térmicas**.

De forma geral, verificamos a ocorrência de **maritimidade** em lugares úmidos, cuja presença de água na forma líquida ou gasosa é grande, e a temperatura tende a se manter mais estável, diminuindo a amplitude térmica nessas regiões.

Já a **continentalidade** apresenta o efeito oposto, quando se observam índices muito baixos de umidade, como nos desertos, fazendo com que a diferença entre as temperaturas mínima e máxima fiquem muito grandes, configurando uma enorme amplitude térmica. Isso acontece exatamente porque as áreas continentais (e especialmente a areia) perdem muito mais rapidamente o calor absorvido durante o período de exposição ao Sol.

Amplitude térmica: é a diferença entre a temperatura mínima e a temperatura máxima de um local num determinado o período.

Capítulo 14 • Climas terrestres e sua formação

Vegetação

O regime de chuvas e a radiação solar de um lugar são fatores que influenciam muito o tipo de vegetação que vai se desenvolver. Ao mesmo tempo, a evapotranspiração (processo de perda de água dos organismos que vivem no solo e da vegetação) atua no clima aumentando a umidade do ar e provocando maior estabilidade térmica. Ou seja, clima e vegetação apresentam uma influência mútua. Ao observarmos os mapas de vegetação original e de clima do continente africano, por exemplo, é possível observar uma relação na disposição de ambos.

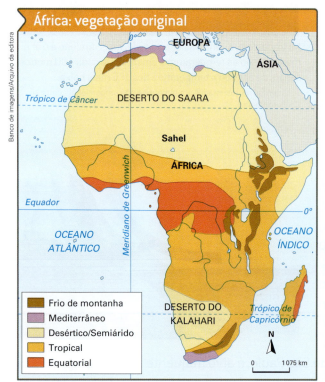

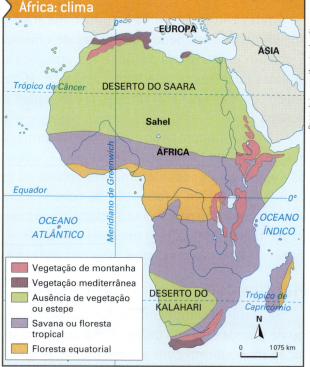

Nos mapas podemos observar como vegetação e clima ocupam basicamente as mesmas áreas. Isso ocorre porque eles são determinados e influenciados um pelo outro.

Elaborados com base em **L'atlas des 10-14 ans**. Paris: Nathan, 2017-2018. p. 10 e 11.

Correntes marítimas

As correntes marítimas correspondem à movimentação das águas oceânicas. As **correntes marítimas quentes**, provenientes das regiões intertropicais (ao Sul do trópico de Câncer e ao Norte do trópico de Capricórnio) promovem temperaturas elevadas e um regime de chuvas mais vigoroso nas regiões de seu entorno.

Em contraposição, os litorais que recebem **correntes marítimas frias** apresentam quedas em suas temperaturas e escassez de chuvas, pois as massas de ar que ali se formam costumam ser mais frias e secas devido às condições dessas correntes marítimas de baixa temperatura e, consequentemente, menor evaporação de água.

Podemos observar no mapa a seguir a rota de algumas correntes marítimas e a transformação de suas características de acordo com sua localidade.

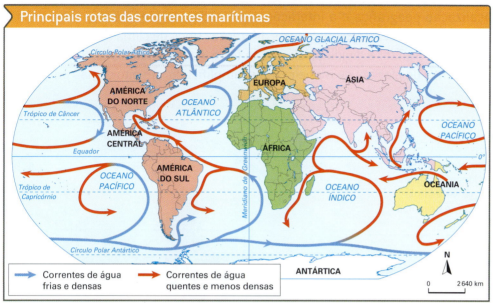

Ao circular perto da linha do equador, as correntes originalmente frias se tornam quentes, assim como ao passar por regiões polares as correntes quentes tornam-se frias.

Elaborado com base em CALDINI, Vera; ÍSOLA, Leda. **Atlas geográfico Saraiva**. 4. ed. São Paulo: Saraiva, 2013. p. 170.

A circulação geral da atmosfera

A circulação geral da atmosfera corresponde ao movimento de grande escala da atmosfera, através do qual o calor é distribuído pela superfície da Terra. As diferenças de temperatura dos polos e das regiões equatoriais, assim como dos continentes e dos mares, vão originar movimentos do ar que são muito importantes no tempo meteorológico.

Em baixas latitudes, isto é, mais próximas à linha do equador, a superfície da Terra recebe maior radiação do que aquela que perde. Já nos polos, a quantidade de radiação que se perde é maior do que a que é absorvida. Assim, pela diferença de pressão e impulsionadas pela rotação do planeta, ocorrem trocas gasosas entre essas localidades.

Esquema da circulação geral da atmosfera. As setas indicam o sentido de circulação dos ventos. Os ventos alísios (em verde) são constantes e úmidos, sendo o encontro dos ventos dos dois hemisférios. Os ventos ocidentais (em amarelo), prevalecentes em latitudes médias (entre as latitudes 30° e 60°), sopram de áreas de alta pressão em zonas subtropicais em direção aos polos. Já os ventos polares (em azul) se deslocam dos polos em direção às latitudes menores carregando ar frio e denso.

(Elementos representados em tamanhos não proporcionais entre si. Cores fantasia.)

INFOGRÁFICO

Climas do mundo

Considerando a localização geográfica e a interação entre todos os fenômenos, elementos e fatores climáticos, é possível identificar e regionalizar os diferentes tipos de clima do nosso planeta.

Há muitas maneiras de caracterizar e dividir os climas da Terra. Para facilitar o nosso estudo, optamos aqui por dividir os climas do planeta de maneira mais simplificada, em oito climas principais. Veja a seguir.

POLAR
Temperatura: frio o ano todo, com verões curtos e amenos. Invernos longos e rigorosos.
Pluviosidade: muito baixa, por vezes nula durante o ano todo. Ocorrência de neve nas quatro estações do ano.

FRIO DE MONTANHA
Temperatura: variável conforme a latitude.
Pluviosidade: variável; locais de chuvas esporádicas e raras; outros com chuvas mais constantes (embora nunca abundantes). Presença de gelo e neve no topo das montanhas garante temperaturas baixas o ano todo.

TEMPERADO CONTINENTAL
Temperatura: grande amplitude térmica e as quatro estações do ano bem definidas: verões quentes e invernos rigorosos.
Pluviosidade: entre moderada e baixa, com chuvas bem distribuídas ao longo de todo o ano, com exceção de algumas áreas no interior dos continentes, onde, devido à continentalidade, o clima é mais seco. Pode nevar entre meados do outono e início da primavera. No inverno quase sempre neva.

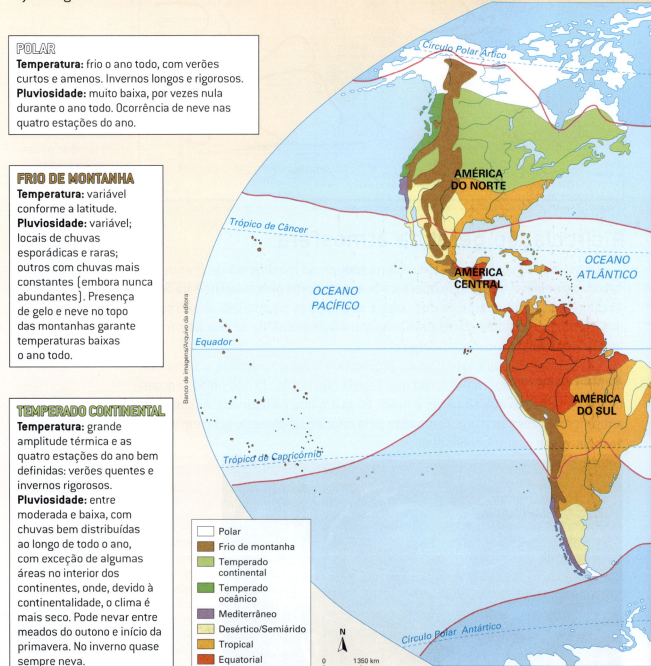

TEMPERADO OCEÂNICO
Temperatura: menor amplitude térmica em relação a sua versão continental; quatro estações do ano bem definidas com verões amenos e invernos frios.
Pluviosidade: chuvas moderadas bem distribuídas ao longo do ano. Ocorrência de neve concentradas no outono-inverno.

222

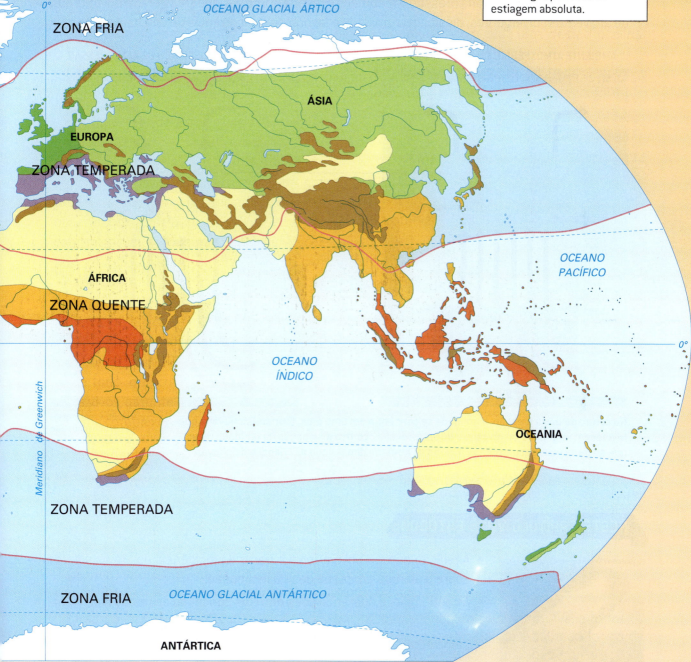

EQUATORIAL
Temperatura: baixa amplitude térmica anual, registra altas temperaturas o ano todo.
Pluviosidade: variável e períodos menos úmidos. A pluviosidade é alta e chove o ano todo. Não há ocorrência de neve.

TROPICAL
Temperatura: baixa amplitude térmica com verões quentes e invernos amenos.
Pluviosidade: duas estações do ano bem definidas: a estação de chuvas (quase sempre no verão) e a estação seca (quase sempre no inverno). Não há ocorrência de neve.

DESÉRTICO
Temperatura: com enorme amplitude térmica diária, as médias variam de acordo com a região de ocorrência do clima. Pode nevar no inverno, mas com intensidade bem reduzida.
Pluviosidade: muito baixa, com longos períodos de estiagem absoluta.

Elaborado com base em CALDINI, Vera; ÍSOLA, Leda. **Atlas geográfico Saraiva**. 4 ed. São Paulo: Saraiva, 2013. p. 170 e 171; **L'atlas des 10-14 ans**. Paris: Nathan, 2017-2018. p. 10 e 11.

MEDITERRÂNEO
Temperatura: grande amplitude térmica, com verões bem quentes e invernos frios.
Pluviosidade: duas estações do ano bem definidas: verões secos e chuvas concentradas no período frio. Ocorrência de neve no inverno.

223

UM POUCO MAIS

Alta e baixa pressão atmosférica

A pressão atmosférica é um dos fatores que determinam as condições do tempo.

Em um ambiente atmosférico de baixa pressão, temos condições mais propícias para a formação de nuvens e, portanto, com maior ocorrência de chuvas. Isso acontece porque os centros de baixa pressão criam um movimento do ar que converge para seu centro, concentrando umidade.

Já nos ambientes de alta pressão o fenômeno é inverso. Uma vez que eles geram movimentos de ar (ventos) divergentes, dissipam a umidade e favorecem a ocorrência de céu azul e limpo.

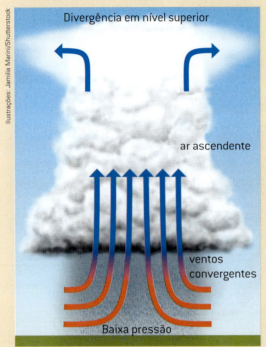

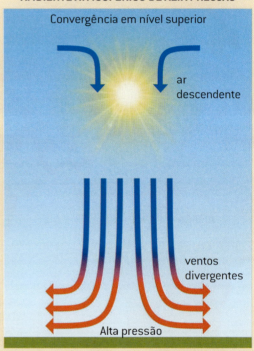

No centro de baixa pressão, a umidade se concentra em uma área, formam-se nuvens que favorecem as chuvas. Já no centro de alta pressão ocorre a dissipação da umidade do ar, que se torna mais seco e menos nuvens se formam, diminuindo as chances de chuvas.

(Elementos representados em tamanhos não proporcionais entre si. Cores fantasia.)

NESTE CAPÍTULO VOCÊ ESTUDOU

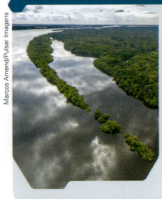

- A relação entre o Sol e a Terra a partir da incidência dos raios solares sobre o planeta em razão de sua inclinação.
- As definições e diferenciações entre os conceitos de tempo e de clima.
- Como usamos os elementos climáticos para caracterizar os climas e como esses elementos são determinados pelos fatores climáticos.
- A variação da temperatura atmosférica em razão dos elementos do clima.
- Como a energia circula pelo planeta Terra a partir do conceito de circulação geral da atmosfera.
- Os principais climas do mundo e suas características básicas.

ATIVIDADES

PENSE E RESOLVA

1 Observe as duas imagens a seguir. Nas duas imagens é verão e inverno nos mesmos hemisférios? Justifique sua resposta.

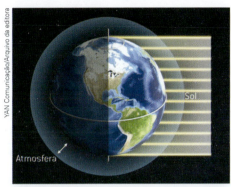

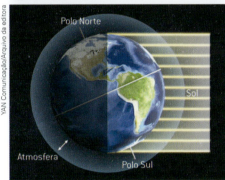

(Elementos representados em tamanhos não proporcionais entre si. Cores fantasia.)

2 Descreva a importância da atmosfera para os estudos do tempo e do clima.

3 Observe atentamente o gráfico de previsão do tempo para a cidade do Recife no dia 12/6/2018 e aponte as principais características das possíveis variações do tempo atmosférico para essa data.

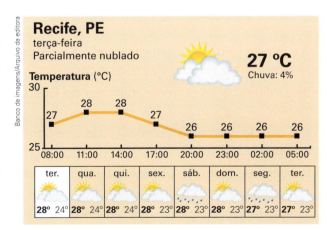

(Dados fictícios para fins didáticos. Cores fantasia.)

4 Leia o texto a seguir, típico de uma reportagem de previsão do tempo, e preencha as lacunas do texto escolhendo o termo correto entre os que aparecem nos parênteses.

A passagem de uma _____ (frente fria; massa de ar quente) vinda do Sul da Argentina deve interromper a sequência de dias ensolarados e quentes na capital paulista. O tempo nesta quarta-feira de Carnaval já deve ser diferente, com céu _____ (claro e sem nuvens; nublado) e possibilidade de _____ (neve; chuvas). As temperaturas não passarão de 24 °C.

5 A imagem mostra a chegada de uma frente fria ao estado de São Paulo, trazendo queda de temperatura e possibilidade de chuvas. Explique em poucas palavras como se forma uma frente fria e indique na sua resposta qual a condição básica para que ela seja capaz de trazer chuvas por onde passa.

Dados fictícios para fins didáticos.

A próxima questão é um teste de múltipla escolha. Indique a alternativa correta, e justifique. Apresente também justificativas para as demais alternativas estarem incorretas.

Capítulo 14 • Climas terrestres e sua formação 225

6 O inverno no hemisfério norte começa no solstício de inverno (21/12) e termina no equinócio da primavera (20/3). São os meses mais frios do ano. Observe as tabelas com as temperaturas médias dos meses de inverno das cidades de Londres e Moscou, que apresentam posição latitudinal similar e altitudes médias praticamente idênticas (35 m e 140 m, respectivamente).

LONDRES	
	Temperaturas médias (ºC)
Dezembro	+5,6
Janeiro	+4,9
Fevereiro	+5,0
Março	+7,2

(Dados fictícios para fins didáticos.)

MOSCOU	
	Temperaturas médias (ºC)
Dezembro	−6,2
Janeiro	−9,2
Fevereiro	−8,0
Março	−2,5

(Dados fictícios para fins didáticos.)

Agora observe o mapa com a localização de cada cidade e as correntes marítimas do globo:

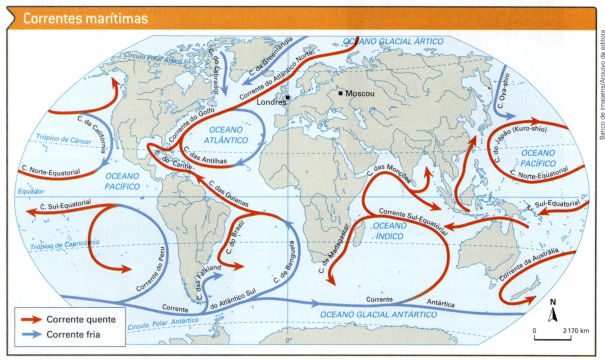

Elaborado com base em CALDINI, Vera; ÍSOLA, Leda. **Atlas Geográfico Saraiva**. 4. ed. São Paulo: Saraiva, 2013. p. 170.

Lembrando que a altitude e a latitude das cidades são praticamente idênticas, qual é a melhor alternativa que explica a diferença de temperaturas médias no inverno das duas cidades?

a) Londres tem invernos menos rigorosos pois sofre influência da corrente marítima do Golfo que é quente, aumentando as temperaturas médias.

b) Moscou tem invernos mais rigorosos pois é uma cidade com mais vegetação do que Londres que confere essa diminuição na temperatura média.

c) Moscou tem invernos mais rigorosos pois a cidade apresenta maior precipitação de neve no inverno, diminuindo as temperaturas médias.

d) Londres tem invernos menos rigorosos pois está mais longe do mar do que Moscou por isso sofre menos os efeitos da maritimidade que diminui as temperaturas médias.

7 Analise o mapa a seguir, que aponta as temperaturas médias do território brasileiro.

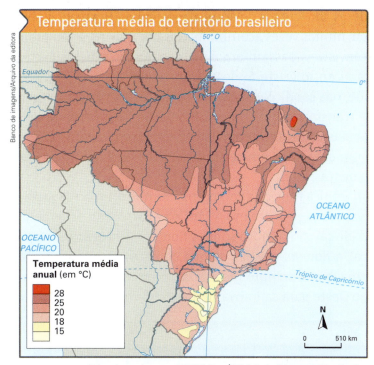

Elaborado com base em CALDINI, Vera; ÍSOLA, Leda. **Atlas geográfico Saraiva**. 4 ed. São Paulo: Saraiva, 2013. p. 39.

Como as diferenças de latitude verificadas no território brasileiro nos ajudam a compreender as diferenças nas temperaturas médias entre o sul e o norte do país?

SÍNTESE

▶ O conhecimento das características climáticas e as informações sobre as condições do tempo atmosférico muitas vezes são fundamentais nas decisões de investimentos econômicos de diferentes agentes da sociedade. Pensando nisso, realize o exercício a seguir.

I. Em pequenos grupos, você e os colegas devem criar uma empresa ou empreendimento imaginário que atue na sua cidade. Vocês podem escolher uma das opções abaixo:

a) indústria de roupas;

b) indústria de refrigeradores e ar condicionado;

c) empresa do setor de hotelaria;

d) vendedor ambulante autônomo;

e) loja de doces e sorvetes;

f) agricultor familiar;

g) loja de roupas;

h) empresa de turismo;

i) feirante.

II. Criem um nome e um logotipo para empresa/empreendimento e definam que tipo de serviço e produto vai oferecer.

III. Pesquisem sobre as características climáticas que a cidade ou a região em que vivem apresenta ao longo do ano. Descrevam como são as variações de temperatura e pluviosidade na sua cidade, levando em conta o clima característico da região.

IV. Façam um planejamento trimestral (baseado nas estações do ano) destacando em quais produtos e/ou serviços a empresa vai investir mais para oferecer em cada uma das estações do ano. Justifique sua escolha com base nas informações pesquisadas.

Capítulo 14 • Climas terrestres e sua formação

LEITURA COMPLEMENTAR

O fenômeno dos rios voadores

Os rios voadores são "cursos de água atmosféricos", formados por massas de ar carregadas de vapor de água, muitas vezes acompanhados por nuvens, e são propelidos pelos ventos. Essas correntes de ar invisíveis passam em cima das nossas cabeças carregando umidade da bacia Amazônica para o Centro-Oeste, Sudeste e Sul do Brasil.

Essa umidade, nas condições meteorológicas propícias como uma frente fria vinda do Sul, por exemplo, se transforma em chuva. É essa ação de transporte de enormes quantidades de vapor de água pelas correntes aéreas que recebe o nome de rios voadores – um termo que descreve perfeitamente, mas em termos poéticos, um fenômeno real que tem um impacto significante em nossas vidas.

A floresta amazônica funciona como uma bomba d'água. Ela puxa para dentro do continente a umidade evaporada pelo oceano Atlântico e carregada pelos ventos alísios. Ao seguir terra adentro, a umidade cai como chuva sobre a floresta. Pela ação da evapotranspiração das árvores sob o sol tropical, a floresta devolve a água da chuva para a atmosfera na forma de vapor de água. Dessa forma, o ar é sempre recarregado com mais umidade, que continua sendo transportada rumo ao Oeste para cair novamente como chuva mais adiante.

O caminho dos rios voadores

1. Na faixa equatorial do oceano Atlântico ocorre intensa evaporação. É lá que o vento carrega-se de umidade.

2. A intensa evapotranspiração e condensação sobre a Amazônia produz a sucção dos alísios, bombeando esses ventos para o interior do continente, gerando chuvas e fazendo mover os rios voadores.

3. Essa umidade avança em sentido Oeste até atingir a cordilheira dos Andes. Durante essa trajetória, o vapor de água sofre uma recirculação ao passar sobre a floresta.

4. Quando a umidade se encontrar com a cordilheira dos Andes, parte dela se precipitará novamente, formando a cabeceira dos rios da Amazônia.

5. A umidade que atinge a região andina em parte retorna ao Brasil, por meio dos rios voadores, e pode precipitar em outras regiões.

6. Na fase final, os rios voadores ainda podem alimentar os reservatórios de água do Sudeste e do Sul, dispersando-se pelos países fronteiriços, como Paraguai e Argentina.

Elaborado com base em Projeto Rios Voadores. Disponível em: <http://riosvoadores.com.br/o-projeto/fenomeno-dos-rios-voadores/> (acesso em: 7 ago. 2018).

Propelidos em direção ao Oeste, os rios voadores (massas de ar) recarregados de umidade – boa parte dela proveniente da evapotranspiração da floresta – encontram a barreira natural formada pela Cordilheira dos Andes. Eles se precipitam parcialmente nas encostas Leste da cadeia de montanhas, formando as cabeceiras dos rios amazônicos. Porém, barrados pelo paredão de 4 000 metros de altura, os rios voadores, ainda transportando vapor de água, fazem a curva e partem em direção ao Sul, rumo às regiões do Centro-Oeste, Sudeste e Sul do Brasil e aos países vizinhos.

É assim que o regime de chuva e o clima do Brasil se deve muito a um acidente geográfico localizado fora do país! A chuva, claro, é de suma importância para nossa vida, nosso bem-estar e para a economia do país. Ela irriga as lavouras, enche os rios terrestres e as represas que fornecem nossa energia.

Por incrível que pareça, a quantidade de vapor de água evaporada pelas árvores da floresta amazônica pode ter a mesma ordem de grandeza, ou mais, que a vazão do rio Amazonas (200 000 m³/s), tudo isso graças aos serviços prestados da floresta.

Estudos promovidos pelo INPA [Instituto Nacional de Pesquisas da Amazônia] já mostraram que uma árvore com copa de 10 metros de diâmetro é capaz de bombear para a atmosfera mais de 300 litros de água, em forma de vapor, em um único dia – ou seja, mais que o dobro da água que um brasileiro usa diariamente! Uma árvore maior, com copa de 20 metros de diâmetro, por exemplo, pode evapotranspirar bem mais de 1000 litros por dia. Estima-se que haja 600 bilhões de árvores na Amazônia: imagine então quanta água a floresta toda está bombeando a cada 24 horas!

Todas as previsões indicam alterações importantes no clima da América do Sul em decorrência da substituição de florestas por agricultura ou pastos. Ao avançar cada vez mais por dentro da floresta, o agronegócio pode dar um tiro no próprio pé com a eventual perda de chuva imprescindível para as plantações.

O Brasil tem uma posição privilegiada no que diz respeito aos recursos hídricos. Porém, com o aquecimento global e as mudanças climáticas que ameaçam alterar regimes de chuva em escala mundial, é hora de analisarmos melhor os serviços ambientais prestados pela floresta amazônica antes que seja tarde demais.

Disponível em: <http://riosvoadores.com.br/o-projeto/fenomeno-dos-rios-voadores/>. Acesso em: 12 jul. 2018.

Questões

1. De acordo com o texto, é correto afirmar que parte das chuvas que caem no Sudeste brasileiro é proveniente da Amazônia? Justifique sua resposta.

2. Com base nas informações do texto, analise o impacto da continuidade do desmatamento da Floresta Amazônica para a economia do Sudeste brasileiro.

3. O título do texto lido é "O fenômeno dos rios voadores" e no segundo parágrafo afirma-se que o termo descreve "perfeitamente" tal fenômeno. Pensando nisso, faça uma breve definição que explique o que são, afinal, esses rios voadores. Sua explicação deve justificar as duas palavras que formam o conceito, ou seja, explicar por que se trata de rios e se é possível dizer que são voadores.

Capítulo 14 · Climas terrestres e sua formação 229

Capítulo 15 — A previsão do tempo meteorológico

Andre Dib/Pulsar Imagens

Na fotografia, vemos uma tempestade se aproximar do Parque Nacional da Chapada dos Veadeiros, em Alto Paraíso de Goiás (GO), 2017.

No capítulo anterior, vimos que o tempo meteorológico consiste nas condições da atmosfera em um determinado local e momento, podendo apresentar variações ao longo de um dia, e que a sucessão desses eventos, similares e ao longo de um período, constitui o clima de uma região.

Você pode ir à escola pela manhã e sentir frio, na hora do almoço sentir calor e, ao final da tarde, tomar uma chuvinha na rua de sua casa e sentir frio novamente. Em um mesmo dia, você consegue perceber diversas mudanças no tempo. Será que é possível prevermos o que vai acontecer com o tempo para nos prevenirmos?

Neste capítulo, você vai responder a essas e a outras questões relacionadas à previsão do tempo.

❯ Previsão do tempo

A previsão do tempo meteorológico é fundamental para a sociedade. Muito mais do que simplesmente apontar quando vai fazer sol ou chover, essa área de estudos contribui para diferentes setores, como a agricultura, a aviação, o saneamento básico, o setor energético e também para a criação de estratégias de antecipação a desastres naturais, como tempestades e deslizamentos de encostas, e até para a área militar.

Atualmente, quando queremos saber a previsão do tempo, as informações mais básicas são facilmente encontradas na internet, estando ao nosso alcance até mesmo a partir de um telefone celular. Você já se perguntou como isso é possível?

Pois bem, o caminho é muito longo. Começa com as estações meteorológicas, locais onde se coletam dados como variação de temperatura, umidade do ar, pressão atmosférica e velocidade e direção de ventos, através de diferentes instrumentos.

Geada sobre o campo em Lages (SC), 2018.

Os aparelhos meteorológicos e seus dados na previsão do tempo

Os meteorologistas utilizam os dados obtidos nos diferentes aparelhos presentes em uma estação meteorológica para fazer previsões do tempo atmosférico. Vejamos algumas interpretações possíveis.

As variações das temperaturas máximas e mínimas registradas pelo **termômetro** durante o dia permitem que se possa compreender, em uma análise ao longo de dias, semanas ou meses, o comportamento das trocas de calor na atmosfera.

A medida da umidade relativa do ar indicada pelo **higrômetro** pode ser utilizada na previsão de chuvas e na avaliação da qualidade do ar, pois um ar muito seco pode acumular poluentes atmosféricos, causando nos seres humanos irritação nos olhos, dores de cabeça e comprometimento do sistema respiratório, agravando doenças pulmonares e alergias.

A análise da quantidade de chuvas que se acumula ao longo de um dia, de uma semana ou até mesmo durante um ano, medidas pelo **pluviômetro**, contribui para a criação de trabalhos preventivos com relação a riscos de enchentes e a áreas sujeitas a deslizamentos de terra. Suas informações também são úteis para a agricultura, orientando os períodos de plantio e colheita, e para a própria caracterização do clima de uma determinada região.

Os valores de pressão atmosférica medidos por um **barômetro**, juntamente com o conhecimento dos sistemas de alta e de baixa pressão, são importantes em diferentes aspectos. As baixas pressões estão associadas à ascensão do ar mais aquecido, o que contribui para a formação de nuvens. No caso das altas pressões, sua formação envolve o fortalecimento dos ventos e a dispersão das nuvens e das massas de ar.

Com base nas informações sobre a velocidade dos ventos, medidas pelo **anemômetro**, é possível determinar a movimentação das massas de ar e das frentes frias, em razão de os ventos serem os responsáveis por seu deslocamento.

Acompanhe no infográfico, nas próximas páginas, alguns desses instrumentos e suas funções na previsão do tempo em uma estação meteorológica.

INFOGRÁFICO

Estação meteorológica

A previsão do tempo é feita com base em dados colhidos em aparelhos que se encontram em uma estação meteorológica. Esses aparelhos medem variáveis meteorológicas e climáticas.

Termômetros de temperaturas máxima e mínima.

1 Termômetro

O termômetro é o instrumento que mede temperaturas. Nas estações meteorológicas brasileiras, os termômetros medem a temperatura do ar em graus Celsius (°C) utilizando em seu interior, em geral, o mercúrio, um metal líquido a temperatura ambiente. Os termômetros das estações de meteorologia podem registrar as temperaturas máximas e mínimas ocorridas ao longo de um dia.

Na fotografia, estação meteorológica em Urussanga (SC), 2015.

Anemômetro.

4 Anemômetro

Instrumento que mede tanto a velocidade dos ventos, em metros por segundo (m/s), como a direção dos ventos, medida a partir de ângulos em graus.

(Os elementos representados não apresentam proporção de tamanho entre si.)

Higrômetro.

2 Higrômetro

Aparelho que mede as variações da umidade relativa do ar (quantidade de água presente no ar até o limite de sua absorção – ponto de saturação – quando não fica mais incolor e transparente), medidas em porcentagem (%). Quando ocorre a ausência do vapor de água no ar, a umidade relativa é equivalente a 0%. Quando a umidade relativa do ar atinge seu ponto máximo de saturação, chegando a 100%, chove.

Barógrafo.

3 Barômetro

Aparelho que mede as variações de pressão atmosférica, indicadas em milímetros de mercúrio (mm Hg) ou milibares (mb). À medida que a pressão do ar aumenta, o mercúrio presente no barômetro é empurrado; quando a pressão do ar diminui, o nível de mercúrio recua. As medidas são registradas por um barógrafo.

Barômetro.

5 Pluviômetro

Mede a quantidade de chuvas ou precipitações em milímetros (mm). Sua estrutura é muito simples, baseada em um recipiente que armazena a água das chuvas, sendo necessários a coleta e o registro diário desses dados.

Pluviômetro.

233

EM PRATOS LIMPOS

A biruta dos aeroportos é um anemômetro?

Não, a biruta é complementar ao anemômetro. Trata-se de um instrumento mais simples, que apenas indica a direção e a intensidade dos ventos, muito comuns em aeroportos para contribuir na segurança das decolagens e aterrissagens.

Biruta.

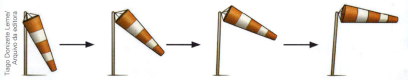

O esquema mostra a biruta movimentando-se de acordo com o vento.

As novas tecnologias usadas na previsão do tempo

A previsão do tempo também conta com um suporte tecnológico capaz de captar e enviar informações climáticas com precisão e rapidez. Muitas estações meteorológicas possuem instrumentos com sensores conectados a redes de informação, assim como Sistemas de Posicionamento Global (GPS), que oferecem a localização exata dos fenômenos climáticos.

São cada vez mais comuns produtos e serviços elaborados com base em dados coletados por radares e satélites em órbita na Terra. Esse monitoramento nos ajuda a acompanhar as mudanças do tempo meteorológico de forma constante, por exemplo, a dinâmica de movimentação de nuvens e as oscilações na temperatura de mares e oceanos.

Dessa forma, as tecnologias de previsão do tempo passaram a ter um caráter global, possibilitando a análise de fenômenos como furacões e tempestades polares, e também uma escala local, ajudando na criação de políticas de combate e prevenção de desastres ambientais, essenciais para a execução de sistemas de alerta e evacuação de populações em áreas de risco. No Brasil, por exemplo, o número de mortes por desastres naturais vem caindo desde a década de 1980, fruto do aprimoramento dos sistemas de detecção de riscos e alertas preventivos dados à população.

As imagens de satélite que geralmente são mostradas na mídia nas seções de previsão do tempo fornecem uma série de explicações acerca de como está o tempo no momento retratado. Com base nessas informações, os meteorologistas fazem previsões de como ele se comportará nas horas e até nos dias seguintes. Mas, afinal, como funcionam essas tecnologias?

Imagem de um satélite meteorológico.

234

Satélites meteorológicos e a rede de informações da meteorologia

Os satélites meteorológicos têm a função de monitorar o tempo atmosférico na superfície terrestre. Eles usam sensores para captar imagens, possibilitando observar não só a existência de nuvens, mas também suas eventuais condições de temperatura, pressão, velocidade de deslocamento, etc.

A maior parte dos satélites usados pertence a agências internacionais ligadas à Organização Meteorológica Mundial (OMM), um órgão da ONU. As informações coletadas por elas são disponibilizadas em tempo real para os centros meteorológicos que possuem uma estação de recepção, onde os meteorologistas compilam e analisam os dados.

No Brasil, todos esses dados são enviados para o Instituto Nacional de Meteorologia (INMET), que, posteriormente, produz um conjunto de documentos sobre os climas e as variações de tempo atmosférico brasileiros.

Mas não é só com satélites e outros instrumentos de terra e ar (como barômetros e balões atmosféricos) que a ciência meteorológica faz as análises das condições atmosféricas e, com isso, as previsões do tempo. São usados também radares, telescópios e, principalmente, supercomputadores capazes de lidar com a enorme base de dados advindos de toda essa complexa rede de coleta de informações.

Imagem de satélite mostra a formação do ciclone Catarina, ocorrido em 26/2/2004, próximo ao litoral brasileiro. Ciclone é um fenômeno característico de sistemas de baixa pressão, cujos ventos convergem para o centro e facilitam a formação de grandes tempestades.

O Instituto Nacional de Pesquisas Espaciais (INPE) recebe 160 milhões de dados acerca das condições atmosféricas por segundo! E a cada segundo seus computadores executam trilhões de cálculos com essas informações!

Claro que para lidar com esse volume de informações é necessário não só máquinas com uma altíssima capacidade de processamento, mas também profissionais capazes de analisar esses dados e, assim, fazer a previsão do tempo. Afinal, os computadores só fazem os cálculos. Quem os interpreta e analisa são os meteorologistas. Com as informações que eles nos fornecem sobre as condições meteorológicas, podemos desde decidir levar, ou não, um guarda-chuva ao sair de casa, escolher o melhor período para plantar, nos programarmos para invernos ou secas rigorosos e até nos protegermos de furacões, tornados e outras catástrofes naturais.

Capítulo 15 • A previsão do tempo meteorológico

As aplicações da meteorologia na economia

Saber com antecedência como estarão as condições atmosféricas nos próximos dias, semanas e até meses pode fazer toda a diferença na hora de tomar decisões estratégicas para uma fazenda, uma indústria ou até mesmo para um país inteiro.

A **agricultura** talvez seja a atividade econômica em que mais facilmente percebemos a influência da meteorologia, afinal, saber se e quando vai chover, nevar, gear ou estiar faz toda a diferença na hora de escolher o que e quando plantar. Não é à toa que as empresas especializadas em previsão meteorológica têm nos agricultores um importante mercado consumidor.

Mas não é só quem depende diretamente das condições atmosféricas que faz uso dessas informações. O setor de **serviços** também tem grande interesse nessas informações para aprimorar seus produtos, diminuir custos e amplificar seus lucros. Concessionárias de estradas e empresas de seguros, por exemplo, fazem uso dessas previsões para calcular gastos e criar estratégias para minimizá-los, garantindo aos usuários de seus serviços maior segurança.

A **indústria**, por sua vez, não fica atrás e empresas cujos produtos têm ligação direta com as condições do tempo atmosférico (indústria de roupas ou de ar-condicionado, por exemplo) fazem uso das previsões para decidir o lançamento ou as mudanças nas linhas de seus produtos, ao passo que setores como o da construção civil conseguem planejar melhor o cronograma de execução de uma obra, economizando tempo e mão de obra ao saber, com antecedência, como estará o tempo nos próximos dias e semanas.

Ao contratar um seguro residencial ou de automóveis, o consumidor deve estar atento e optar se deseja uma apólice que cubra eventuais prejuízos causados por enchentes, tempestades, furacões, etc. As possibilidades de estes eventos ocorrerem nas áreas onde o seguro é contratado impactam diretamente o custo do serviço.

NESTE CAPÍTULO VOCÊ ESTUDOU

- A importância da previsão do tempo meteorológico para a sociedade.
- O funcionamento de diferentes instrumentos responsáveis pelo registro de dados em estações meteorológicas.
- As novas tecnologias que contribuem para análise e previsão da variação do tempo meteorológico.
- Os usos da meteorologia no cotidiano para a previsão e prevenção de catástrofes e para os diversos setores da economia.

ATIVIDADES

PENSE E RESOLVA

1 Apresente três razões para a importância dos estudos da previsão do tempo meteorológico.

2 O mapa ao lado registra as chuvas acumuladas no Brasil em um período de 24 h. Analise-o e faça o que se pede.

a) Descreva quais equipamentos e processos devem ter sido utilizados para a produção desse mapa.

b) Quais áreas do Brasil apresentaram maior acúmulo de chuvas no período analisado?

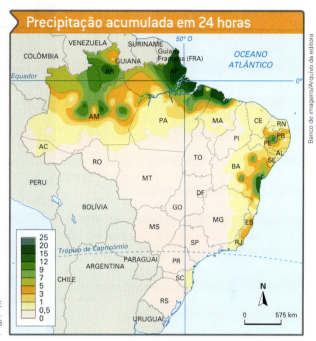

Fonte: INSTITUTO NACIONAL DE METEOROLOGIA (INMET), 2018. Mapa do dia 29 de maio de 2018 (acesso em: 7 ago. 2018).

3 Observe o gráfico ao lado, com a diferença da duração da luminosidade do dia em algumas das principais capitais brasileiras.

A partir da análise do gráfico, indique a alternativa correta. Apresente também justificativas para as demais alternativas estarem incorretas.

I. A variação de horas de luminosidade do Sol tem influência direta na amplitude térmica anual de forma que, quanto maior a variação, maior tende a ser a amplitude térmica anual.

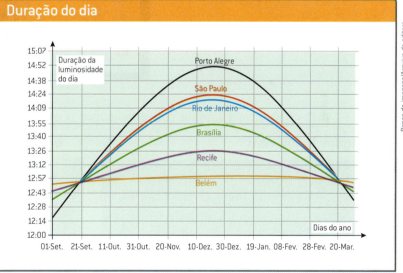

Elaborado com base em Ministério de Minas e Energia (MME). Disponível em: <www.mme.gov.br> (acesso em: 25 out. 2018).

II. A variação de horas de luminosidade do Sol é determinada pela latitude. Quanto menor a latitude (portanto, mais próxima da linha do equador), menor é a variação da duração do dia.

III. Os picos de duração do dia no gráfico coincidem com o solstício de verão, sempre entre os dias 10 e 30 de dezembro, que são também sempre os dias mais longos do ano.

Estão corretas as afirmações:

a) I e II.   b) II e III.   c) I e III.   d) Todas as afirmações estão corretas.

Capítulo 15 • A previsão do tempo meteorológico   237

4. O Brasil é um país de dimensões continentais, tanto que sua área corresponde a quase metade de toda a área da América do Sul. Ser o quinto país com maior área territorial do mundo faz com que ele tenha uma enorme variabilidade climática, o que nos permite observar, em um mesmo dia, localidades com temperaturas bem baixas e localidades com temperaturas bem altas.

Observe a imagem com a previsão do tempo para o Brasil.

Com base nela, indique um destino de viagem, entre as cidades listadas no mapa, para alguém que quer curtir um dia quente e sem chuva. Justifique sua resposta.

Fonte: The Weather Channnel.

5. Observe as imagens de satélite captadas sobre o estado de Santa Catarina.

Imagem 1 – Nuvens

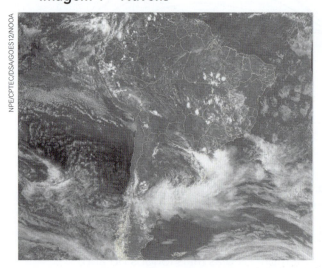

Imagem 2 – Temperatura

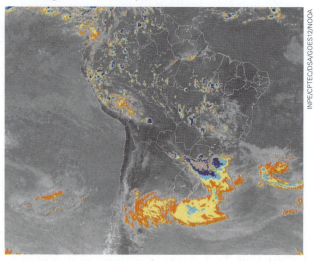

Na imagem 2, as áreas cinza e as azuis indicam temperaturas mais baixas, enquanto as áreas laranja e as amarelas indicam temperaturas mais altas.

238

Analise as duas imagens e assinale a alternativa correta sobre as condições do tempo atmosférico em Santa Catarina. Justifique a sua resposta.

a) temperaturas em elevação e céu limpo.
b) temperaturas em queda e céu limpo.
c) temperaturas em elevação e chuvas.
d) temperaturas em queda e chuvas.

SÍNTESE

1 A previsão do tempo faz uso de diversas plataformas de coleta de dados localizados em terra, mar, ar e até no espaço. Cite um exemplo de plataforma usada em cada uma dessas localidades.

2 Observe o gráfico a seguir. Ele mostra a evolução do número de mortes por desastres naturais no Brasil nas últimas décadas.

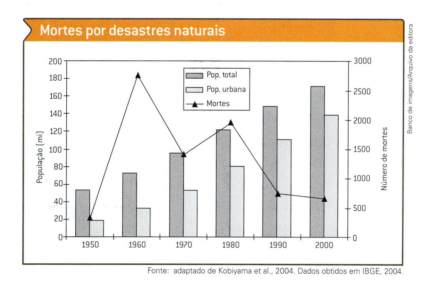

Fonte: adaptado de Kobiyama et al., 2004. Dados obtidos em IBGE, 2004.

Com base na leitura do gráfico responda:

a) É possível afirmar que nas últimas décadas tem-se observado queda no número de vítimas de acidentes fatais ligados a desastres naturais no Brasil?

b) Como os avanços da ciência meteorológica podem ter contribuído para essa variação?

DESAFIOS

Vamos fazer uma atividade prática que sintetiza os principais conceitos vistos neste capítulo, aplicando-os a uma situação real. Para isso, realize as seguintes etapas:

1 Faça uma pesquisa e liste as principais características de variação do tempo atmosférico de sua cidade ou de sua região esperadas para a estação do ano em que estamos.

2 Faça observações, durante uma semana, do tempo atmosférico do seu bairro. Avalie todos os dias, sempre no mesmo horário (pode ser uma avaliação ao longo do dia e outra ao longo da noite), as características de elementos como temperatura, ventos, nebulosidade, insolação e umidade, verificando se ocorreram estabilidades ou variações.

Para isso, se possível, utilize aparelhos como: termômetros (medida da temperatura do ar) e pluviômetro caseiro e registre também suas impressões percebidas a partir de sua experiência como morador. (Veja no final deste capítulo, na seção *Prática*, como construir um pluviômetro caseiro.)

3 Registre os dados obtidos no item 2 em uma tabela.

4 Após esse período, compare os dados "esperados" (listados no item 1) com os observados na prática (listados no item 2).

5 Discuta com seus colegas os resultados obtidos.

6 Ao final, registre suas conclusões e compare-as com as dos seus colegas.

PRÁTICA
Construa seu pluviômetro
Objetivo

Criar um pluviômetro com materiais simples e realizar medições da quantidade de chuvas em um período.

Material

- 1 garrafa PET de laterais sem ondulações e homogêneas
- 1 régua
- 1 fita adesiva colorida
- 1 punhado de pedrinhas ou bolinhas de gude

Procedimento

1. Com a ajuda do professor, corte o bico da garrafa PET a partir da altura em que suas laterais não apresentem ondulações (figura 1). Guarde a parte cortada.

Figura 1.

2. Jogue as bolinhas de gude ou pedrinhas dentro da garrafa até preencher totalmente seu fundo irregular; aproximadamente, 10 cm de altura (figura 2).

Figura 2.

3. Coloque água na garrafa até ultrapassar um pouco o nível das bolinhas/pedrinhas.

4. Coloque a fita adesiva marcando o nível da água (figura 3).

Figura 3.

5. Cole uma régua por fora da garrafa, fazendo o 0 (zero) da régua coincidir com o nível de água marcado pela fita (figura 4).

Figura 4.

> **ATENÇÃO!**
> Peça ajuda a um adulto para supervisionar este experimento.

6. Coloque o bico cortado da garrafa virado para dentro (figura 5).

Figura 5.

Pronto, agora seu pluviômetro está feito (figura 6). Para usá-lo, entretanto, você precisa colocá-lo em um lugar descampado, longe de árvores ou de objetos que possam interferir e alterar a medição da água da chuva dentro dele.

A cada 24 horas você deve verificar a quantidade de chuva obtida no pluviômetro de forma literal e em milímetro. Se em um dia a régua marcar 1 cm de chuva, por exemplo, significa que choveu 10 mm.

Ao terminar seu registro do dia, descarte a água da chuva e repita todo o procedimento no dia seguinte.

É importante que o pluviômetro esteja em lugar firme e descampado para que a coleta da água da chuva aconteça de forma precisa e segura.

Figura 6.

Discussão final

1. Ao final do período de coleta de dados, vocês obtiveram a quantidade de chuva em sua região durante o período pesquisado. Mas quão confiáveis são esses dados? Quando vemos na TV ou na internet que em um determinado dia choveu "X" mm, é dessa quantidade de chuva de que se trata?

2. Sabendo que os números oficiais da quantidade de chuva de um determinado local são feitos com base em cálculos que mensuram quantos milímetros de chuva caíram em uma área de 1 m² com fundo liso e homogêneo, podemos dizer que seu pluviômetro caseiro produz uma informação digna de levarmos em conta?

Capítulo 15 • A previsão do tempo meteorológico

Capítulo 16
Restaurando o equilíbrio ambiental

Cidade inglesa de Halton, no século XIX: o custo ambiental da industrialização.

O advento da sociedade industrial, a partir do século XVIII, intensificou o uso e a degradação dos recursos naturais.

A atmosfera, que estudamos em capítulos anteriores, começou a receber uma grande quantidade de gases poluentes após o desenvolvimento da Revolução Industrial, o que produziu novas e diferentes alterações climáticas.

Mas por que tudo isso acontece? Qual o desequilíbrio que essas mudanças climáticas podem provocar? A continuidade da vida no planeta Terra, incluindo a dos seres humanos, está realmente em risco? É possível reverter um cenário como esse e restabelecer um equilíbrio ambiental?

Vamos estudar, neste capítulo, como as atividades humanas estão inseridas nesse processo e as razões para a crescente preocupação com o clima global e suas alterações.

❯ A dinâmica das alterações climáticas globais

Ao longo de sua História, a Terra sofreu inúmeras oscilações climáticas, alternando períodos mais úmidos ou secos, mais quentes ou frios. Vários fatores internos e externos ao planeta são responsáveis por essas variações.

Entre os exemplos, podemos citar o chamado Intenso Bombardeio Tardio. Esse fenômeno, que teria ocorrido entre 3,8 e 4,1 bilhões de anos atrás, sugere que a Terra teria sido atingida por um número incontável de meteoritos, cometas e outros corpos celestes. Esses choques mudaram totalmente a configuração do planeta, trazendo água e, possivelmente, até formas de vida microscópicas.

Talvez o exemplo mais famoso de um acontecimento desse tipo tenha sido a erupção do vulcão Krakatoa, na Indonésia, em 1883. Durante quase um dia inteiro, esse vulcão (até então considerado extinto) explodiu, expelindo pedras e lava a mais de 20 km de altitude e causando tsunamis devastadores, cujas ondas chegaram até a Inglaterra. De acordo com os estudos dos climatologistas, a quantidade de gases e poeira expelida fez com que a temperatura do planeta diminuísse em até 1 °C.

Litogravura de 1888 representando a erupção do vulcão em Krakatoa, Indonésia, em 1883.

As mudanças das condições climáticas, quando ocorrem de forma momentânea e repentina, como nos exemplos citados, tendem a causar grandes impactos ambientais. Entretanto, com o passar do tempo, um novo equilíbrio ambiental se estabelece, não podendo, no entanto, ser considerado "definitivo". Isso nos dá a dimensão de como essas mudanças são constantes e de intensidades variáveis.

O clima e a atmosfera, como vimos nos capítulos anteriores, são muito dinâmicos. De forma geral, o planeta convive com mudanças nas suas temperaturas médias globais que ficam evidenciadas nas chamadas eras do gelo ou eras glaciais, períodos em que a Terra fica mais fria e as calotas polares muito mais extensas, acarretando diminuição do nível do mar e aumento das áreas continentais.

Tsunami: onda provocada pelo deslocamento de grandes volumes de água. Pode ser causado por sismos marítimos, deslizamentos de terras, impactos, erupções vulcânicas e outros distúrbios abaixo ou acima da água.

Esta imagem criada por computador sugere a extensão da calota polar na última Era Glacial, no hemisfério Norte, onde hoje se localizam os Estados Unidos e o Canadá. Estudos recentes apontam que o impacto de um asteroide pode ter feito despencar rapidamente as temperaturas da Terra, intensificando o frio por um breve período durante a Era Glacial.

Capítulo 16 · Restaurando o equilíbrio ambiental 243

EM PRATOS LIMPOS

A temperatura média global e as temperaturas registradas em todo o globo são a mesma coisa?

Uma das muitas confusões acerca dos efeitos e das evidências do aquecimento global em nosso planeta é a não diferenciação entre a temperatura média global e a temperatura observada e sentida em todos os locais do globo.

O aquecimento global vem produzindo um enorme e rápido aumento da **temperatura média global**, causando uma série de mudanças climáticas no planeta. Uma delas é exatamente o derretimento das calotas polares, que, embora seja uma consequência do aquecimento global, acaba por potencializar seus efeitos. Isso porque ele afeta as correntes marítimas que, como vimos nos capítulos anteriores, são elementos fundamentais para a regulação climática regional e global. Essas alterações, por sua vez, vêm produzindo severas ondas de frio intenso no hemisfério norte (e até invernos com recordes de temperaturas baixas), enquanto no hemisfério sul não só os períodos frios têm sido mais curtos como os verões têm apresentado picos de temperatura cada vez mais altos durante um número de dias cada vez maior.

Ou seja, em diversas localidades do planeta, as **temperaturas registradas** podem até ser menores do que as registradas em épocas passadas, mas, na avaliação geral, a temperatura média global está subindo de forma perigosamente rápida e intensa.

Essas alterações das características climáticas globais produzem efeitos prejudiciais para várias espécies, que, incapazes de se adaptar às novas condições climáticas ou aos seus efeitos, perecem e acabam por se extinguir. Isso faz parte da dinâmica da evolução dos seres vivos em um planeta em constante processo de transformação.

Porém, a ação antrópica (dos seres humanos) vem causando uma série de mudanças nas condições climáticas que colocam em risco o frágil equilíbrio ambiental, que permite a manutenção de centenas de milhares de espécies no planeta, incluindo a nossa.

Tais mudanças vêm ocorrendo de forma muito mais intensa nas últimas décadas devido ao aumento vertiginoso da exploração, do uso e do descarte dos recursos naturais, fruto de uma sociedade industrial de consumo e de produção em massa que, de forma insustentável, usa e transforma o ambiente.

Que destino dar ao lixo é um dos muitos problemas que precisamos enfrentar para restaurarmos o equilíbrio climático do planeta. Na fotografia, a ilha artificial de Thilafushi, construída em meio ao arquipélago das Maldivas, no oceano Índico, que funciona como um lixão flutuante.

UM POUCO MAIS

Antropoceno: estaríamos vivendo um novo período geológico?

Cientistas renomados e premiados do mundo todo (como o Nobel de Química de 1995, Paul Crutzen) têm defendido e tentado provar que estaríamos vivendo uma nova época geológica: o **Antropoceno**.

Os cientistas dividem o tempo de existência da Terra em Éons, Eras, Períodos e Épocas geológicas. Essas divisões facilitam o estudo da evolução da Terra, caracterizando-a por eventos de ordem geológica.

Essa seria uma época bem recente (considerando a idade do planeta) em que a ação humana teria alcançado tamanha dimensão e capacidade de alteração do planeta que justificaria o estabelecimento de um marco geológico.

Embora se discutam os possíveis marcos para as datas do início dessa época (começo da Revolução Industrial, explosão da bomba atômica, entre outros), há uma série de evidências para sustentar e apontar aquelas que seriam as principais características desse "novo tempo". Entre as que podem ser observadas e mensuradas poderíamos citar:

- aumento no ritmo de desgaste de rochas e consequente acúmulo de sedimentos;
- presença cada vez maior de um novo tipo de sedimento, oriundo de ações humanas e formado por lama, areia e grãos de materiais sintéticos, notadamente o plástico;
- acúmulo de sedimentos em forma de gelo com fragmentos de concreto, alumínio puro, plástico e materiais provindos da agricultura ou em razão da queima de combustíveis fósseis, como carbono, pesticidas, fósforo, potássio e nitrogênio.

Embora ainda cause bastante controvérsia, o fato é que a capacidade transformadora da humanidade, potencializada nas últimas décadas, vem se mostrando capaz de ser classificada como uma espécie de "força da natureza", com poderes de alguma forma similares a grandes eventos do planeta como gigantescas erupções vulcânicas ou impactos de asteroides.

A exploração desenfreada e irresponsável dos recursos naturais traz como outra de suas consequências, por exemplo, o aumento do ritmo de extinção de espécies de animais e vegetais até 1 000 vezes maior que qualquer registro feito anteriormente.

Tempo de existência da Terra

ÉON	ERA	PERÍODO	ÉPOCA	milhões de ano
FANEROZOICO	CENOZOICA	Quaternário	Holoceno	0,01
			Pleistoceno	1,8
		TERCIÁRIO Neógeno	Piloceno	
			Mioceno	
			Oligoceno	
		Paleoceno	Eoceno	
			Paleoceno	65
	MESOZOICA	Cretáceo		
		Jurássico		
		Triássico		248
	PALEOZOICA	Periano		
		Carbonífero		
		Devoniano		
		Siluriano		
		Ordoviciano		
		Cambriano		545
PROTEROZOICO				2500
ARQUEANO				4500

Elaborado com base em: <https://mundoeducacao.bol.uol.com.br/upload/conteudo/eras-geologicas.jpg> (acesso em: 24 jul. 2018.)

Tabela que apresenta as divisões de tempo geológico de forma simplificada. A Época Antropoceno ainda não está representada. Se os cientistas aceitarem, ela será incluída como uma época posterior ao Holoceno.

Imagem de um plastiglomerado encontrado no Havaí. Plastiglomerados são rochas formadas por sedimentos de origem mineral e materiais plásticos.

Capítulo 16 • Restaurando o equilíbrio ambiental 245

❯ Aquecimento global

Conforme você estudou no volume do 7º ano, a atmosfera terrestre vem sofrendo uma série de alterações devido ao aumento da emissão de gases poluentes, da perda de nossas florestas, do crescimento das áreas urbanas, entre outros fatores prejudiciais à dinâmica climática.

As transformações climáticas causadas pelas ações humanas e que foram intensificadas após a Revolução Industrial levaram, entre outros fatores, ao aumento do efeito estufa e, consequentemente, ao **aquecimento global**. As mudanças na atmosfera terrestre acarretaram uma série de consequências que explica o fato de tantas formas de vida no nosso planeta terem se extinguido nas últimas décadas e de um número ainda maior de espécies estar em via de desaparecer para sempre até o final do século.

Os efeitos do aquecimento global (talvez a maior ameaça climática que a humanidade já enfrentou – e, paradoxalmente, produziu) ainda não podem ser totalmente medidos. Mas já podem ser sentidos e observados, como o derretimento das calotas polares, a elevação do nível dos oceanos, a intensificação (em número e força) de grandes tempestades, inundações e secas históricas em diversos locais do planeta, entre outros fatores.

> **Paradoxal:** adjetivo que explica alguma coisa, fenômeno ou situação que é aparentemente contraditória, mas que, na realidade, é complementar e que só pode ser entendida nessa condição.

Alguns efeitos adversos do aquecimento global. (A) Urso-polar sobre bloco de gelo flutuante na Noruega, 2017. (B) Seca prolongada em Assu (RN), 2018.

É como se o planeta, a seu jeito, apresentasse sintomas de uma doença grave e suplicasse socorro a nós. Vamos ouvi-lo ou nos fazer de surdos? Vamos começar a cuidar do local onde moramos e do qual dependemos para sobreviver, ajudando as futuras gerações a usufruir dos recursos com cuidado, ou continuaremos a destruí-lo e colocaremos em risco as chances de todos terem condições de uma vida digna e saudável?

❯ As alterações climáticas regionais

As alterações climáticas regionais são aquelas que ocorrem localmente, com efeitos diretos em um meio ambiente específico, notadamente o das cidades. Nos centros urbanos, as alterações climáticas são mais fáceis de observar, fazendo parte, infelizmente, do dia a dia da maioria dos seus habitantes, que sofre com a má qualidade do ar, em razão da grande quantidade de veículos automotores e da atividade industrial. Com relação a isso, vamos analisar alguns dos maiores desafios relacionados ao clima urbano.

As ilhas de calor

Você já percebeu que o asfalto e o concreto irradiam uma grande quantidade de calor? Esse é o princípio utilizado para entender as chamadas **ilhas de calor**.

As áreas centrais das cidades, que possuem maior concentração de prédios, são mais aquecidas do que as áreas periféricas arborizadas, por possuírem muito concreto e asfalto. Nessas áreas, as médias de temperatura são mais altas e, por isso, são chamadas de "ilhas". A concentração de poluentes também contribui para o maior aquecimento nessas "ilhas".

Gráfico feito com base em PENA, Rodolfo F. Alves. **O clima nas cidades**: inversão térmica e ilhas de calor. Disponível em: <https://escolaeducacao.com.br/o-clima-nas-cidades-inversao-termica-e-ilhas-de-calor> (acesso em: 24 jul. 2018).

Representação de onde existem as ilhas de calor em áreas urbanas e a variação de temperatura observada comparativamente a outras áreas vizinhas.

Esse fenômeno comprova a importância do planejamento de parques e áreas verdes, estratégia capaz de amenizar seus efeitos. Uma solução ecológica na construção civil é o uso de **telhados verdes**, em que a vegetação colocada no terraço dos prédios absorve os gases poluentes, como o gás carbônico (CO_2), diminui as temperaturas e aumenta a umidade relativa do ar, melhorando o conforto térmico no interior dos edifícios.

A inversão térmica

Em dias quentes, quando o ar se aquece e se torna menos denso, ele inicia um processo de ascensão (subida na atmosfera), formando as chamadas colunas de ar. Conforme vão alcançando maior elevação, essas colunas de ar começam a resfriar e descem.

Porém, nos dias mais frios, quando a radiação solar ocorre em menor intensidade, a superfície promove o aquecimento do ar de maneira lenta, fazendo com que uma camada de ar frio permaneça próximo à superfície. Tal situação, comum nos meses de inverno, recebe o nome de **inversão térmica**.

Em algumas grandes cidades, podem-se verificar a ocorrência e as consequências negativas da inversão térmica quando há uma camada mais escura no céu. Apesar de ser um fenômeno natural, a inversão térmica acaba impedindo a dispersão dos poluentes, uma vez que o ar frio, mais denso, não consegue subir e carregar a poluição para altitudes mais elevadas, como o ar mais quente, menos denso, faz normalmente.

Os poluentes presos pela inversão térmica, com um ar mais seco, podem causar problemas respiratórios, tosse seca, sensação de cansaço e ardência nos olhos, garganta e nariz.

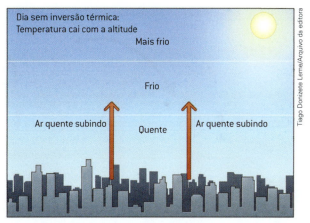

O fluxo normal sem a inversão térmica.

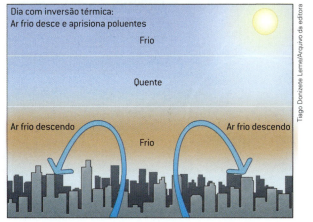

A ocorrência da inversão térmica.

As chuvas ácidas

Como vimos no volume do 7º ano, as chuvas ácidas são formadas pela emissão de poluentes, como o dióxido de enxofre e os óxidos de nitrogênio provenientes do uso de combustíveis fósseis, que reagem com o vapor de água, resultando, respectivamente, nos ácidos sulfúrico e nítrico, que se misturam com as precipitações que contêm água, como a chuva ou a neve.

O nome desse fenômeno parece até exagero. As chuvas ácidas, ao contrário do que muita gente imagina, não derretem os seres humanos ou destroem imediatamente tudo aquilo que elas atingem. Sua acidez é capaz de, gradualmente, contaminar os solos e os recursos hídricos e ampliar a degradação da vegetação e a corrosão de edifícios e monumentos. Além disso, os gases que provocam as chuvas ácidas também podem afetar, nos seres humanos e em outros animais, o sistema respiratório e provocar irritação nos olhos e na pele.

O combate às chuvas ácidas está condicionado à substituição das fontes de energia tradicionais, de origem fóssil (petróleo, gás natural e carvão mineral), por fontes de energia alternativas e limpas, assim como ao incentivo para o uso de meios de transporte coletivos nas regiões de maior concentração urbana e de outras formas de mobilidade, como a bicicleta.

Tiago Donizete Leme/Arquivo da editora

A formação das chuvas ácidas e algumas de suas consequências para o ambiente. (Elementos representados em tamanhos não proporcionais entre si. Cores fantasia.)

❯ A busca pelo desenvolvimento sustentável

Tente imaginar a cidade onde você mora sem as modificações impostas pelas atividades humanas: ar puro, maior arborização, rios limpos. Parece até um cenário de ficção, não é mesmo? Essa dificuldade denota a importância de buscarmos a **sustentabilidade ambiental**. Para entender esse conceito, é necessário considerar outros dois princípios: o preservacionismo e o conservacionismo.

A **preservação ambiental** (ou preservacionismo) tem, como princípio, deixar os recursos naturais intactos, sem nenhum tipo de aproveitamento econômico.

A **conservação ambiental** (ou conservacionismo) compreende o uso racional e equilibrado dos recursos naturais, garantindo maior sustentabilidade ambiental, utilizando-os de acordo com as necessidades básicas, combatendo a poluição, a exploração predatória e evitando os desperdícios.

A partir da segunda metade do século XX, diversas organizações não governamentais (ONGs) surgiram no mundo preocupadas em disseminar a concepção de sustentabilidade e pressionar os governos dos países e as empresas privadas a assegurar a proteção dos recursos naturais.

Aspectos históricos

A Organização das Nações Unidas (ONU) realizou a primeira grande reunião para debater os temas ambientais em 1972: a Conferência de Estocolmo. Nessa reunião, foi criado o Programa das Nações Unidas para o Meio Ambiente (PNUMA), agência da ONU responsável por coordenar ações internacionais para a proteção do meio ambiente. No final da década de 1980, a ONU apresentou o conceito de **desenvolvimento sustentável** pautado na ideia de elaboração de estratégias de crescimento econômico que considerem a conservação dos recursos naturais.

As duas principais conferências ambientais da ONU realizadas posteriormente, a Rio 92 (1992) e a Rio +20 (2012), na cidade do Rio de Janeiro (RJ), buscaram aprimorar o conceito comprometendo os países a colocar em prática iniciativas públicas e privadas para alcançar os seus princípios.

De forma geral, os objetivos centrais de encontros como esses são divulgar as descobertas e os conhecimentos científicos sobre o tema e criar um conjunto de ações práticas que garantam as condições mínimas para que as futuras gerações também possam usufruir dos recursos naturais disponíveis no planeta.

No que diz respeito às alterações climáticas, ainda durante a Rio 92 foi criada a Convenção-Quadro das Nações Unidas sobre Mudanças Climáticas (UNFCCC, na sigla em inglês), um tratado internacional que determina a estabilização das emissões de gases do efeito estufa, com base nas investigações feitas por cientistas e pesquisadores do clima global. Uma vez por ano, a convenção promove a Conferência das Partes (COP), para traçar metas e avaliar os resultados já obtidos. Dentre as principais resoluções da COP, destacam-se a elaboração do Protocolo de Quioto (1997) e o Acordo de Paris (2015).

Capítulo 16 · Restaurando o equilíbrio ambiental

O **Protocolo de Quioto** teve como principal objetivo a redução de 5% nas emissões de CO_2 (tendo como medida o ano de 1990), com vigência prevista para 2012, mas que foi estendida até 2020. O acordo também prevê a possibilidade de adoção de medidas compensatórias para os países poluidores que não alcancem suas metas. O principal delas é o **Mecanismo de Desenvolvimento Limpo** (MDL). Os projetos relacionados ao MDL incluem o reflorestamento e o comércio de créditos de carbono. O mecanismo dos **créditos de carbono** é destinado aos países que conseguem alcançar as suas metas de despoluição, podendo, dessa forma, emitir créditos proporcionais à quantidade de gases poluentes que deixaram de produzir. Assim, os países que não conseguem alcançar as próprias metas podem comprar esses créditos.

Já o **Acordo de Paris** foi concebido como substituto do Protocolo de Quioto. Aprovado por 195 países, esse acordo tem como finalidade limitar o aumento da temperatura a 1,5 °C acima dos níveis pré-industriais.

UM POUCO MAIS

O Protocolo de Montreal

O Protocolo de Montreal é um tratado internacional, vigente desde 1º de janeiro de 1989, que visa combater a diminuição da camada de ozônio. É o acordo ambiental mais bem-sucedido da história.

Assinado por mais de 150 países, na cidade de Montreal, no Canadá, em 1987, o Protocolo de Montreal é atualmente o único acordo ambiental multilateral cuja adoção é universal. Todas as 197 nações reconhecidas pela ONU são signatárias do tratado.

Segundo suas determinações, todos os países que fazem parte do acordo se comprometem a eliminar o uso e a emissão dos gases nocivos à camada de ozônio, em especial os clorofluorcarbonos (CFC), por serem os que têm maior poder de destruição das moléculas de ozônio (O_3).

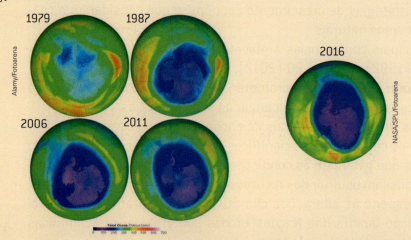

As imagens mostram a evolução da perda da camada de ozônio sobre o continente antártico entre 1979 e 2016. As cores azul e roxa indicam baixos níveis de ozônio. Observe como a espessura da camada de ozônio diminuiu rapidamente entre 1979 e 1987. Em 2006, segundo a Nasa, ela atingiu sua menor espessura, com 30 milhões de km². Nos últimos anos, entretanto, os efeitos positivos do Protocolo de Montreal começaram a ser sentidos (e observados) mais fortemente, de maneira que os níveis de ozônio observados sobre a Antártica começaram a se recuperar.

Os objetivos do desenvolvimento sustentável

Para que os objetivos dos acordos climáticos sejam alcançados, são necessários investimentos massivos em geração de energia limpa e renovável, como a eólica, a solar, o biogás, entre outras fontes, além de uma reformulação da lógica do consumo predatório dos recursos naturais.

Nessa perspectiva, a ONU lançou em 2015 os **17 Objetivos de Desenvolvimento Sustentável**, com expectativas amplas de combate à pobreza extrema, defesa das liberdades individuais e da dignidade humana, condições indispensáveis para o desenvolvimento sustentável. Alguns desses objetivos você vai estudar mais profundamente no volume do 9º ano desta coleção.

Preocupar-se com o futuro das espécies e das diversas formas de vida no planeta é também importar-se com as condições de vida de cada indivíduo e com a coletividade humana. Deixar em segundo plano as pessoas (ou mesmo comunidades, povos e até populações nacionais inteiras) que vivem em condições de existência onde faltam elementos básicos ou mesmo dignidade e igualdade de tratamento não pode ser considerado sustentável. Isso seria o mesmo que aceitar que cuidássemos somente de algumas plantas ou animais, ou somente de alguns biomas em detrimento de outros, quando, na realidade, estamos todos interligados e temos igual importância para a manutenção do equilíbrio ambiental.

Lutar para garantir a sustentabilidade ambiental, portanto, não é só tentar fazer com que todos os seres vivos subsistam como componentes desse grande organismo que é o nosso planeta, mas também que permaneçam os requisitos básicos e reais para a existência deles, que são seus *habitat*, as condições climáticas que são capazes de suportar e às quais consigam se adaptar, seus costumes, modos de vida, paisagens, além do acesso aos recursos necessários para que possam sobreviver.

A restauração do frágil equilíbrio ambiental de nosso planeta depende da manutenção das características que permitiram e sustentaram esse equilíbrio.

NESTE CAPÍTULO VOCÊ ESTUDOU

- A dimensão global das alterações climáticas.
- A dimensão local das alterações climáticas.
- As causas antrópicas das transformações no clima da Terra.
- Os principais desafios climáticos presentes nos centros urbanos.
- Os principais acordos internacionais de proteção ao meio ambiente e seus objetivos.
- A importância da adoção de um modelo sustentável de desenvolvimento para a restauração do equilíbrio ambiental de nosso planeta.

ATIVIDADES

PENSE E RESOLVA

1 Apresente o momento histórico em que as emissões de gases poluentes se intensificaram no mundo e identifique três causas para a poluição atmosférica nos dias atuais.

2 Observe a imagem abaixo.

É bastante comum pensarmos na oposição que existe entre *crescimento econômico* × *preservação ambiental* como uma escolha. Ou preservamos o meio ambiente ou o exploramos (produzindo e acumulando riqueza).

A imagem acima, de certa forma, questiona a existência real dessas ideias opostas. Para refletir sobre esse assunto, responda:

a) O que aconteceria com a humanidade se não explorássemos em nada os recursos naturais e não transformássemos a natureza?

b) O que aconteceria com as possibilidades de produção e acumulação de riqueza se não preservarmos os recursos naturais e o meio ambiente como um todo?

c) Como, então, resolver esse (aparente) paradoxo?

3 O mapa a seguir registra as temperaturas médias em diferentes pontos da cidade de Belo Horizonte (MG) em 2008. Observe-o atentamente para responder às questões que se seguem.

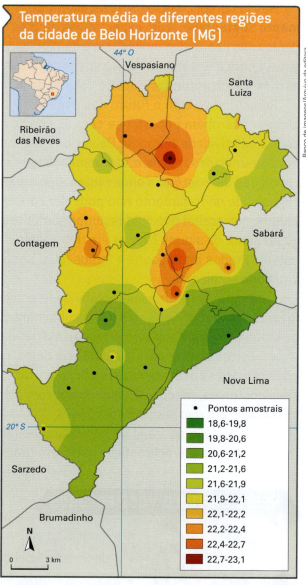

Fonte: ASSIS, Wellington Lopes; ABREU, Magda Luzimar de. O clima urbano de Belo Horizonte: análise têmporo-espacial do campo térmico e hígrico. **Revista de C. Humanas**. jan.-jun. 2010. Disponível em: <http://www.cch.ufv.br/revista/pdfs/vol10/artigo3vol10-1.pdf> (acesso em: 6 ago. 2018).

a) Utilizando como referência os pontos cardeais, aponte os locais da cidade de Belo Horizonte que apresentam as maiores temperaturas médias.

b) Quais são as possíveis justificativas para as diferenças de temperatura registradas no mapa?

4 Observe as consequências de um determinado fenômeno atmosférico listado na reportagem a seguir e identifique-o, assinalando a alternativa correta. Justifique sua resposta.

Terra em transe

O solo de matas e florestas é capaz de anular parte do efeito [...] mas não todo. Ela dissolve nutrientes, como cálcio e potássio, comprometendo a nutrição da árvore, ao mesmo tempo que deposita materiais tóxicos no solo, como alumínio. A vegetação vai enfraquecendo gradativamente.

Cidade em ruínas

Pode levar décadas, mas pedras como calcário e mármore não resistem [...] – o carbonato de cálcio nesses materiais reage com os ácidos. Construções históricas, como o Taj Mahal, sofrem com isso. Metais de pontes, trilhos, canos e afins também desgastam, por oxidação seguida de corrosão.

Fonte: MUNDO Estranho. O que é a chuva ácida? Publicado em: 4/7/2018. Disponível em: <https://super. abril.com.br/mundo-estranho/o-que-e-chuva-acida/> (acesso em: 6 ago. 2018).

O fenômeno responsável pelas consequências acima é

a) a chuva ácida.

b) o buraco na camada de ozônio.

c) a inversão térmica.

d) o aquecimento global.

5 Leia o texto abaixo sobre as definições das Unidades de Conservação (UC) de nosso país.

As Unidades de Conservação (UC) são espaços territoriais, incluindo seus recursos ambientais, com características naturais relevantes, que têm a função de assegurar a representatividade de amostras significativas e ecologicamente viáveis das diferentes populações, *habitat* e ecossistemas do território nacional e das águas jurisdicionais, preservando o patrimônio biológico existente.

As UC asseguram às populações tradicionais o uso sustentável dos recursos naturais de forma racional e ainda propiciam às comunidades do entorno o desenvolvimento de atividades econômicas sustentáveis. Estas áreas estão sujeitas a normas e regras especiais. São legalmente criadas pelos governos federal, estaduais e municipais, após a realização de estudos técnicos dos espaços propostos e, quando necessário, consulta à população.

As UC dividem-se em dois grupos:

Unidades de Proteção Integral: a proteção da natureza é o principal objetivo dessas unidades, por isso as regras e normas são mais restritivas. Nesse grupo é permitido apenas o uso indireto dos recursos naturais; ou seja, aquele que não envolve consumo, coleta ou dano aos recursos naturais. [...]

Unidades de Uso Sustentável: são áreas que visam conciliar a conservação da natureza com o uso sustentável dos recursos naturais. Nesse grupo, atividades que envolvem coleta e uso dos recursos naturais são permitidas, mas desde que praticadas de uma forma que a perenidade dos recursos ambientais renováveis e dos processos ecológicos esteja assegurada.

[...]

Fonte: MINISTÉRIO DO MEIO AMBIENTE. O que são UCs? Disponível em: <www.mma.gov.br/areas-protegidas/ unidades-de-conservacao/o-que-sao.html> (acesso em: 24 jul. 2018).

Qual dos dois tipos de UC do Brasil está mais adequado à categoria de conservacionista? Justifique sua resposta citando um trecho do texto.

6 Leia o texto abaixo.

[...] O Brasil participou de todas as sessões da negociação intergovernamental. Chegou-se a um acordo que contempla 17 Objetivos e 169 metas, envolvendo temáticas diversificadas, como erradicação da pobreza, segurança alimentar e agricultura, saúde, educação, igualdade de gênero, redução das desigualdades, energia, água e saneamento, padrões sustentáveis de produção e de consumo, mudança do clima, cidades sustentáveis, proteção e uso sustentável dos oceanos e dos ecossistemas terrestres, crescimento econômico inclusivo, infraestrutura e industrialização, governança, e meios de implementação. [...]

Fonte: Objetivos de Desenvolvimento Sustentável.
Disponível em: <www.itamaraty.gov.br/pt-BR/politica-externa/desenvolvimento-sustentavel-e-meio-ambiente/134-objetivos-de-desenvolvimento-sustentavel-ods> (acesso em: 24 jul. 2018).

Descreva a importância para o planeta do cumprimento dos objetivos do desenvolvimento sustentável propostos pela ONU.

SÍNTESE

1 Construa um mapa conceitual baseado nos conceitos a seguir, segundo o contexto de como foram estudados neste capítulo.

- Equilíbrio ambiental
- Desenvolvimento sustentável
- Ações antrópicas
- Alterações climáticas globais
- Alterações climáticas regionais
- Acordos ambientais internacionais

2 Para empreendermos ações na resolução dos problemas ambientais, é importante compreender como a sociedade avalia o próprio meio ambiente. Procure pessoas próximas a você, no seu ambiente escolar e familiar, e as entreviste, perguntando sobre os principais problemas climáticos da cidade onde vivem, assim como sobre estratégias pessoais e coletivas capazes de mitigar seus efeitos.

Um possível roteiro para essas entrevistas é o seguinte:

- Você já ouviu falar em efeito estufa e aquecimento global?
- Você acha que o aquecimento global afeta sua vida?
- Você notou alguma mudança no clima em nossa cidade nos últimos anos? Se sim, qual(is)?
- Você acredita que o ser humano pode estar influenciando mudanças no clima na Terra? Se sim, como?
- Existe coleta seletiva de lixo em sua cidade? Você costuma separar o seu lixo para a coleta seletiva?
- Você acha que o aumento na produção de plásticos nas últimas décadas influencia as possíveis mudanças climáticas? Como?
- Você já ouviu falar em inversão térmica e sabe do que se trata? Ela acontece em sua cidade? Quando?
- Você sabe o que são as chuvas ácidas? Sabe onde acontecem e quais são as suas consequências?
- Você sabe o que é desenvolvimento sustentável?
- Você conhece alguma ação na sua cidade que ajude a mitigar os efeitos das mudanças climáticas globais ou regionais?

Apresente as opiniões dos entrevistados para os colegas em uma roda de conversa na sala de aula. Ao final da atividade, você ainda pode compartilhar suas conclusões com as pessoas que fizeram parte da pesquisa, incentivando a reflexão da sociedade acerca dos desafios ambientais.

LEITURA COMPLEMENTAR

Teoria de Gaia – um olhar diferente sobre a nossa morada

Sob um ponto de vista científico, um congresso da União Europeia de Geofísica, realizado em 2001, atestou que "o sistema Terra comporta-se como um único **sistema autorregulador** formado de componentes físicos, químicos, biológicos e humanos". Este foi um dos sinais de que a Hipótese de Gaia, proposta por James Lovelock, estava próxima de ser aceita por parte dos cientistas mundiais.

A hipótese [de Gaia] proposta por [James] Lovelock indica que a Terra tem o comportamento equivalente a um organismo vivo, como uma unidade em maior proporção. Esta descoberta foi iniciada através de observações atmosféricas, em especial nas concentrações de oxigênio e nitrogênio, correlacionadas direta ou indiretamente com as atividades de organismos vivos, que indicam um possível poder de autorregulação da Terra em busca de um ideal ecossistema.

Sob a ótica proposta pela hipótese de Gaia, o ser humano representa uma parte deste todo, que conjugado com os demais seres vivos, garante o funcionamento de um sistema complexo que se encerra no planeta Terra. [...]

A autonomia do ser humano [...] proporciona a ele grande potencial de interferência no sistema Gaia, que, dependendo das tomadas de decisão, podem gerar efeitos positivos ou negativos em grandes proporções. Nossa responsabilidade neste contexto é evidente.

Daí, o desafio de reverter o conceito desenvolvido pela sociedade atual de que o ser humano necessita do meio ambiente para seu desenvolvimento, e dessa forma, o meio ambiente passa a ser "aquilo que está do lado de fora das cidades". Perdeu-se a noção de que o ser humano é parte integrante da natureza, e este conceito é fundamental para a criação de uma sociedade equilibrada ambientalmente.

[...]

Compreender o funcionamento do planeta Terra tem sido um desafio dentre pensadores e pesquisadores da humanidade, com vistas a alcançar um nível de conhecimento amplo acerca da função dos seres humanos e dos elementos naturais neste contexto. O rumo destas reflexões ainda é incerto. O fato é que a prática do ser humano tem se mostrado pífia no que diz respeito ao cuidado com a nossa atual morada.

Fonte: MOL, Marcos Paulo Gomes. Teoria de Gaia – um olhar diferente sobre a nossa morada. 17/9/2013. Disponível em: <https://www.ecodebate.com.br/2013/09/17/teoria-de-gaia-um-olhar-diferente-sobre-a-nossa-morada-artigo-de-marcos-paulo-gomes-mol/> (acesso em: 30 jul. 2018).

> **Sistema autorregulador:** sistema de um organismo que permite a ele manter o equilíbrio entre o meio interno e o externo.

Questões

1 As recentes ações humanas no planeta têm contribuído para a manutenção da "saúde" da Terra?

2 Qual a importância de adotarmos ações de desenvolvimento sustentável para a manutenção da Terra como um planeta vivo?

Terra e Universo

Capítulo 16 · Restaurando o equilíbrio ambiental 255

REFERÊNCIAS BIBLIOGRÁFICAS

ARISTÓTELES. *Física I – II*. Campinas: Editora da Unicamp, 2009.

BIZERRIL, M. X. A. *Savanas*. São Paulo: Saraiva, 2011.

BIZZO, N. *Do telhado das Américas à teoria da evolução*. São Paulo: Odysseus, 2003.

BRANCO, Samuel M.; CAVINATTO, Vilma M. *Solos*: a base da vida terrestre. São Paulo: Moderna, 1999.

BRASIL. Ministério da Educação. Secretaria de Educação Básica. *Base Nacional Comum Curricular*. Brasília, 2017.

_____. Diretrizes Curriculares Nacionais Gerais da Educação Básica. Brasília, 2013.

CANIATO, Rodolpho. *A terra em que vivemos*. São Paulo: Átomo, 2007.

CARVALHO, A. R.; OLIVEIRA, M. V. *Princípios básicos do saneamento do meio*. São Paulo: Senac, 2007.

DAWKINS, R. *Deus*: um delírio. São Paulo: Cia. das Letras, 2007.

DOMENICO, G. *A poluição tem solução*. São Paulo: Nova Alexandria, 2009.

EL-HANI, C. N.; VIDEIRA, A. A. P. (Org.). *O que é vida?* Para entender a Biologia do século XXI. Rio de Janeiro: Relume Dumará, 2000. p. 31-56.

FURLAN, S. A.; NUCCI, J. C. *A conservação das florestas tropicais*. São Paulo: Atual, 1999.

GRIBBIN, John. *Fique por dentro da Física Moderna*. São Paulo: Cosac & Naify, 2001.

GRUPO DE REELABORAÇÃO DE ENSINO DE FÍSICA (GREF). *Física 1:* Mecânica. 7. ed. São Paulo: Edusp, 2002.

_____. *Física 2:* Física Térmica/Óptica. 5. ed. São Paulo: Edusp, 2005.

_____. *Física 1:* Eletromagnetismo. 5. ed. São Paulo: Edusp, 2005.

GUYTON, Arthur C.; HALL, J. E. *Tratado de Fisiologia Médica*. Rio de Janeiro: Guanabara Koogan, 1997.

IVANISSEVICH, A.; ROCHA, J. F. V.; WUENSHE, C. A. (Org.). *Astronomia hoje*. Rio de Janeiro: Instituto Ciências Hoje, 2010.

JUNQUEIRA, L. C. U.; CARNEIRO, J. *Biologia celular e molecular*. Rio de Janeiro: Guanabara Koogan, 2012.

KOTZ, J. C.; TREICHEL, P. *Química e reações químicas*. Rio de Janeiro: LTC, 1999. v. 1 e v. 2.

MATTOS, N. S.; GRANATO, S. F. *Regiões litorâneas*. São Paulo: Atual, 2009.

MAYR, Ernst. *Isto é Biologia*: a ciência do mundo vivo. São Paulo: Cia. das Letras, 2008.

MEYER, D.; EL-HANI, C. N. *Evolução*: o sentido da Biologia. São Paulo: Unesp, 2010.

NEIMAN, Z.; OLIVEIRA, M. T. C. *Era Verde*: ecossistemas brasileiros ameaçados. São Paulo: Atual, 2013.

NEWTON, I. *Óptica*. São Paulo: Edusp, 2002.

NÚCLEO DE PESQUISA EM ASTROBIOLOGIA IAG/USP. *Astrobiologia* [livro eletrônico]: uma ciência emergente. São Paulo: Tikinet Edição, 2016.

OLIVEIRA, K.; SARAIVA, M. F. *Astronomia e Astrofísica*. São Paulo: Livraria da Física, 2014.

PÁDUA E SILVA, A. *Guerra no Pantanal*. São Paulo: Atual, 2011.

PENNAFORTE, C. *Amazônia*: contrastes e perspectivas. São Paulo: Atual, 2006.

POUGH, F. Harvey; JANIS, Christine M.; HEISER, J. B. *A vida dos vertebrados*. São Paulo: Atheneu, 2008.

RAVEN, Peter H. et al. *Biologia vegetal*. Rio de Janeiro: Guanabara Koogan, 2007.

RIDLEY, M. *Evolução*. Porto Alegre: Artmed, 2006.

RONAN, Colin A. *História Ilustrada da Ciência*. V. I, II, III e IV. São Paulo: Círculo do Livro, 1987.

RUPPERT, Edward E.; FOX, Richard S.; BARNES, Robert. D. *Zoologia dos invertebrados*. São Paulo: Roca, 2005.

SALDIVA, P. (Org.). *Meio Ambiente e Saúde*: o desafio das metrópoles. Instituto Saúde e Sustentabilidade, 2013.

SCAGELL, Robin. *Fantástico e Interativo Atlas do Espaço*. Tradução Carolina Caires Coelho. Barueri: Girassol, 2010.

SHUBIN, N. *A história de quando éramos peixes*: uma revolucionária teoria sobre a origem do corpo humano. Rio de Janeiro: Campus, 2008.

SILVERTHORN, D. U. *Fisiologia humana*: uma abordagem integrada. Porto Alegre: Artmed, 2017.

SOBOTTA. *Atlas of Human Anatomy*. Monique: Elsevier/Urban & Fischer, 2008.

STEINER, J.; DAMINELI, A. (Org.). *O fascínio do Universo*. São Paulo: Odysseus Editora, 2010.

TIPLER, Paul A. *Física para cientistas e engenheiros.* Rio de Janeiro: LTC – Livros Técnicos e Científicos S. A., 2011. v. 2.

_____. *Física*. Rio de Janeiro: LTC – Livros Técnicos e Científicos S. A., 2000. v. 1.

_____. *Física*. 4. ed. Rio de Janeiro: LTC – Livros Técnicos e Científicos S. A., 2000. v. 3.

TORTORA, Gerard J.; GRABOWSKI, Sandra Reynolds. *Corpo humano*: fundamentos de anatomia e fisiologia. Porto Alegre: Artmed, 2006.